2008北京奥运建筑丛书

OLYMPIC

MUNICIPAL AND TRANSPORTATION ENGINEERING

市政与交通工程

总主编 中国建筑学会
中国建筑工业出版社

本卷主编 北京市市政工程设计研究总院
北京市勘察设计研究院有限公司

中国建筑工业出版社
CHINA ARCHITECTURE & BUILDING PRESS

2008北京奥运建筑丛书（共10卷）

梦寻千回——北京奥运总体规划

宏构如花——奥运建筑总览

五环绿苑——奥林匹克公园

织梦筑鸟巢——国家体育场

漪水盈方——国家游泳中心

曲扇临风——国家体育馆

华章凝彩——新建奥运场馆

故韵新声——改扩建奥运场馆

诗意漫城——景观规划设计

再塑北京——市政与交通工程

2008 北京奥运建筑丛书

《再塑北京——市政与交通工程卷》

总　　序

奥运会，作为人类传统的体育盛会，以五环辉耀的奥林匹克精神，牵动着五大洲不同肤色亿万观众的心。奥林匹克运动不仅是世界体育健儿展示力与美的舞台，是传承人类共荣和谐梦想的载体，也为世界建筑界搭建了一个展现多元的建筑文化、最新的建筑设计理念、建筑技术与材料、建筑施工与管理水平的竞技场。2008年北京奥运会，作为奥林匹克精神与古老的中华文明在东方的第一次相会，更为中国建筑师及世界各国建筑师们提供了展示建筑创作才华与智慧的机会；国内外的建筑师的合力参与，现代建筑形式与中国传统文化的结合，都赋予了北京奥运建筑迥异于历届奥运建筑的独特性，并将成为一笔丰赡的奥林匹克文化遗产和人类共享的世界建筑遗产。

随着2008年的到来，北京奥运会的筹备工作已进入决胜之年。而奥运会筹备工作的重头戏——奥运场馆建设，在陆续完成主要建设工程后，正在紧锣密鼓地进行后续工作，并抓紧承办测试赛的机会，对场馆设施和服务进行了最后阶段的至关重要的检测。奥运场馆的相继亮相，以及奥林匹克公园、国家会议中心、数字北京大厦、奥运村等奥运会的相关设施的落成，都为北京现代新建筑景观增添了吸引世人聚焦的亮点。而由著名建筑大师及建筑设计事务所参与设计的奥运场馆，诸如国家体育场（“鸟巢”）、国家游泳中心（“水立方”）等，更成为北京新的地标性建筑。

2008年北京奥运会新建场馆15处，改扩建场馆14处，临建场馆7处，相关设施5处。其中国家体育场、国家游泳中心、国家体育馆、北京射击馆、国家会议中心、奥林匹克公园、奥运村、媒体村、数字北京大厦等新建场馆以及相关设施，或者由世界上知名的设计师及事务所设计，或者拥有世界体育建筑中最先进的技术设备。无论从设计理念上，还是从技术层面上，这些建筑都承载了北京现代建筑的最新的信息，体现了北京奥运会“绿色奥运、科技奥运、人文奥运”的宗旨，成为2008年国际建筑界关注的热点。向世界展示北京奥运建筑、宣传奥运建筑也成为中国建筑界义不容辞的一项责任。

为共襄盛举，中国建筑学会与中国建筑工业出版社共同策划出版了这套“2008北京奥运建筑丛书”，以十卷精美的出版物向世界全面展现北京奥运建筑的风采。用出版物的形式记录北京奥运建筑的设计理念、先进技术、优美形象，是宣传和展示2008年北京奥运会的重要方式，这既为世界建筑界奉献了一套建筑艺术图书精品，也为后人留下了一份珍贵的奥林匹克文化遗产。

本套丛书共包括《梦寻千回——北京奥运总体规划》、《宏构如花——奥运建筑总览》、《五环绿苑——奥林匹克公园》、《织梦筑鸟巢——国家体育场》、《漪水盈方——国家游泳中心》、《曲扇临风——国家体育馆》、《华章凝彩——新建奥运场馆》、《故韵新声——改扩建奥运场馆》、《诗意漫城——景观规划设计》以及《再塑北京——市政与交通工程》十卷，从奥运总体规划到单体场馆介绍，全面展示了北京奥运建筑的方方面面。整套丛书从策划到编撰完成，历时两年。作为一项艰巨复杂的系统工程，丛书的编撰难度很大，参与编写的单位和人员众多，资料数据繁杂。在中国建筑学会和中国建筑工业出版社的总牵头下，丛书的编撰得到了住房和城乡建设部、北京奥组委、北京2008办公室及首都规划建设委员会的大力支持，更有中国建筑设计研究院、国家体育场有限责任公司、北京市建筑设计研究院、中建国际设计顾问有限公司、北京国家游泳中心有限责任公司、清华大学建筑设计研究院、北京清华城市规划设计研究院风景园林规划设计研究所、北京市市政工程设计研究总院等分卷主编单位的热情参与，各奥运建筑的设计单位也对丛书的编撰给予了很大的帮助。作为中国建筑界国家级学术团体和最强的图书出版机构，中国建筑学会与中国建筑工业出版社强强联合，再借国内外建筑界积极参与的合力，保证了丛书的学术性、技术性、系统性和权威性。

本套丛书凝聚了国内外建筑界的苦心之思，也是中国建筑界奉献给2008年北京奥运会、奉献给世界建筑界的一份礼物。希望通过本套丛书的编撰，打造一套具有国际水平的图书精品，全面向世界展示北京奥运建筑风貌，同时也可以促进我国建筑设计、工程施工、工程管理以及整个城市建设水平的提升，促进我国建设领域与国际更快更好地接轨。

宋春华
建设部原副部长
中国建筑学会理事长
2008年2月3日

前　　言

怀有百年奥运梦想的中国人，在2008年8月的北京向全世界展示了中华民族的风采和冲天的激情。

长期为首都北京的发展与进步保驾护航的市政与交通等城市基础设施建设，是保证成功举办北京奥运会的重大关键之一。北京奥运会既是一次全面提升北京城市基础设施建设水平的机遇，又是一次对市政与交通等基础设施的规划、勘察、设计贯彻“绿色奥运、科技奥运、人文奥运”三大理念新的挑战。

通过众多勘察、设计、施工单位夜以继日的团结拼搏、科技攻关和辛勤劳动，我们为新北京、新奥运奉献出了这一领域的新的工作成果——当来自世界五大洲的朋友们走出首都机场T3航站楼那宽阔的大厅时，迎接他们的是现代化的道路和轨道交通网，这张网既覆盖了各个奥运场馆，更联结了整个北京，不管去往何方，都将一路畅通；污水处理、再生水回用，北京的水环境也因奥运而异彩纷呈……不论地上还是地下，一个更新、更高标准的庞大城市基础设施体系正在服务奥运，服务北京。

在由中国建筑学会和中国建筑工业出版社共同主编出版的十卷本《2008北京奥运建筑丛书》中，承担了大量奥运建设项目规划、勘察、设计和相关科技服务工作的北京市市政工程设计研究总院（以下简称北京市政总院）和北京市勘察设计研究院有限公司（以下简称北勘公司）有幸分担其中《再塑北京——市政与交通工程卷》的编撰任务，对此我们深感光荣和责任重大。

成立于1955年的北京市政总院，秉承“创新、诚信、和谐、卓越”的企业精神，一直致力于首都北京和全国的市政公用和交通事业，参与了大量的北京申奥和前期规划研究工作，以及绝大部分为奥运会配套建设的市政与交通等基础设施工程的咨询设计和相关技术服务工作，并与国内外多家规划、勘察、设计机构进行了卓有成效的合作。北京市勘察设计研究院有限公司（现北勘公司）以创新研究成果为根本，参加了北京申奥主场规划选址及相关综合地质条件评价分析等前期工作，为大量配套市政与交通等基础设施建设项目和80%的新建场馆项目提供了高质量、高水平的科技支撑，解决了不同的地下工程设计施工难题。

“2008北京奥运建筑丛书”《再塑北京——市政与交通工程》卷旨在向读者摘要展示为奥运会配套建设的市政与交通等基础设施的全貌，包括奥林匹克中心区、奥运场馆、首都机场及重点地区的相关道路、公共交通、环境整治、水环境工程等。相信《再塑北京——市政与交通工程》卷的出版，能够为读者全面了解奥运会相关市政与交通工程提供有益的帮助，能够记载下首都北京城市基础设施建设的里程碑项目。

借此“2008北京奥运建筑丛书”《再塑北京——市政与交通工程》卷出版之际，我们向所有参与奥运市政与交通等城市基础设施工程的规划、勘察、设计、施工建设者们致以崇高的敬礼！

刘桂生
北京市市政工程设计研究总院院长
中国工程设计大师

沈小克
北京市勘察设计研究院有限公司董事长
中国工程勘察大师

目　　录

综　述

把梦想变为现实的魅力

把梦想变为现实的魅力

北中轴路与北四环路立交效果图

人行天桥效果图

2008年我国举办了奥运会史上最为成功的一届有特色、高水平的奥运会，使百年奥运梦想成为现实。这其中凝聚了全国各条战线无数人们的智慧和心血。能否举办一届成功的奥运会，首要的先决条件是搭建举办奥运会的舞台，即建设出色的满足各项赛事和活动要求的体育场馆、奥运村和相关的建筑，以及支撑现代化大都市正常运行，能够为奥运会顺利举办提供一流服务的市政基础设施。北京的勘察设计单位是承担奥运工程和基础设施工程设计的主力军，在贯彻"绿色奥运、科技奥运、人文奥运"上发挥了主导作用，为搭建奥运舞台，为实现"新北京、新奥运"的战略部署，做出了重大贡献，取得了令世人叹为观止的成绩。这表明，工程勘察设计行业不愧是一个令人引以自豪的崇高的行业；它和它所拥有的以"三大理念"武装起来的设计工程师的魅力就在于能把人类的梦想、愿景、想象借助科技的力量加以实现。

通过奥运筹备期7年的集中建设，一大批重大基础设施建成投入使用，大大提升了北京城市现代化水平和综合实力。奥运之年，完美兑现了申办时的承诺，北京的精彩向世界绽放……

综合交通承载能力大幅度提升

奥林匹克公园道路鸟瞰图

交通拥堵是当今世界上各大城市的通病，而北京的交通又具有自己的特性。城市功能过分集中于中心城，产生大量而集中的向心交通；城市路网结构不合理，密度过低；改革开放以来经济持续快速增长，民生福祉大幅度提高，机动车保有量以两位数持续增长；加之基础设施，特别是大运力地铁建设投入滞后，因此造成日益严重的拥堵局面；成为举办奥运会首当其冲需要解决的难题。为了兑现奥运承诺，从理清思路入手，根据城市总体规划，进行定量与定性相结合的交通量分析和模拟，完善交通规划，提出工程建设的优先序，进行了大规模的交通设施的建设、改扩建和整治，逐步建立起以公共交通为主导的现代化综合交通体系的框架。

一是采用工程、技术和管理三方面措施，进行增量建设（奥运公园市政配套、首都国际机场市政配套、快（高）速路和快速联络线、打通贯穿市区南北通道等工程）和存量改造（奥运公园周边地区路网改扩建、节点改造和市区次干路、支路疏通改造，提高路网密度等工程）相结合，构建起我市以快（高）速路为骨架，主干路、次干路和支路相互匹配、结构合理的城市道路网络体系，满足连接、通畅、转换、可达、进出和滞留等交通需求。

二是落实公共交通优先政策，确立公交出行的主导地位。更新节能环保公共汽车，在有条件的道路划设置公交专用道，推进大容量快速公共汽车系统（BRT）建设，形成市区方便大众出行的大容量公交快线、普通公交线和区域小公交线三级互为配套的公交电、汽车线网；加大轨道交通建设力度。直接为奥运服务的地铁5号线，10号线一期、奥运支线和轨道交通机场线，在奥运会开幕之前相继开通运营，新增运营里程84km，运营总里程达到200km。公交出行的比例由27%提高到34.5%。

三是注重非机动车系统、行人步道系统、过街设施、附属设施等的建设和整治，完善和普及无障碍设施，体现人文关怀，为自行车、步行和残疾人出行提供方便。

四是建设了一批交通枢纽和换乘站，满足乘轨道、公共汽电车、出租车、机动车、自行车不同交通系统间的转换需求。

五是实施推广交通智能信息化设施的建设和科学管理，增强信息化监管和疏导的能力。

六是在建设中，通过精心设计和采用新技术、新设备、新材料在节地、节能、节材、节水和节省投资上注入了大量的心血。注重优化方案，减少投资，降低成本，合理布局，节约土地。奥运公园中心区为了集约化、节约化利用土地，开发了大量的地下空间，建设地下交通系统和下沉花园与商业用房，是目前国内最大的城市隧道。道路建设中采用了降噪沥青混凝土，降低噪声 2 ～ 3db，相当减少 20%～ 30%车流量所形成的噪声。采用温拌沥青混凝土和传统比减少 20%燃料消耗，20% CO_2、40%粉尘的排放量。采用绿色照明器材节电 20%。利用废弃钢渣回填压重解决抗浮，变废为宝。人行步道采用透水砖，利用雨水，有利环境等等不一而足。

在此基础上施以科学的交通管制措施，实现了为奥运提供满足不同层次需求的一流交通服务，并最大限度地减少对社会的干扰。随着城市路网结构的进一步完善，大容量公交的建设和发展，特别是随着地铁和轨道交通建设的推进，2012 年和 2015 年实现运营总里程将分别达到 300km 和 561km，会吸引越来越多的公众选择便捷环保的公交出行方式；随着新城和城市一体化建设的稳步推进，将促使一部分城市功能从中心城向新城多个中心转移，从而有利于营造短距离交通的城市。到那时交通拥堵的状况可能会得到实质性的缓解。

城市环境质量全面提升

高标准建设城市污水设施系统，污水处理率超过九成，治理目标开始从量向质转变。申奥成功后，建成清河、卢沟桥和小红门等污水处理厂，新增污水处理能力 110 万 m^3/d。每年削减的 BOD、COD 和总磷等污染物排放量分别达到 7 万 t、13.5 万 t 和 6.22 万 t，为排放河道的还清创造了条件，改善了北京市水环境的整体质量。中心城规划 14 座污水处理厂已建成 9 座，污水处理率达到 90%以上。在此基础上，采用先进的膜技术等新工艺、新设备、新材料，完成北小河污水处理厂（10 万 m^3/d）的升级扩建，扩建工程规模 6 万 m^3/d，采用膜生物反应器（MBR）工艺，经一次处理出水即可达到城市杂水水质标准；其中 5 万 m^3/d 再经紫外消毒，臭氧脱色用于绿化、道路清扫、冲厕等市政杂用。另 1 万 m^3/dMBR 出水经反渗透（RO）膜处理，制备成高品质再生水，送至奥运公园中心区用于景观用水。完成了清河污水处理厂再生水回用工程（8 万 m^3/d），采用超滤膜处理工艺，再经臭氧脱色除嗅，为奥林匹克森林公园提供优质景观用水。

大屯路公共交通与地铁换乘大厅效果图

水环境治理全面推进，六环以内市管骨干河道基本完成治理。六环路以内共有 52 条河道，总长度约 520km。坚持源头治理与保护相结合，坚持治理河道和截污治污相结合，坚持生物措施和工程净化措施相结合，达到了水清、岸绿、流畅、部分河道实现通航的目标。在确保首都生产、生活用水的同时，构建良好的城市水体环境，实现河湖水系建设由工程水利向资源水利、生态水利的转变，为建设生态城市创造条件。

北小河污水处理厂改造前现状

坚持“减量化、资源化、无害化”原则，提高固体废弃物污染治理水平。新建扩建郊区和新城垃圾转运站，建设垃圾卫生填埋厂、焚烧厂和综合处理厂，中心城和郊区垃圾无害化处理率分别达到 99%和 78.6%。

全面改善北京环境面貌，提高城市运行和管理水平。北京市组织开展了以治理重点大街和地区、整治“城中村”、治理奥运场馆周边及开展新农村建设等多项环境整治工作。通过治理，使北京城市景观在生态、功能、品质和视觉感受方面提高了一个台阶。

消防泵房实施方案效果图

综合池内景效果图

第三水厂厂前区效果图

密云水库全景

城市供水安全保障能力显著增强

北京是一个水资源严重短缺的城市，为了打破制约北京市社会经济发展的瓶颈，保障奥运会的供水安全，强化了水资源供应能力建设，建立境外水和境内水，地下水、地表水和再生水联合调度的水资源供应体系。一是结合南水北调中线一期工程，提供实施了南水北调中线京石段应急供水工程，利用河北省岗南、黄壁庄等水库于2008～2010年可向北京应急调水3～5亿m^3。市内配套工程，先期建设团城湖至第九水厂输水管线工厂（157.5万m^3/d）、第三水厂改扩建工程（15万m^3/d）和田村山水厂改扩建工程（17万m^3/d）。针对境外原水低温、低浊和中温高藻的特性，处理工艺采用高密度澄清工艺，增加臭氧氧化和活性炭吸附深度处理工艺；并预留粉末活性炭及高锰酸钾投加设施，应对可能发生的原水水质突发事件，保证供水水质达标。这些工程的建设为顺利举办奥运会，提高了供水保证率，确保了供水水质安全。还对扩大供水范围，控制地下水过量开采，遏制生态环境恶化，改善城市环境，促进社会、经济可持续发展具有重要的意义。二是大力开发利用再生水。重点建设了清河、北小河、吴家村、酒仙桥、小红门和卢沟桥6座再生水厂，累计敷设再生水管线425km。使再生水成为稳定的水资源得到循环利用。预计2008年中心城再生水利用率提高到50%以上，全市再生水利用量达到6亿m^3。三是推广雨洪利用技术。雨洪是宝贵的水资源，要按适宜的标准，在减少雨洪外排水量，减轻河湖防洪压力，保障汛期安全的同时，强化渗透，补给地下水，截流雨水资源，净化利用。实现将防洪、补源与净化相结合，达到寓资源利用于灾害防范之中的目的。

为完美兑现奥运承诺所建设的现代化高水平的奥运工程，是全面贯彻落实科学发展观，继承了30年来改革开放的成果和成功经验，融合了当今世界文明中的先进理念、先进科技成果、先进的工作方法和管理经验，经过勘察设计工程师和建设者精心设计、匠心独运的艰苦创新得以实现的。其中奥林匹克公园市政配套工程、首都国际机场市政配套工程、水环境治理与修复、再生水制备与回用和城市供水安全保障工程堪称全面体现〝三大理念〞的经典案例。新奥运促进北京实现了跨越式发展，提前两年完成了《北京市〝十一五〞时期基础设施发展规划》中提出的主要目标。我们的勘察设计行业和它的工程师们也在秉承奥运精神，追求更快、更高、更强的核心竞争力的提升中，实现了历史的超越和自我的超越。在共享同一个世界，同一个梦想的欢乐中，展示了北京时代特色、民族风韵，展示了工程师们是如何依靠科技是第一生产力的力量将梦想变为现实的魅力和风采。

传承遗产 迎接挑战 迈向新高

胡锦涛总书记指出〝坚持贯彻‘绿色奥运、科技奥运、人文奥运’理念。这是北京奥运会、残奥会最具鲜明的特色，是北京奥运会、残奥会成功举办的关键，也是贯彻落实科学发展观的具体体现〞。〝无与伦比〞的奥运会为我们留下了宝贵而丰富的奥运遗产，充分发掘、传承和利用这些遗产，特别是最具鲜明特色、最可宝贵的〝三大理念〞，为下一步发展注入新的活力和动力，从奥运的辉煌迈向发展的新高，意义将比成功举办奥运会本身更为重大和深远。

正当我们还在热议后奥运时代存在诸多不确定因素和如何发展时候，国际金融危机蔓延造成全球经济衰退。为了克服金融危机对我国经济发展的负面影响，国务院提出了在近两年投资4万亿元用于民生和基础设施建设等扩大内需的诸多措施；在北京拥有奥运成功举办所创造的有利条件后，市委市政府又及时提出建设“人文北京、科技北京、绿色北京”的战略部署；尽管我们取得了举世瞩目的成绩，但是我们仍然面临水资源短缺、交通恶化、环境污染与环境安全的困扰，尚未步入可持续发展的良性轨道；汶川大地震提醒了我们，当今社会仍将面临不断发生的自然灾害、突发事件以及其他可能发生的诸如恐怖活动的威胁。这些都对工程勘察设计行业提出了严峻的挑战和更高的要求。风险与考验同在，机遇与挑战并存。首先，需要我们深刻地认识形式，变压力为动力，化挑战为机遇，全面贯彻落实科学发展观，在行业中大力宣传、普及“三大理念”，使它深入人心，再也不要重复过去那些低水平的建设了。第二，需要我们实事求是深入地研究、总结、借鉴北京奥运的成功经验，不断丰富、升华和发展“三大理念”的内涵，对规范、标准和设计方针进行完善、修订、补充，并加以普及，提高基础设施的建设水平，追求更好的经济效益、环境效益和社会效益。

北广场示意图

到车站台局部透视

国贸站厅、站台效果图

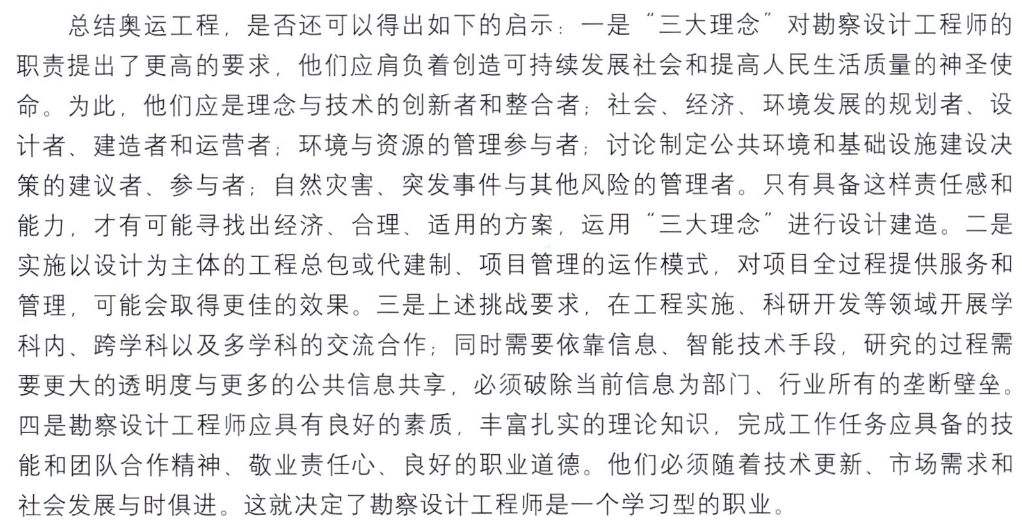

总结奥运工程，是否还可以得出如下的启示：一是“三大理念”对勘察设计工程师的职责提出了更高的要求，他们应肩负着创造可持续发展社会和提高人民生活质量的神圣使命。为此，他们应是理念与技术的创新者和整合者；社会、经济、环境发展的规划者、设计者、建造者和运营者；环境与资源的管理参与者；讨论制定公共环境和基础设施建设决策的建议者、参与者；自然灾害、突发事件与其他风险的管理者。只有具备这样责任感和能力，才有可能寻找出经济、合理、适用的方案，运用“三大理念”进行设计建造。二是实施以设计为主体的工程总包或代建制、项目管理的运作模式，对项目全过程提供服务和管理，可能会取得更佳的效果。三是上述挑战要求，在工程实施、科研开发等领域开展学科内、跨学科以及多学科的交流合作；同时需要依靠信息、智能技术手段，研究的过程需要更大的透明度与更多的公共信息共享，必须破除当前信息为部门、行业所有的垄断壁垒。四是勘察设计工程师应具有良好的素质，丰富扎实的理论知识，完成工作任务应具备的技能和团队合作精神、敬业责任心、良好的职业道德。他们必须随着技术更新、市场需求和社会发展与时俱进。这就决定了勘察设计工程师是一个学习型的职业。

因此，第三，还需要把“三大理念”和应具备丰富的基础知识，工程项目管理技能和良好的工作态度纳入规范的继续教育中，通过继续教育培养造就符合“三大理念”要求的复合型人才。

总之，全面贯彻落实科学发展观，必须务实，不能只是挂在口头上。在当今科技日新月异，全球经济一体化，社会发展急剧变化的时代，只有勤于学习的人才能把握未来。让我们继承奥运遗产，抓住机遇，迎接挑战，在普及和实践“三个理念”的过程 中，为建设“人文 北京、科技北京、绿色北京”和建设资源节约型、环境友好型社会，不断做出新贡献，实现一个又一个的超越，焕发并彰显我们勘察设计行业和勘察设计工程师的魅力和风采。

曲际水

北京市市政工程设计研究总院顾问

中国城镇给水排水协会副会长

中国土木工程学会常务理事

北京勘察设计协会副会长

国务院特殊津贴专家

北京市有突出贡献的科学、技术、管理专家

第一章 奥林匹克公园市政配套工程

第一节 道路交通规划

一、奥林匹克公园背景

奥林匹克公园位于北京南北中轴线的北端，是北京2008年奥运会的核心地区，见图1—1和图1—2。奥运会期间，奥林匹克公园集中了13个奥运场馆和12项比赛，包括奥运村及酒店配套服务设施，奥运会期间高峰日奥林匹克公园将聚集40万名观众。奥运会后奥林匹克公园将建成建筑面积达362万m^2，以会议中心、大型商业中心、办公、酒店及国家体育场、国家体育馆、国家游泳中心等体育设施相结合的，一个集体育赛事、会议展览、文化娱乐和休闲购物于一体的市民公共活动中心。

为保障奥运会的成功举行及赛后奥林匹克公园地区可持续发展，提出规划年为2010年的公园及周边地区交通发展战略和设施规划。

规划范围：北至五环路以北的清河南岸，南至北三环路，东至京承高速公路，西至规划的京包公路。规划区占地面积约为60km^2，占规划城区1040km^2的5.8%，如图1—3所示。

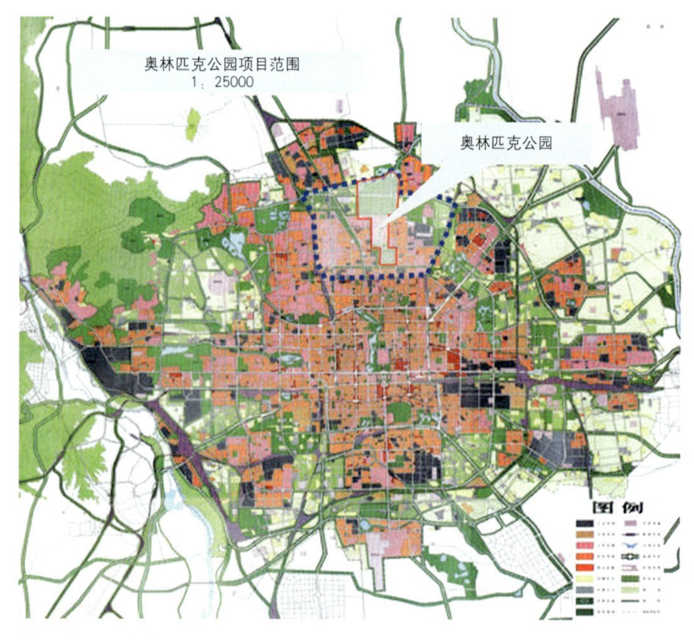

1-1 项目示意图

二、综合交通规划

（一）综合交通规划总目标

根据奥林匹克公园地区的城市功能和交通需求，本着人性化及可持续发展的原则，将奥林匹克公园及周边地区交通系统逐步建设成为：

满足奥林匹克公园功能要求，体现“新北京、新奥运”的特色，提供不同层次的人性化，信息化、一体化的服务，具备高效、安全、绿色环保的综合能力略超前，并具有应变能力的综合交通系统。

（二）2010年关键战略指标

奥林匹克公园地区综合交通规划采用了定量与定性分析相结合的方法，通过分方向的交通出行需求、供应短缺分析，制定相应的交通模式结构目标和相应的设施方案与对策，力求实现供需的动态平衡。

1.道路出行速度：区内干线道路早高峰速度大于15km/h；

2.公交速度：区内公交（包括轨道）干线早高峰平均运行速度大于20km/h；

3.公交主导：早高峰公交分担率平均达到50%；

4. 服务性：公园所有场馆实现30min疏散。

（三）主要结论与建议

本规划通过定量和定性的深入分析，得出以下主要结论：

1.规划区交通增长

（1）北京机动车增长迅速，到2010年北京的机动车拥有量将增长到380万辆，见图1—4。机动车拥有率将从目前（2003年）的17辆/100户（或稍高）增长到2010年的42辆/100户。2010年出入规划区边境的日私家车交通量将达到110万辆/d，早高峰达到7.7万辆/h。由于市民使用私家车的期望强烈，吸引交通出行向公交转换是一个严峻的挑战。

（2）规划区持续开发带来的交通需求增长迅速。预计，该地区的日交通出行需求将从2000年的259万人次增长到2010年的389万人次，增幅约为50%。2010年出入奥林匹克公园的交通流将达到43万人次/d，未来土地全部开发后，将达到51万人次/d。由于城市中心的吸引作用，使得规划区域向南的出

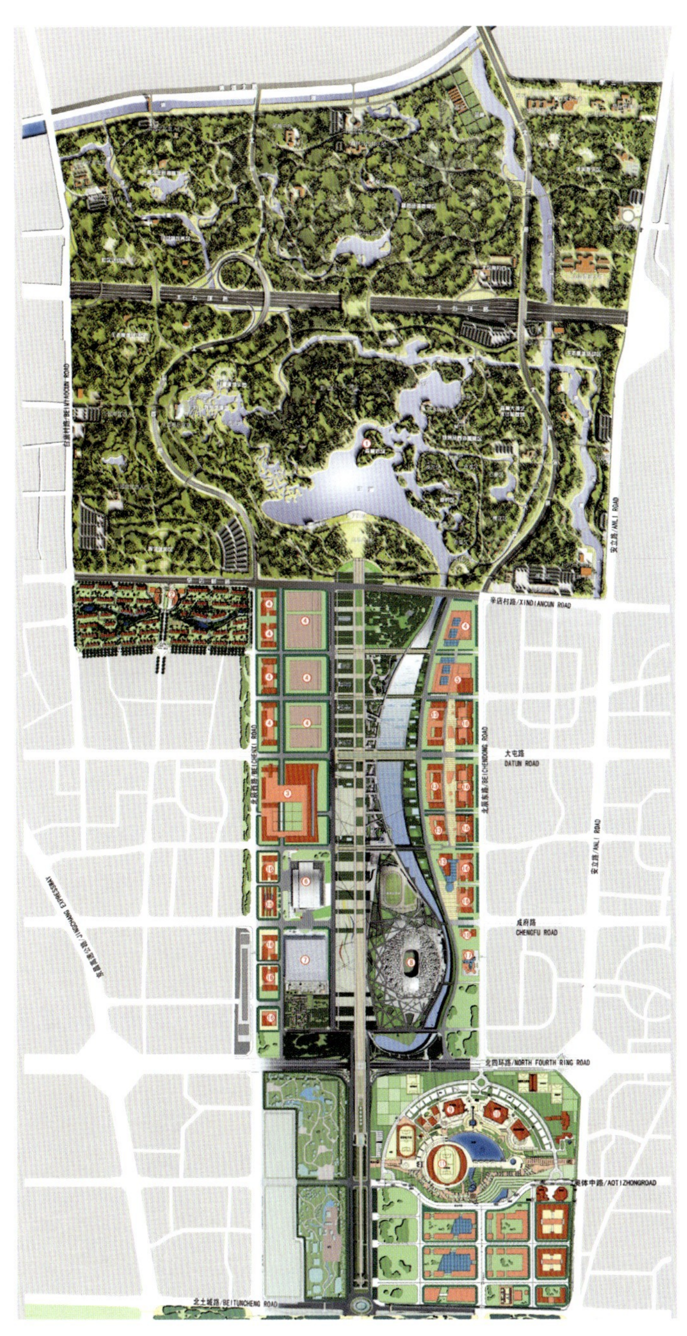

1-2 奥林匹克公园平面图

行需求大于其他方向，占总出行量的36%，见图1–5。

规划区各方向日交通需求及早高峰进出流量，见图1–6和图1–7。

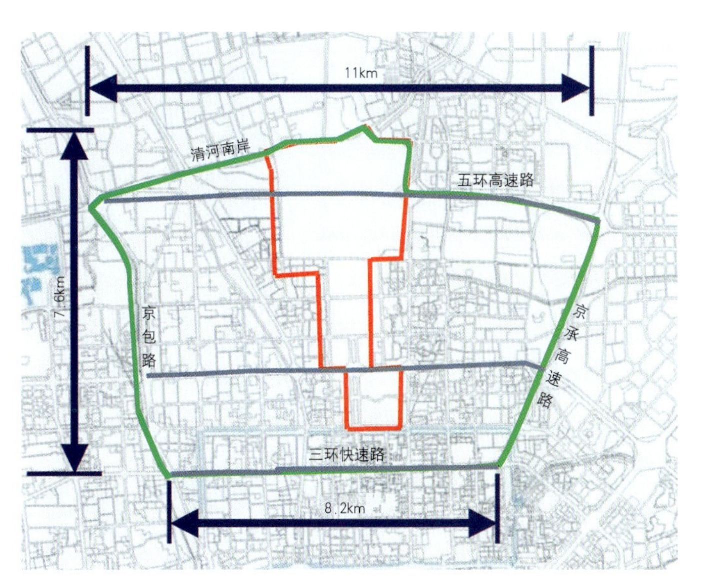

1-3 规划范围图

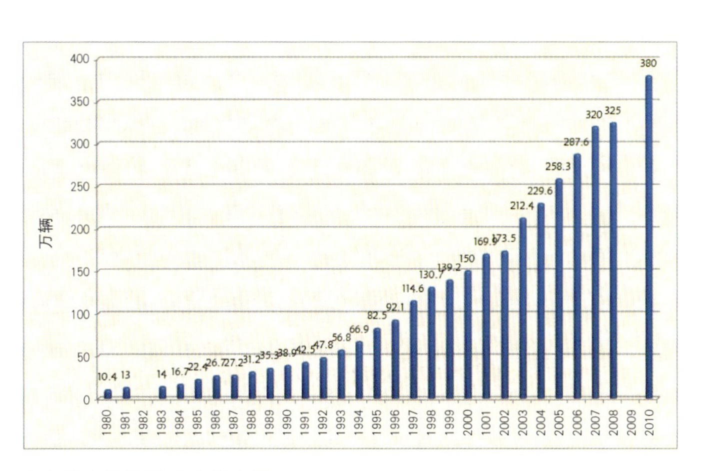

1-4 北京地区机动车拥有量

(3)过境交通对规划区影响较大。规划区北部是开发规模较大的边缘居住区，目前有67万人口，预计远景年为100万人口，就业岗位25万个。该区域大部分居民需要进入三环内城区就业，因此造成大量南北方向的过境交通。根据预测，2010年将为本规划地区带来往返69万人次/d的过境交通，见图1–8。同时，该部分过境交通量多以通勤交通为主，交通流

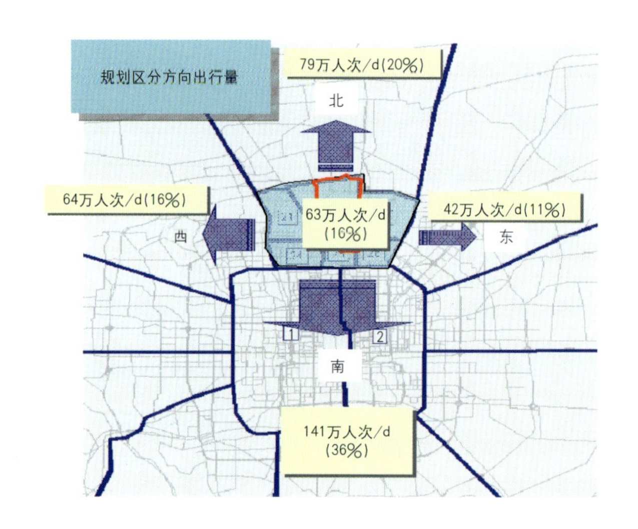

1-5 2010年规划区分方向出行需求

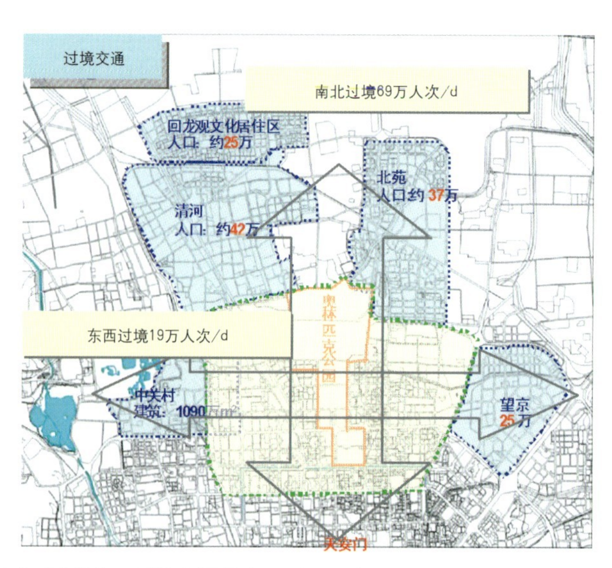

1-8 2010年日过境交通需求量（万人次/d）

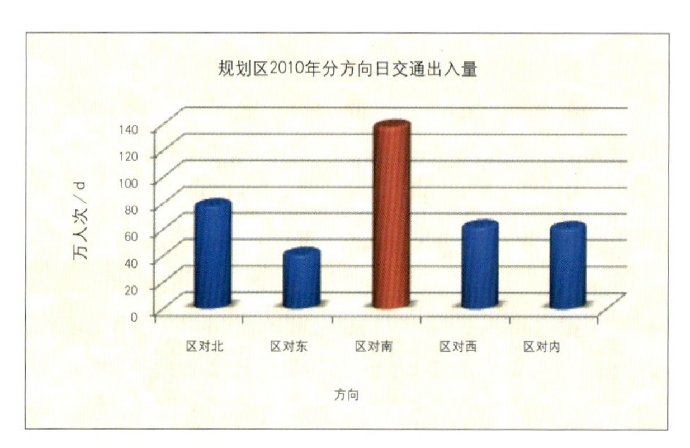

1-6 规划区各方向日交通需求（万人次/d）

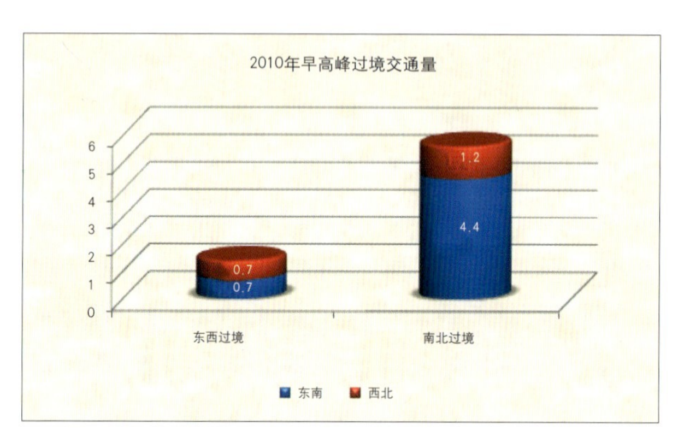

1-9 2010年高峰小时过境交通需求量（万人次/h）

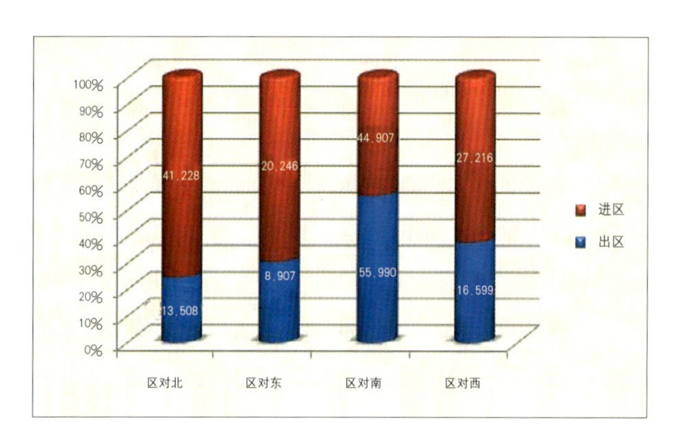

1-7 早高峰规划区进出流量（人次/h）

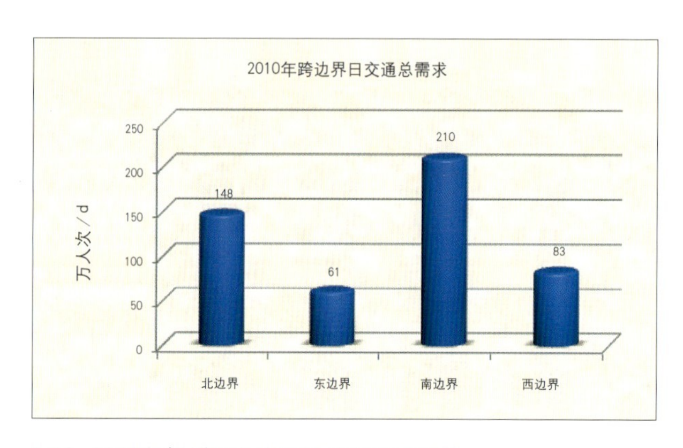

1-10 2010年规划区各边境日总交通需求量

的潮汐现象十分明显，向南方向过境的早高峰4.4万人次/h，见图1-9。

(4)2010年过境交通总需求为502万人次/d，关键需求在于早高峰南部与三环交界处的向心交通，达到10万人次/h，见图1-10～图1-12。

2．规划需解决的主要问题：

(1)疏解大量南北过境交通，提供充足的能力，并尽量不影响奥林匹克公园的功能；

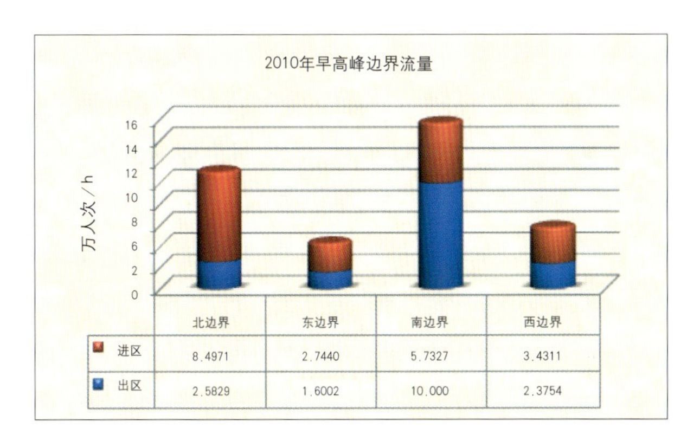

	北边界	东边界	南边界	西边界
进区	8.4971	2.7440	5.7327	3.4311
出区	2.5829	1.6002	10.000	2.3754

1-11 2010年规划区各边界高峰小时过境交通需求量（万人次/h）

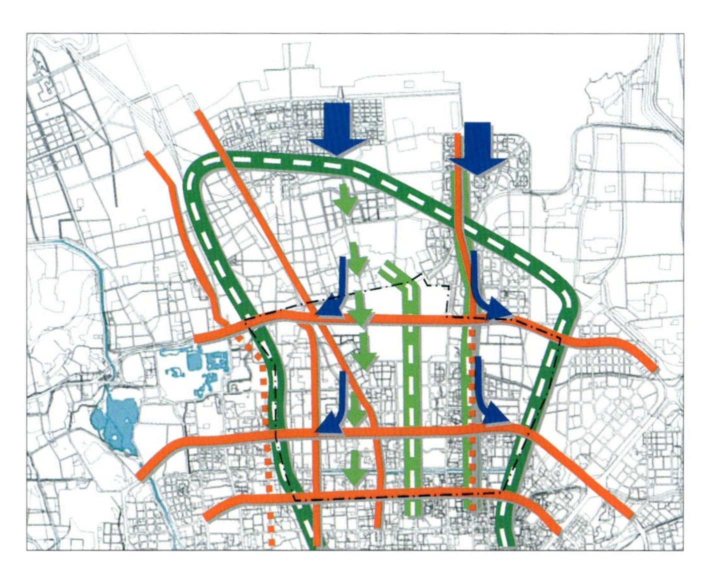

1-13 北部过境交通战略

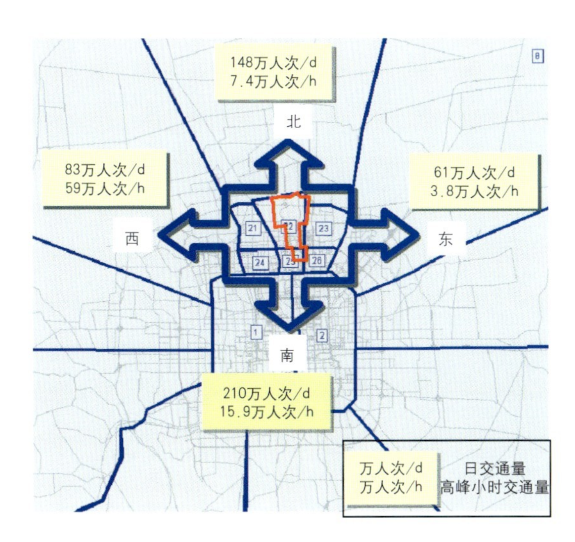

1-12 2010年规划区各边境交通需求量

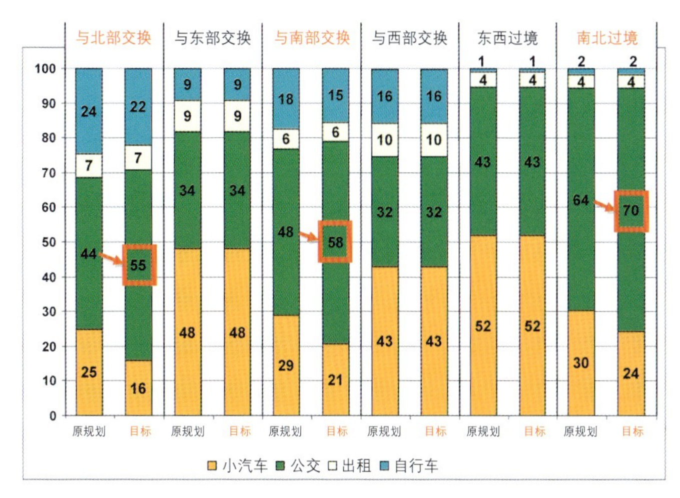

1-14 规划区早高峰小时模式分担图

(2)支持奥林匹克公园的功能；

(3)支持本规划地区可持续发展；

(4)优化机动车服务及其与公交优先的关系。

3.过境交通分流

过境交通是影响奥林匹克公园地区交通系统的两个主要因素之一，如何合理分流该部分交通量是制定奥林匹克公园地区交通战略方案的关键之一。对于过境交通，从以下几个方面考虑（图1—13）：

(1)建立畅通的综合南北交通通道，合理疏导南北过境交通。南北通道尽量避免影响奥林匹克公园。同时，尽可能利用东西环路分流过境交通。

(2)强调公共交通的主导地位，尽可能提供大容量公交通道，充分利用轻轨、BRT和地铁的过境能力，北部五环以外尽量采用P＋R模式。

(3)通过北部地区的用地功能平衡和三环内就业密度控制等措施减少通过规划区的交通量。

4.公共交通目标

2010年达到交通供需的平衡，必须以公共交通为主导，大力发展公共交通，特别是大容量的轨道和BRT交通，使规划区早高峰平均公共交通承担比达到50%，向南达到58%，南北过境达到70%。规划区早高峰小时各方向出行模式结构如图1—14所示。

5.建设目标

在投资和工程的可行性研究的基础上，规划提出2010年前后建立一个以轨道和大容量快速公交为骨干的综合交通网，并同时辅以适度的需求管理政策，干线道路平均负荷度可达到0.90～0.99。

(1)道路网规划方案(图1—15)：

1-15 规划道路网图

图例
城市快速路
主干路
次干路
支路

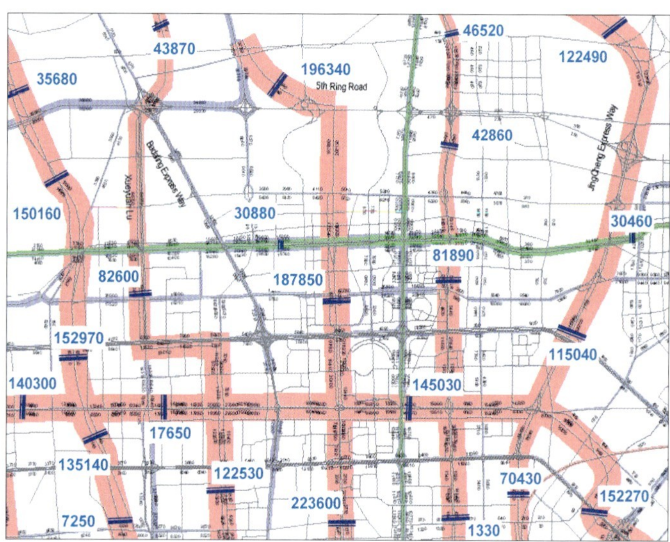

1-16 公共交通方案日流量

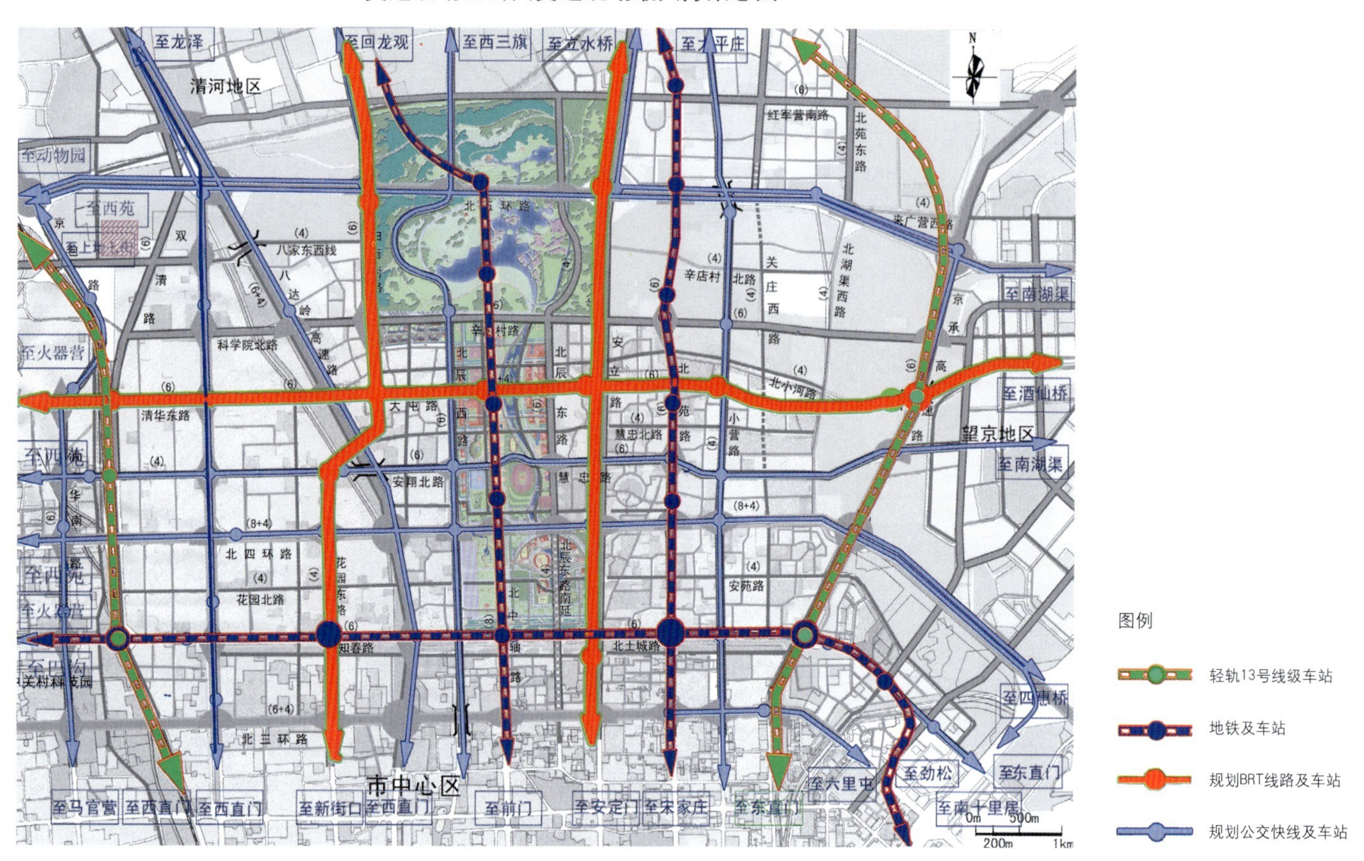

图例
轻轨13号线级车站
地铁及车站
规划BRT线路及车站
规划公交快线及车站

1-17 公共交通规划方案

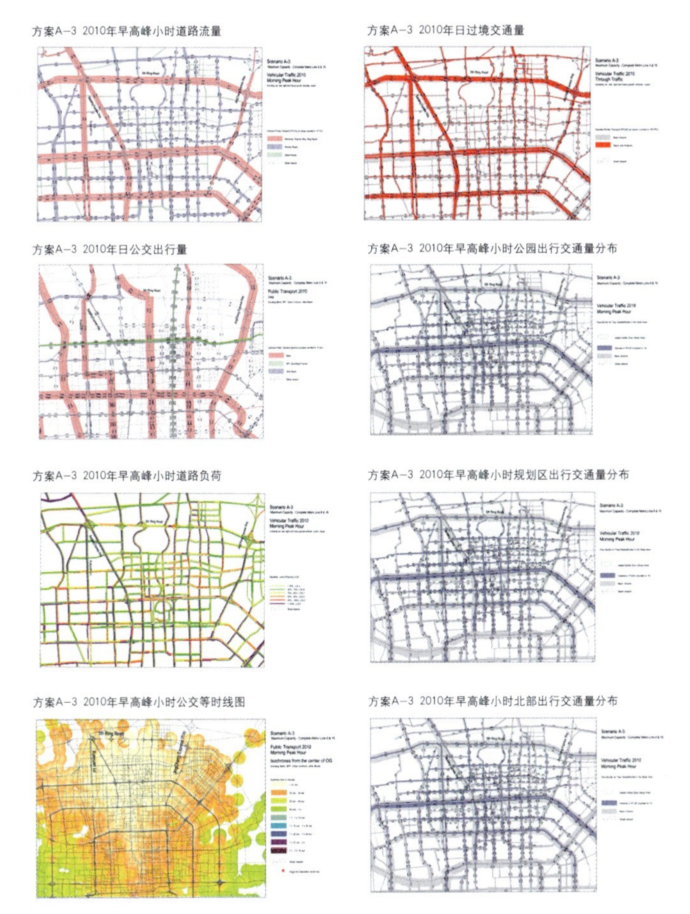

1-18 交通模型分析图

a.快速路、高速公路系统

南北方向：以京包路、学院路、八达岭高速公路、北苑路和京承高速公路为快速机动车交通走廊。规划将学院路（四环到五环）、北苑路（北五环路以北）提级为快速路，增加北部地区的设施服务能力。

东西方向：以三环、四环、五环承担东西向机动车过境及分流南北交通的功能，为快速机动车走廊。规划在四环和北五环路增设4处为奥林匹克公园服务的进出匝道。

b.主干路系统

南北方向：7条主通道。京包路/清华南路/皂君庙路/高粱桥路/展西路、林萃路/花园东路、北辰东路、北辰西路、安立路、北苑路和惠新东路/小营路。

东西方向：4条贯通干道走廊。分别是科荟路、大屯路、慧忠路和北土城路。穿过奥林匹克公园中心区的主干路大屯路和慧忠路，采用下穿隧道分流过境的车流，减少对中心区的干扰。

c.集散网络

以次干路及支路组成集散网络，该网络与交通走廊网络相协调，保证快（高）速路、主干路的集散，规划按4.1km/km^{2}的道路密度设置次干路及支路。实际上许多支路已经形成，但被封闭在大院里，或被挪作他用，因此要重新确定小区的管理方式，发挥支路网的作用。

（2）公共交通网规划方案主要设施：

公共交通系统的弱点在于缺乏竞争力，要达到公共交通的主导地位，必须提高公共交通的速度、覆盖率和可靠性。建立以轨道交通为骨干，辅以BRT和公交专用道的骨干公交网。以快线、普线、支线加密公交网密度，并以穿梭公交线连通小区，扩大公交覆盖率。公共交通方案日流量和规划方案如图1—16和图1—17所示，主要设施与公交走廊如下所述。

a.南北快速公交走廊

地铁8号线、5号线、16号线及城铁13号线及林萃路BRT和安立路BRT形成7条主要南北骨干公交走廊（其中城铁13号线按两条计算）。

b.东西快速公交走廊

大屯路BRT与地铁10号线形成东西骨干公交走廊。

c.轨道交通

强化地铁8号线的功能，适时建设地铁16号线，形成5条南北轨道交通骨干：分步将地铁8号线（奥运支线）北延至回龙观（2010年到西小口），南延至2号线前门站（2010年到2号线鼓楼车站），充分发挥8号线的南北过境和连接市中心的作用，成为重要的大运量客运走廊，特别是为奥林匹克公园服务。适时建设地铁16号线从回龙观到地铁10号线东段，进一步强化南北交通的公共交通主导地位。

d.大容量快速公交系统

配合道路新建和改造，在林萃路和安立路上建设两条南北向BRT，以缓解安立路交通拥堵，建议安立路BRT迅速建成并投入使用，在地铁建成前增加北部地区客运能力。

配合大屯路建设，增设一条大屯路东西向BRT线路，以衔接中关村和望京地区；与原规划的地铁10号线形成贯通的东西快速骨干公交通道。

e.公交专用车道与公交快线

公交专用车道和快线（大站快车）的作用在于加密轨道及BRT组成的干道网络、提高干线道路上公交线的速度与可靠性。东西方向的环路和慧忠路、南北方向的京包路、学院路、八达岭高速、北辰西路、北苑路及小营路都是可选路线。

f.常规公共汽车线网和穿梭公交系统

常规公交网络的作用在于提供中短途公交服务，并为干线公交提供饲喂服务，以拓展公交的覆盖面。常规公交主要分布在干线和支线道路上；小区穿梭公交系统以服务社区和大院为主。

经模型测试，2010年规划道路网密度为6.3～7.3km/km^2，道路平均速度从10.6km/h时提高到14.9km/h。公交密度为2.42km/km^2，公交平均速度从目前的13.5km/h时提高到22.9km/h。

经北京市交通模型分析，各项结果见图1-18。

6.规划实施建设

规划认为，在交通设施建设的同时，还应当降低规划区、奥林匹克公园的开发速度，以及调整北部土地使用性质和开发量，降低北部地区居住人口，尽可能达到供需动态平衡。

三、奥林匹克公园交通规划

（一）交通规划总目标

奥林匹克公园交通规划范围原则为奥林匹克公园2.94km^2，为保证交通设施的完整性，道路规划范围增至综合交通规划范围。

(1)交通规划建设项目在奥运会以后能够以较少的成本继续为该地区的日常交通服务。

(2)为参加奥运盛会的各类人员提供不同层次的、一流的交通服务。

(3)以满足奥林匹克公园建设需要为出发点，制定交通设施规划和交通组织规划，保证奥运期间观众及时、安全、顺

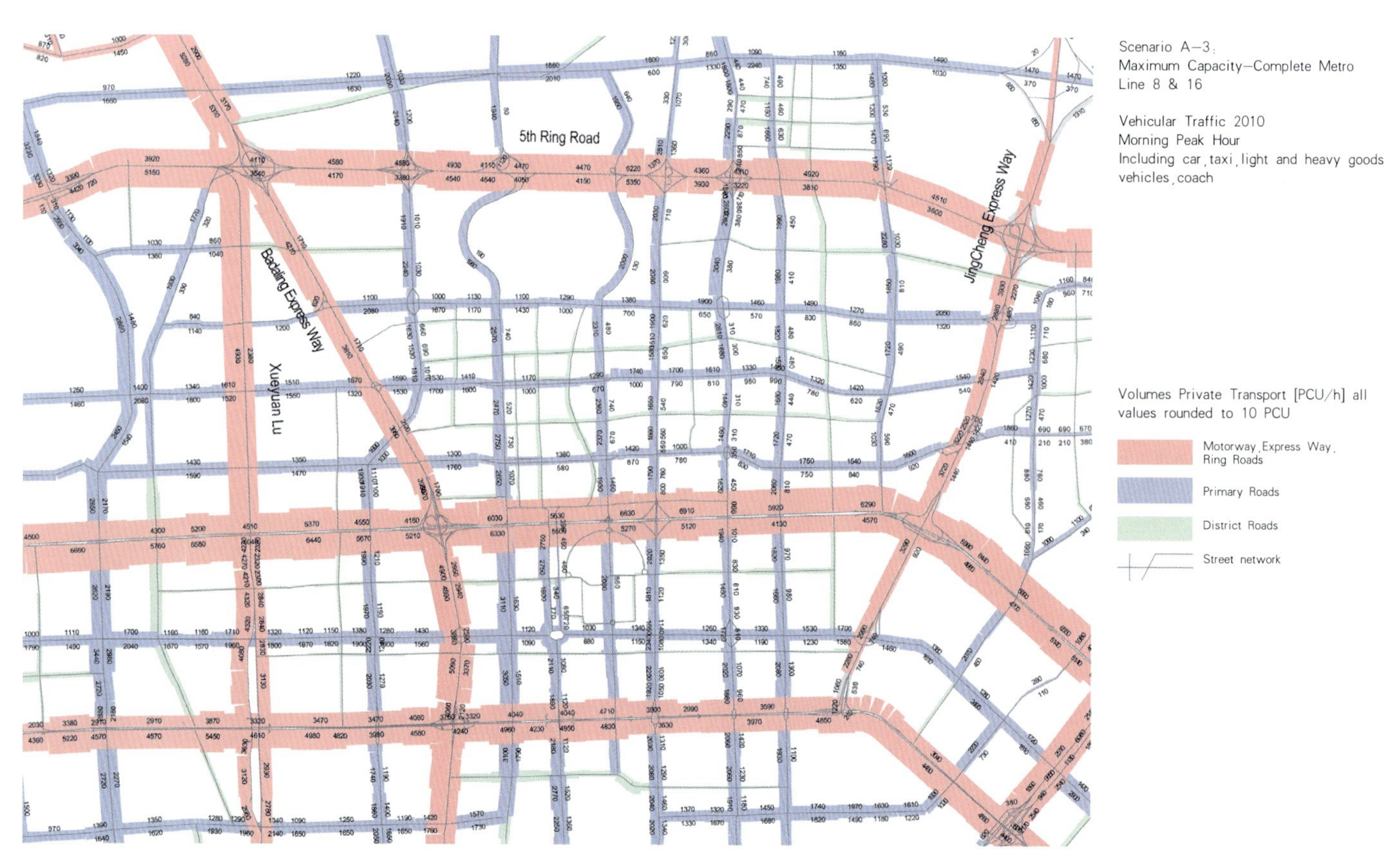

1-19 2010年奥林匹克公园周边路网的高峰小时机动车流量

利观赛，并最大限度地减少奥运会对社会生活的干扰。

（二）交通规划原则

(1)交通规划与北京市城市道路路网规划相匹配、相平衡，保证本地区具有较高的服务水平。

(2)交通设施规模的设定应以满足平时日常交通需求为准，特殊时期——奥运会时期和赛后大型活动时期，采取特殊方法进行管理，以利于资源合理利用，不浪费。

(3)体现“以人为本”，提倡公交优先。

(4)尽量采取时空分离方式，减少高峰重叠。

(5)采取现代化的手段进行管理，使得设施资源整合利用，取得最佳效益。

(6)道路与环境、景观相匹配。

（三）交通需求分析(图1–19)

a.居住人口与就业岗位：

奥林匹克公园中心区居住人口为1.5万人左右，就业岗位约5～6万人。

b.预计2010年日常高峰小时人流量约为6.7万人次/h。

c.预计2010年日常高峰小时车流量，产生：4100pcu/h，吸引：4900pcu/h。

（四）交通出行方式(表1–1)

2010年奥林匹克公园中心区交通出行方式　　表1–1

小客车	出租车	公共汽车	轨道交通	自行车	其他
10%	13%	25%	30%	17%	5%

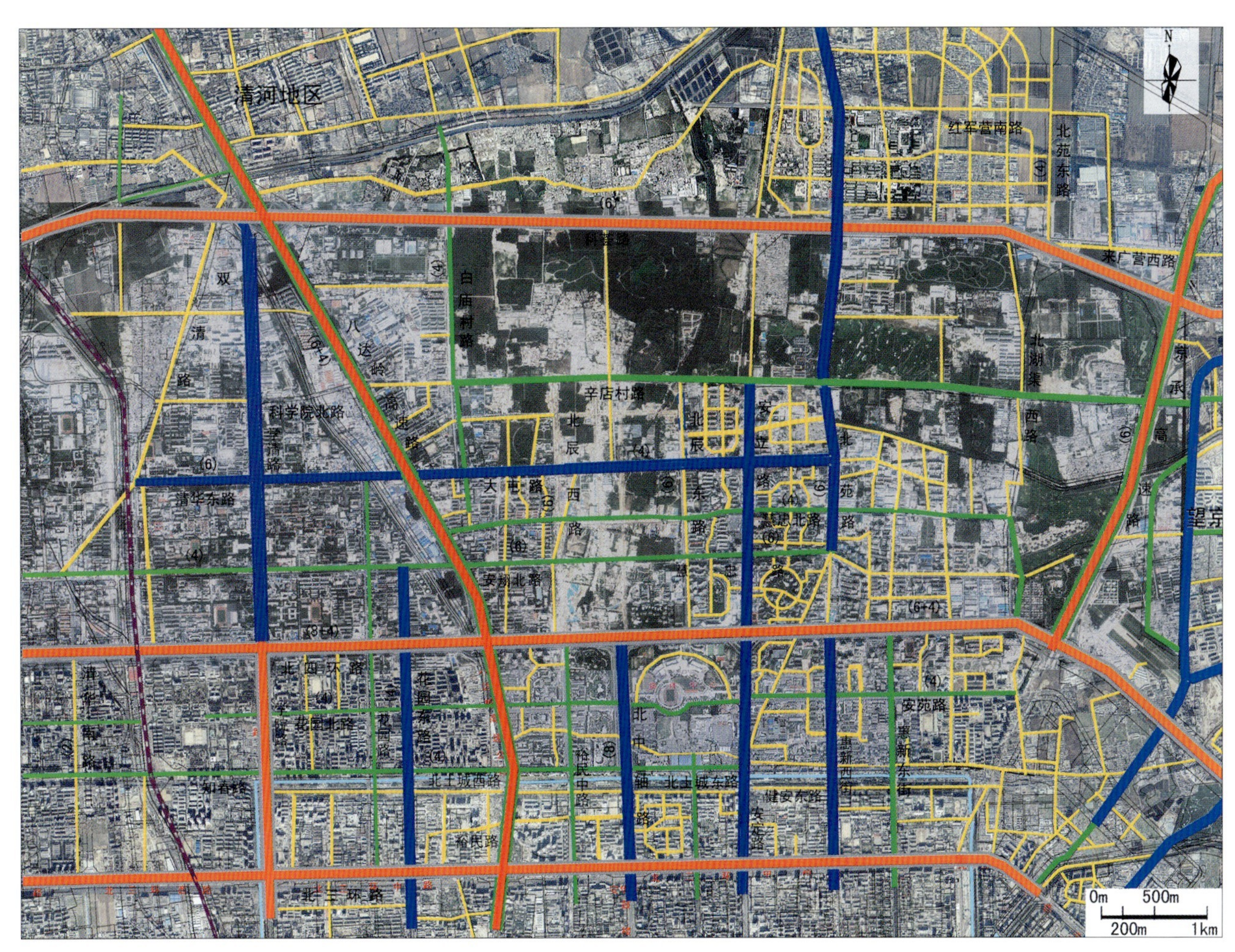

1-20 现况道路图

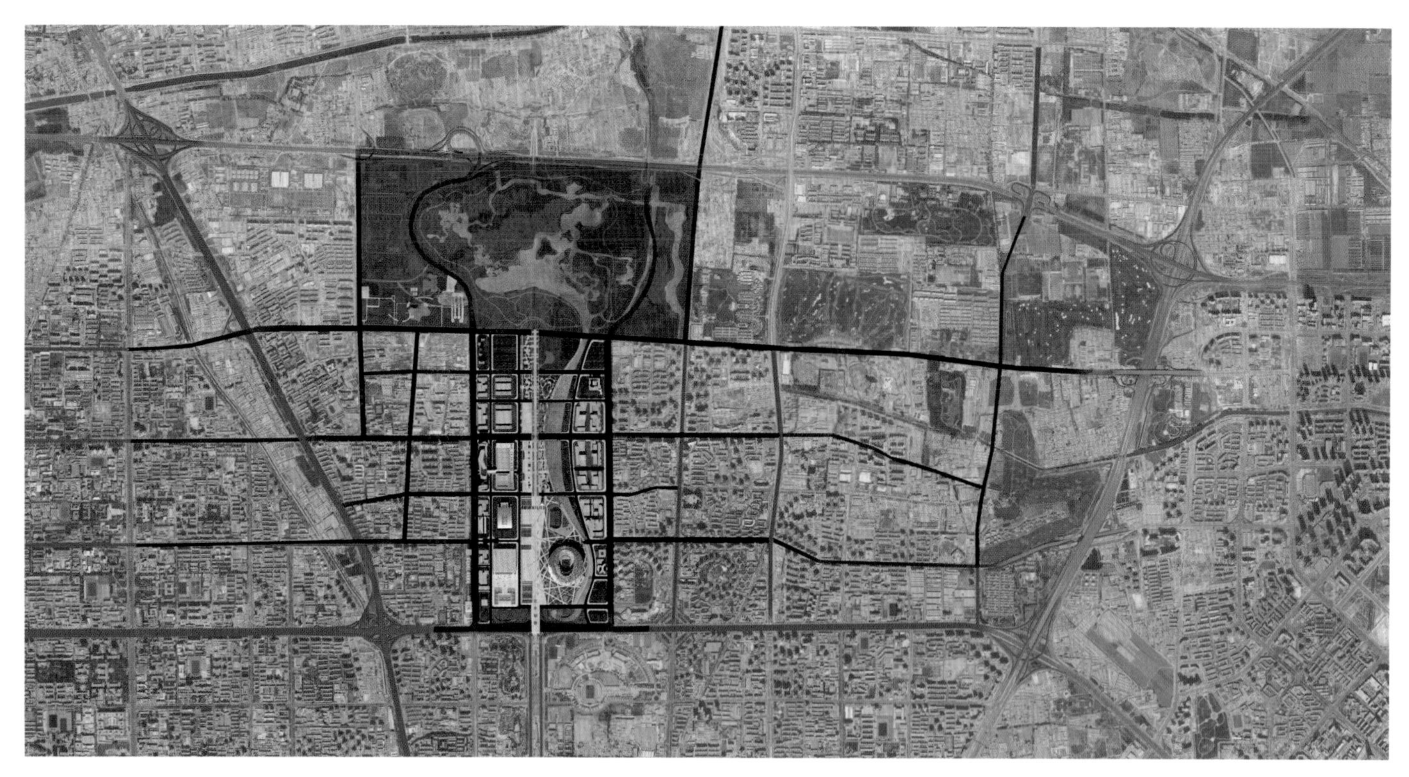

1-21 道路整治示意图

（五）道路系统

道路系统规划针对现况路网的问题，结合中心区的总体规划，提出了路网结构的调整方案和综合整治周边道路的措施，制定了中心区道路的控制性详细规划，并提出了道路绿化与雨洪利用的导则。

道路系统规划要点：道路系统要有合理的结构比例，明确的功能定位；道路依靠多层次的网络，满足连接性、可达性、停留性等交通要求；道路系统是公共交通、个体机动车、自行车和行人等交通系统的载体，应满足各个交通系统及系统间转换的要求，并对各个系统进行整合；道路系统在保障流动性的同时，解决好滞留的需求，在处理动与静的关系时，按快速路、主干路、次干路到支路，依次从动到静逐渐过渡；道路应有序、合理地安排布置建筑的进出口（包括车辆进出口、人员进出口），减少人员与车辆的交叉。

(1)调整道路路网结构

依据奥林匹克公园的总体布置和土地使用功能，对原规划道路路网进行调整，使道路的功能、走向、服务对象与中心区总体规划的要求相符合。奥林匹克公园规划范围现况道路及道路整治，见图1—20和图1—21。奥林匹克公园中心区道路系统由城市主干路、次干路、支路组成。

(2)综合整治周边道路

a.打通断头路，疏通干道路网，建立与周围地区的联系便捷、系统完整的区域路网：打通科荟路(学院路至京承高速公路路段)；打通大屯路(八达岭高速公路至北苑路路段)；打通慧忠路(八达岭高速公路至京承高速公路路段)；新建北辰西路(五环路至安德北路路段)；按规划实施北辰东路、林萃路、安立路、北苑路。

b.分流中心区主要干道的过境交通，修建大屯路、慧忠路下穿中心区的隧道，减少对中心区环境的干扰。

c.加强中心区道路与快速路网之间的联系，综合整治快速路与区域路相交节点：八达岭高速公路与科荟路立交，修建科荟路跨越八达岭高速公路立交,设东向南左转匝道加强与城市中心区的联系；八达岭高速公路与慧忠路立交，修建慧忠路上跨八达岭高速公路分离式立交，疏散东西向交通，并加强中心区与中关村地区联系；北辰西路与北五环路立交，修建北辰西路与北五环路联系的立交，建立由五环路进出中心区的交通通道；北辰西路与北四环路立交，北辰东路与北四环路联系的组合立交，建立北四环路进出中心区的快速通道。北辰西路上跨北四环路向南与城市中心区连通，向南与中关村地区联系，是中心区的主出口。北辰东路设置上跨北四环路的进出匝道，有利于国家体育场的交通疏散，并增加快速环路的出入口，缓解北四环辅路的交通压力。

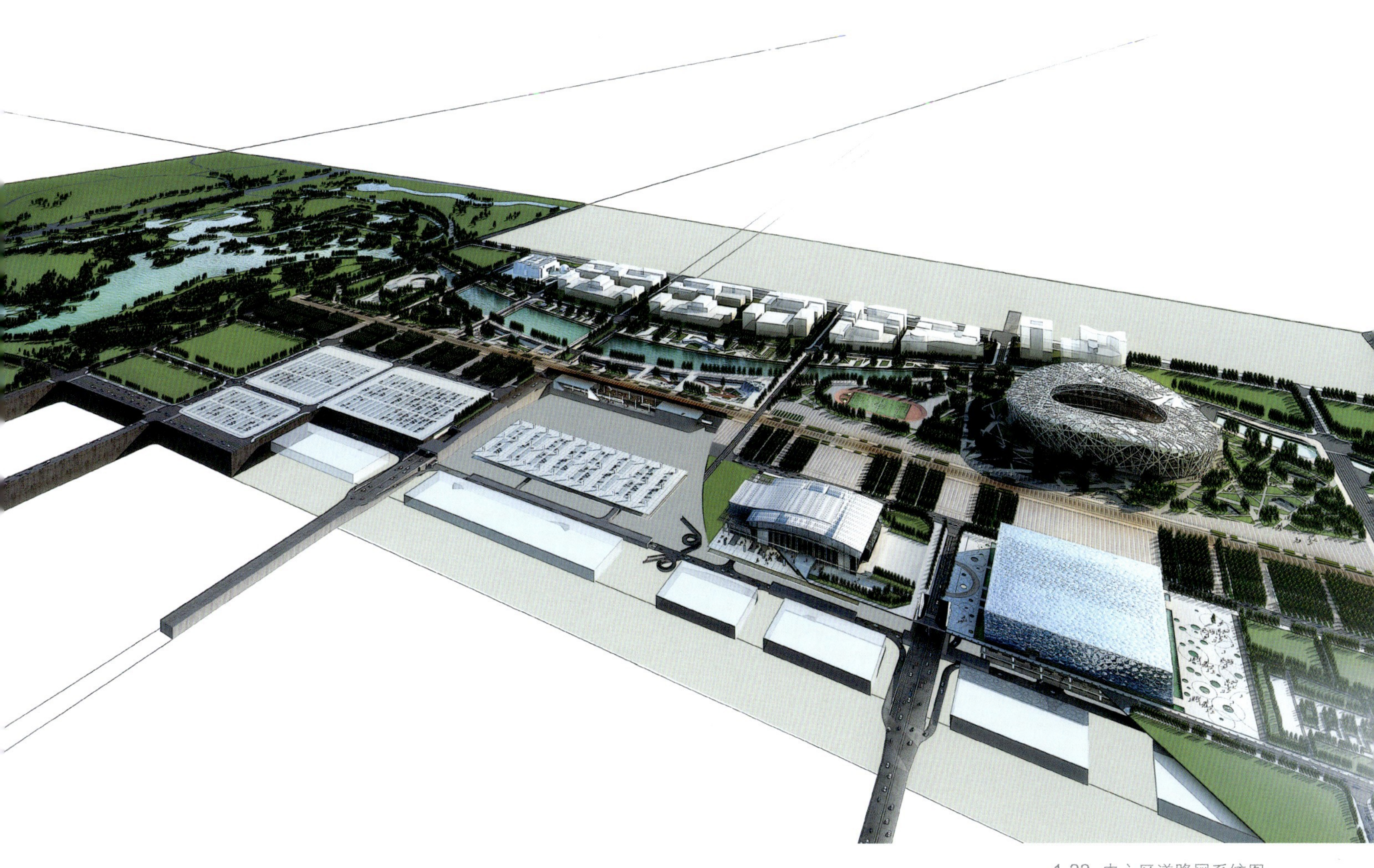

1-22 中心区道路网系统图

(3)分层次设置中心区道路网系统（图1—22）

a.地面道路

以主干路辅路（大屯路地面路、慧忠路地面路、北辰东路西辅路）、次干路和支路组成地面路网，为周围各地块建筑服务。主要满足部分进出建筑的车流和人流、公共交通、自行车和人行系统的交通要求。与广场相接的道路，采用无障碍连接。自行车和人行系统位于路面层。

b.地下一层道路

大屯路、慧忠路主路位于地下一层，为穿过中心区的过境车流服务；同时局部采用由右进右出的匝道与地下二层的环路连接，为进出中心区的车流服务；慧忠路隧道设置专用的出入口，为国家体育场大型停车库服务；在地铁站和游泳中心设置公交车站，采用自动升降设备与地下二层或地面连接，为乘坐和换乘公共交通服务。

c.地下二层道路

在国家体育场南路、湖景东路、大屯北路和天辰西路地下二层设置环形隧道，为进出中心区的车流服务。环形隧道与各地块的地下停车库相连接，为停车位共享提供保障；在次干路地面设置进出口，与地面道路相接，完成地下道路与地面道路的连接转换。

(4)中心区道路规划红线及横断面

根据道路等级、使用性质、地面和地下构筑物、市政管线的要求确定道路红线、规划横断面，见图1—23～图1—26。

（六）公共交通系统规划

本地区公交电、汽车线网分成三级，即：城区大容量快线、普通线网和区域内部小公交。优先考虑设置先进的公

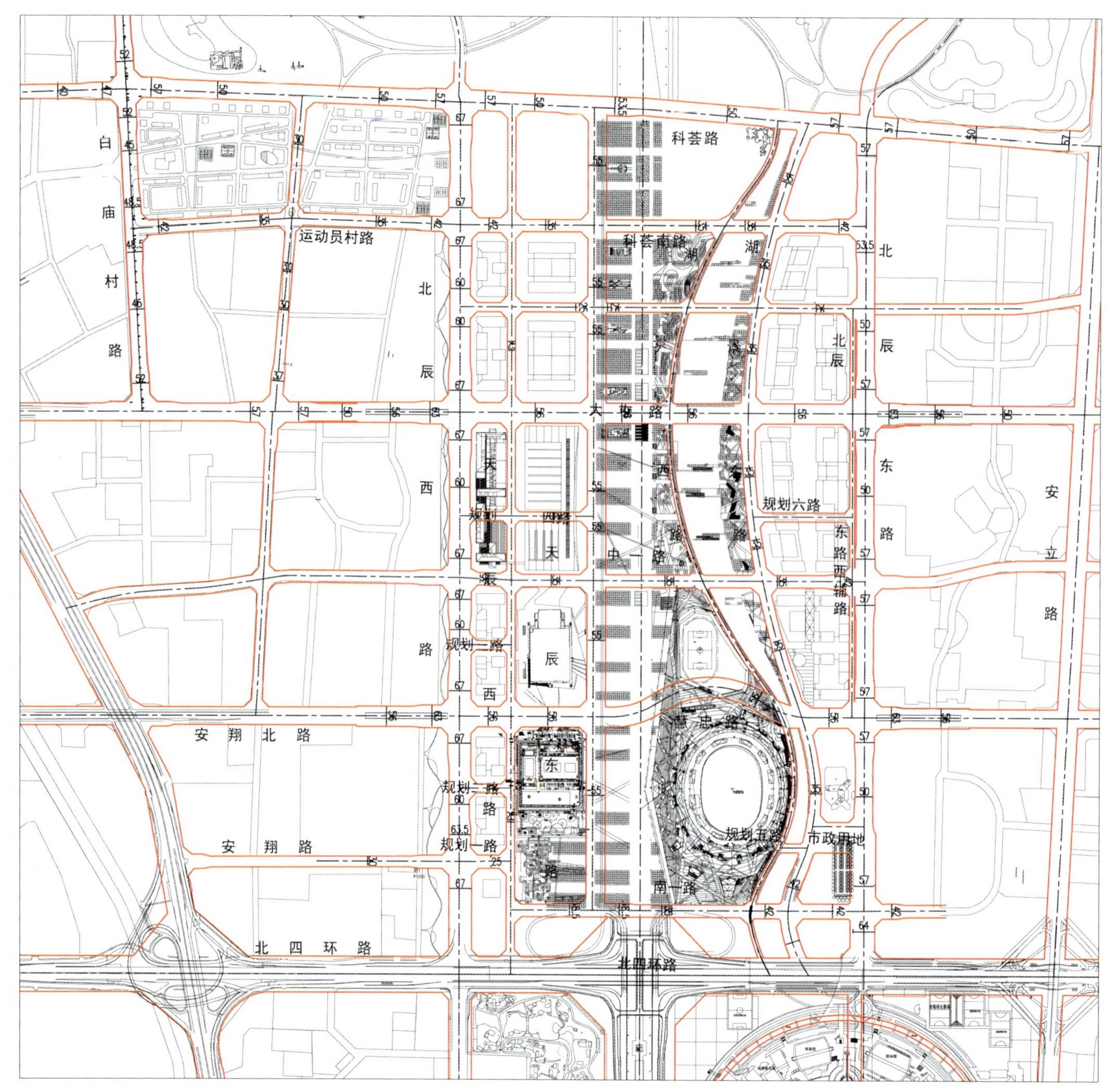

1-23 中心区道路规划红线图

1-24 中心区规划控制高程图

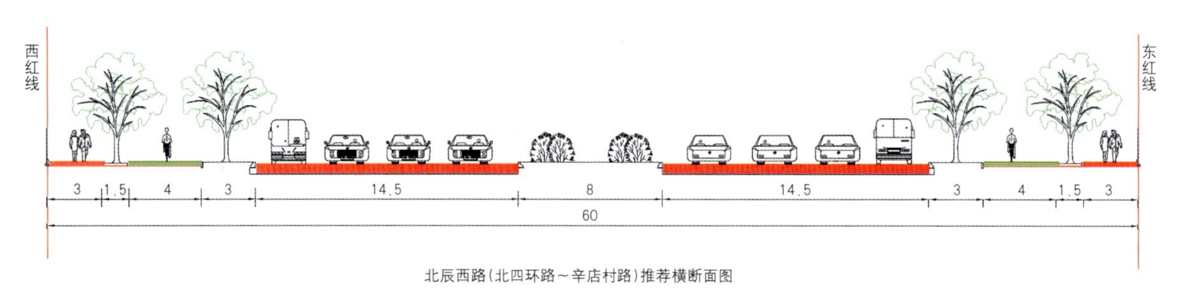

北辰西路（北四环路～辛店村路）推荐横断面图

北辰东路（北四环路～辛店村路）推荐横断面图

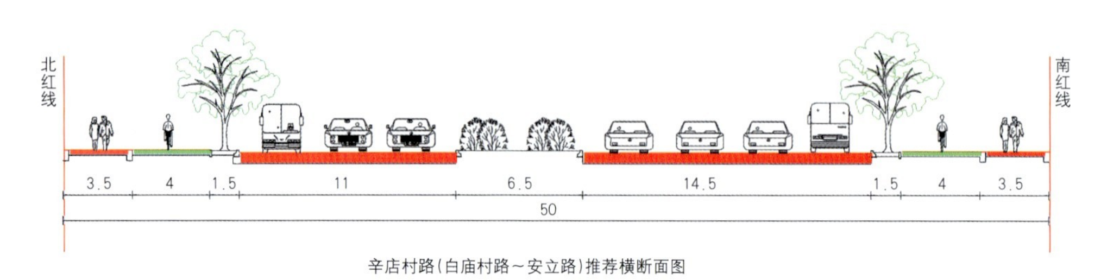

辛店村路（白庙村路～安立路）推荐横断面图

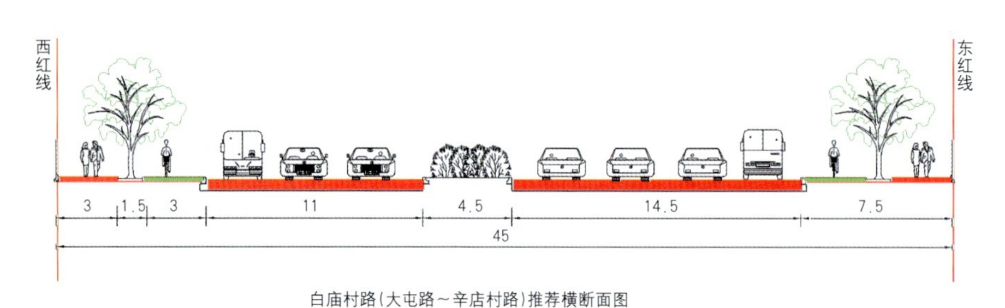

白庙村路（大屯路～辛店村路）推荐横断面图

1-25 中心区主要道路横断面图

共交通系统，提高公交出行的占有率，2010年达到总出行量的55%。中心区高峰小时人员出行总量为67000人次/h，轨道交通承担20000人次/h（30%），公交车总需求量17000人次/h（25%）。

（1）公交线网（图1－27）

a.大容量快线

大容量快线将承担望京等东部地区与中关村等西部地区的过境交通，及北部清河、北苑、回龙观居住区与南部城区的过境交通。

东西方向保留北四环路公交线路的基础上，增加了大屯路作为大容量快线。

南北方向在北辰西路的大屯路以北路段，结合公交起终点站设置大容量快线。

市区大容量快线1条线运量可达15000～20000人/h，车速应达到25km/h，路口的交通信号要优先快线通过。预计中心区高峰小时大约20%乘坐公交的人（3400人/h）选择大容量快线。

市区大容量快线的车道及候车车站，应设在主要街道的中间带。

b.普通公交线

东西方向在科荟路、运动员村路、大屯路、慧忠路、国家体育场北路和北四环路布置普通公交线路；南北方向在北辰东路、北辰西路和林萃路布置普通公交线路。

c.区域内小公交

区域小公交是小区内连接地铁站、居住区与工作区的线路。小型公交车采用环保车型，环绕小区行驶，提供多处上下站。

d.游览线

在中心区水系、下沉花园、景观广场周围设置游览线路。游览车辆采用环保车型，游览车停车场设置在中心区东南角，与临时停车场错时使用。

(2)公交场站

a.大容量公交车站间距1000～1500m，公交站采用靠边停车，一个站位长40m，停靠1辆车；

b.普通公交站点之间距离基本400～500m；

c.公交站一般采用港湾式，站位长40～60m，可停靠3～4辆公交车；

d.中心区设置一处公交场站为公交起终场站，位于北辰西路。

(3)公交枢纽

规划地铁熊猫环岛站为市二级枢纽，保证地铁10号线、地铁奥运支线、公交车、出租车和自行车之间的换乘，规划占地30000m^2，综合客运能力为5～8万人次/d。

(4)轨道线路规划

奥林匹克公园地区周围有三条轨道交通线：5号线、10号线、奥运支线。

a.2008年单向小时运输能力5号线为2.8万人次/h，10号线为2.8万人次/h（远期4.22万人次/h），奥运支线为2.8万人次/h，在超员情况下，可4万人次/h，奥运支线客流必须通过10号线进行疏散。

b.奥运支线全线设4座车站，分别在土城路与中轴路交叉处设熊猫环岛站，在四环路以南设奥体中心站，在慧忠路与大屯路之间设奥林匹克公园站，在科荟路设森林公园站。

c.奥运支线车站突发客流较大，传统设计不能适应需要，因此在设计中应融入新的设计理念，解决车站的大容量。

（七）非机动车系统

自行车有逐渐减少的趋势，预计2010年自行车出行量将占总出行量的17%，考虑交通方式的多样性，为非机动车提供必要的交通空间。奥林匹克公园中心区非机动车道规划，见图1-28。

(1)一般非机动车道

一般非机动车道在路侧带与行人合并设置，非机动车道

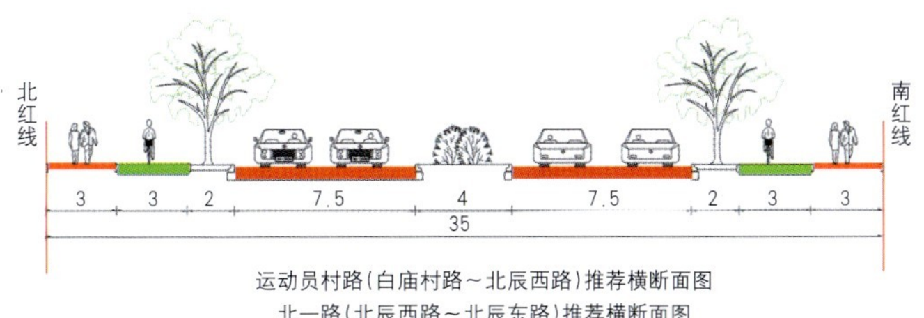

运动员村路(白庙村路～北辰西路)推荐横断面图
北一路(北辰西路～北辰东路)推荐横断面图

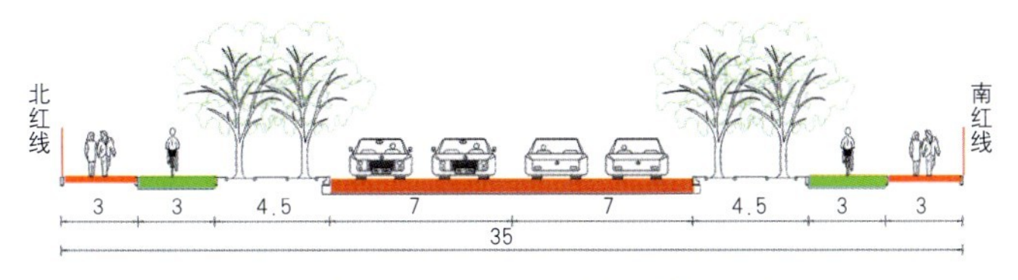

南一路(景观西路～北辰东路)推荐横断面图
中一路(北辰西路～北辰东路)推荐横断面图
湖边东路(北四环路～辛店村路)推荐横断面图

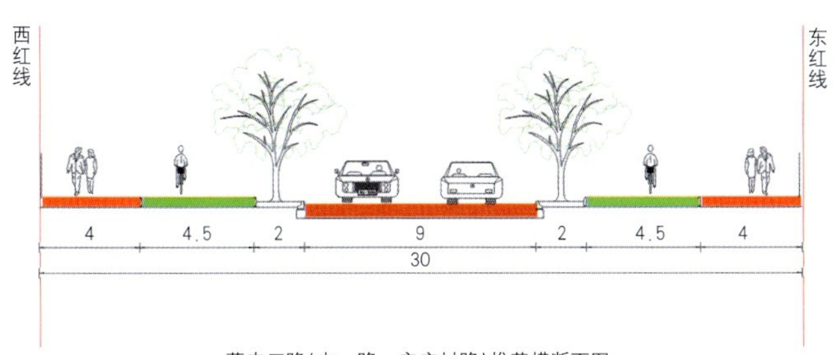

薰皮厂路(中一路～辛店村路)推荐横断面图

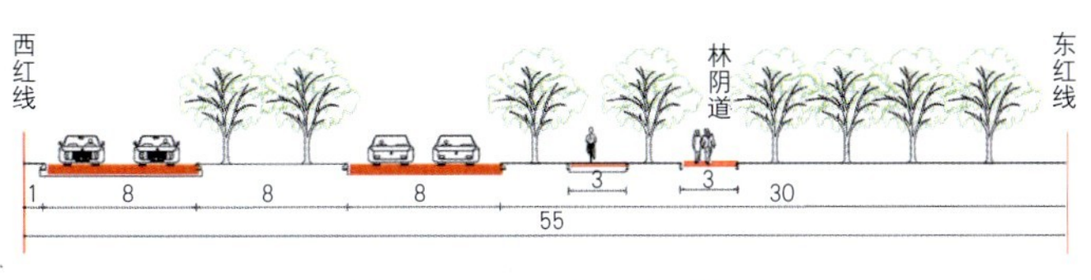

景观路(成府路～辛店村路)推荐横断面图

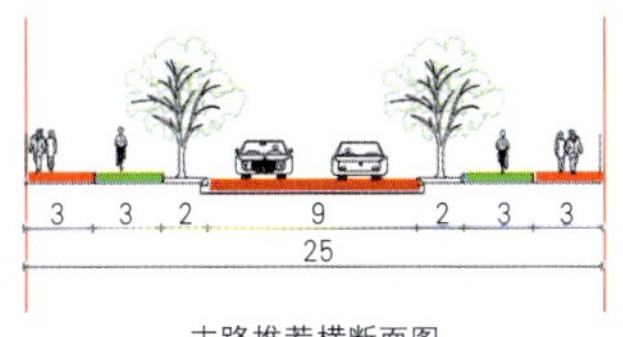

支路推荐横断面图

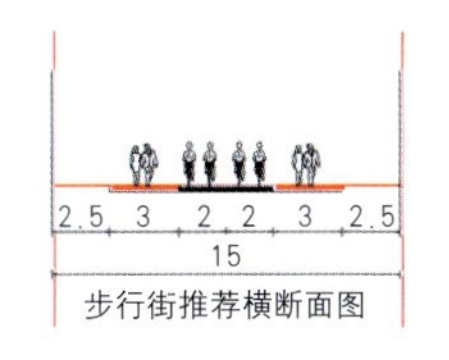

步行街推荐横断面图

1-26中心区次要道路横断面图

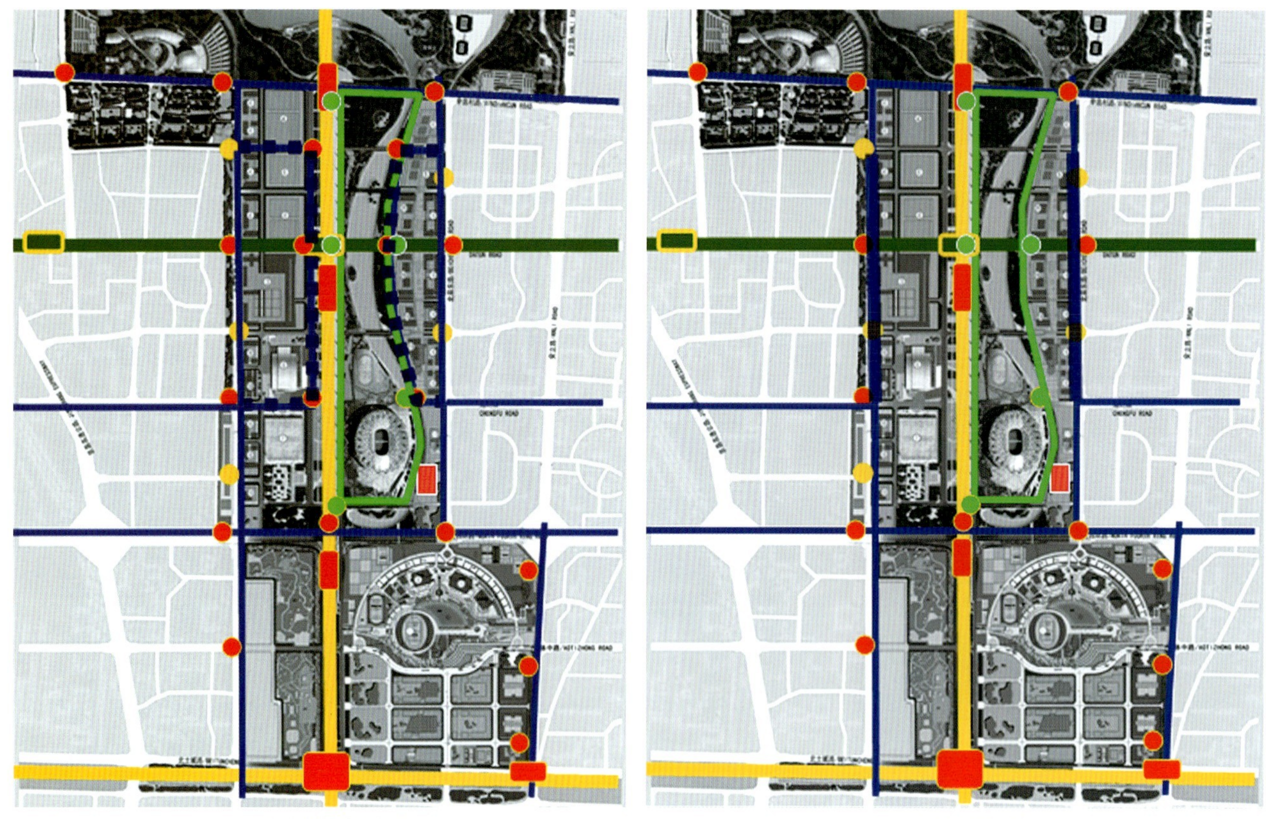

(a)公交线网特殊时期布置方案　　(b)公交线网平时布置方案

1-27 中心区公交布置方案

以不同的铺装和不同的颜色与人行道加以区分。非机动车道宽度一般为3～4m，非机动车流量小于3000辆/h。

(2)非机动车专用道

非机动车专用道指将非机动车道通过绿地等设施与机动车和行人分割开单独设置。

有下列两种情况之一，设置非机动车专用道。(a)自行车流量大，自行车流超过3000辆/h；(b)环境优美的地方，如在绿荫林带、清澈的湖水边，为人们创造远离汽车尾气污染、噪声干扰，能和大自然亲近的游憩场所(北中轴路、四环路、天辰东路和湖景西路)。

(3)非机动车禁行道

在人流活动密集的广场、服务性货车装卸处和进出停车场专用通道较多的道路设置非机动车禁行道(天辰西路，北辰东路辅路)。

(八) 行人系统

行人系统由人行道网、过街设施、人行广场组成，中心区将形成人行道网与交通集散广场、城市景观广场、商业步行广场串联相接的行人系统，为行人提供安全、舒适的空间，与主要建筑、地铁站、公交汽车站等连接便捷。中心区人行系统规划，见图1-29。

中心区内要求步行者优先，行人系统设置于地面层。中心区域内一般不设置天桥或地道过街，行人过街由路口处交通信号灯控制。在发生大量的人群与机动车冲突时，采取改变机动车行驶路线的方式，避免冲突。中心区行人系统，由外向内，交通性质由通行流动转换为游憩与休闲，行人设施考虑无障碍设计。

(1)人行道网与过街设施

a.地面道路两侧设置连续的步行道，将各个建筑物与地铁站、公共汽车站、出租车停靠区等交通场所相连接。

b.在人行道上的设施带中设置：交通设施、信息牌、服务设施。

c.一般人行道宽3m，通行人流容量7200人/h；公共汽车停靠站处人行道宽4.5～5m，包含1.5～2m的候车站。

d.大型人群集散场所，如：国家体育场、国家体育馆、会展中心（展览区）周围的人行道应进行人流方向、流量分析，来确定其宽度。

e.地下人行通道设置在地铁车站与会议中心之间（－7.8m）人行通道宽度不小于3.0m，设置在地铁与大屯公交车站之间人行通道（－13.0m）宽度不小于5.0m。在国家体育场南路与中轴广场、下沉花园与国家体育场北路、大屯路相交处

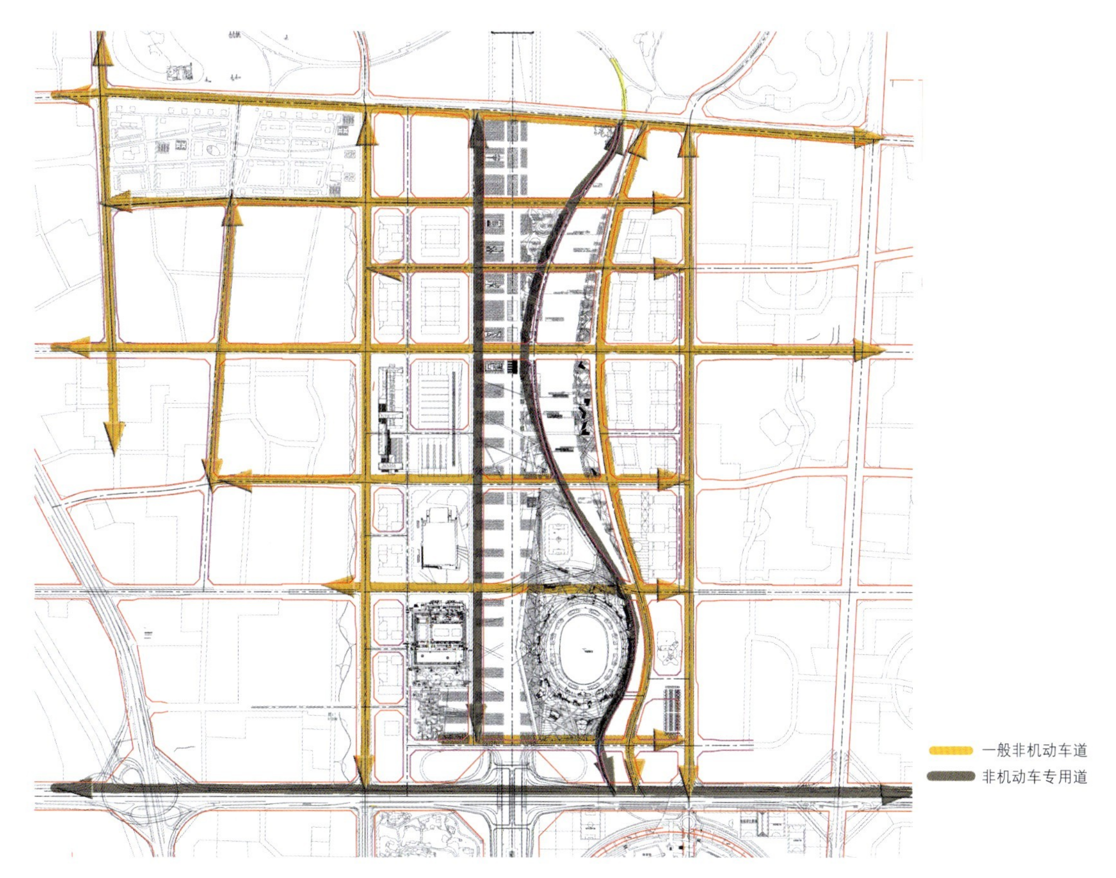

1-28 中心区非机动车道规划图

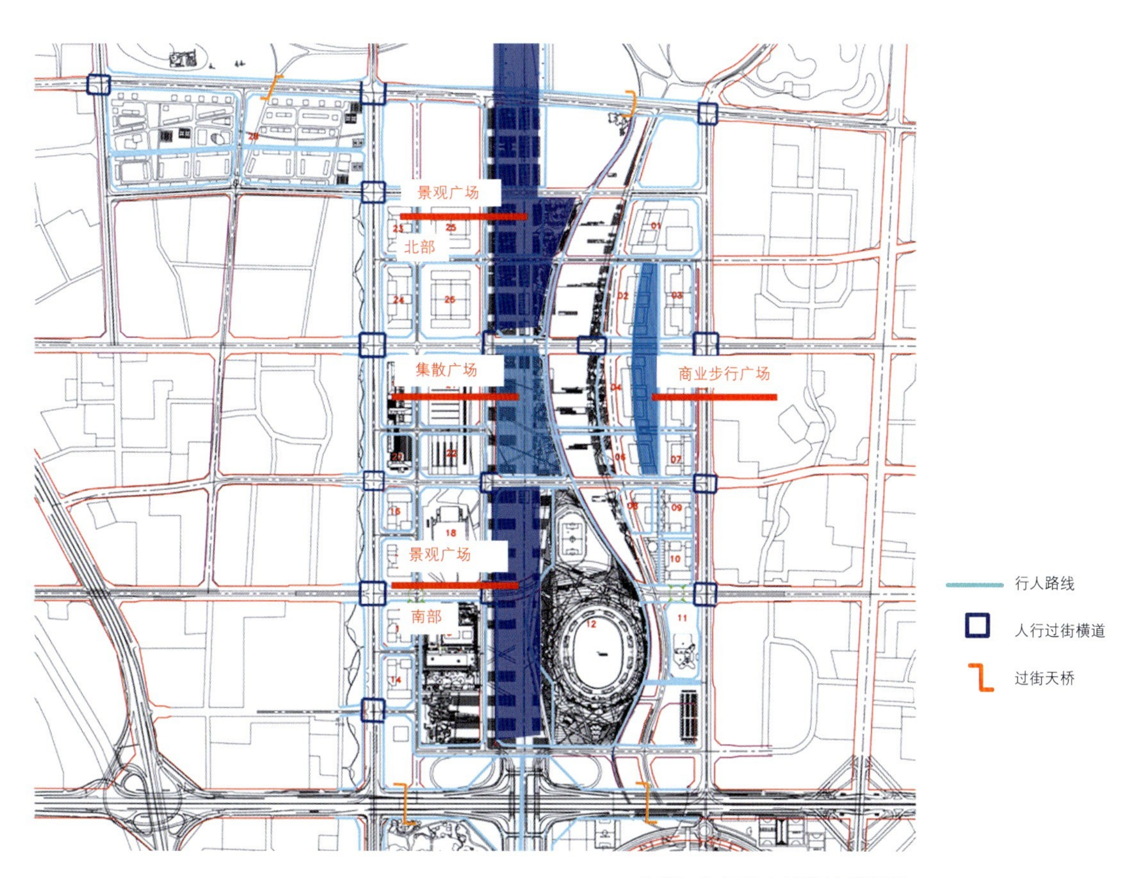

1-29 中心区人行系统规划图

设置地下人行通道，为行人提供按全、便捷的步行空间。

(2)人行广场

a.中轴景观广场：中轴景观广场南北向由国家体育场南路至森林公园湖边，全长约2700m，东西向宽178～300m（含下沉花园）；北部广场（大屯路至森林公园湖边）长约900m，面积为14.7万m^2。北部广场为休闲广场，应与森林公园结合；南部广场（国家体育场南路至地铁站南侧国家体育场北路）长约950m，面积为22万m^2。南部广场平时为休闲广场；但在国家体育场等大型公共设施举行大型活动时，观众总量可达8万人，该广场将成为人群集散的交通广场，因此必须首先满足交通功能的要求。不设置阻碍人群流动的设施，如路椅、树木、雕塑等，应设置引导人群流动的交通信息指示牌；景观广场将与国家体育场南路、国家体育场北路、大屯北路、大屯北路、科荟南路和科荟路相交，相交处各路的人行道将与景观广场结合连成整体。

b.交通集散广场

奥林匹克公园站交通集散广场位于国家体育场北路与大屯路之间（包括下沉花园）。平时奥林匹克公园站容量为2.8万人/h，大型赛事时期最大容量可达4万人/h。另外需要10000m^2的人群候车空间。集散广场的外部地铁站附近设置自行车停车场。

c.商业步行广场

商业步行广场位于中心区东部，是将20万m^2的零售商场串联的购物长廊。南部起于国家体育场北路，北部止于大屯北路，长约740m，宽约74m，总面积为5.82万m^2。该广场与地面人行道网连接，地铁站通过下沉花园与商业街连接通道相接。

该广场中部与大屯路相交、南北两端与国家体育场北路和科荟南路相交，相交处道路的人行道将与广场连接成一体，道路两侧开辟落客区、出租车乘客区、等待区及自行车停车场。

商业步行广场的步行条件要连续，购物者的步行线不被交通信号等与机动车有关的附属设施打断，取消装卸货地点和通往停车场的专用车道，设置座椅和其他休闲设施，让步行者始终保持步行的乐趣。

d.人流密度指标

人行通道服务水平，建议采用C级，或不低于D级；其中C级为行人占用空间1.4～2.3m^2/人，平均步行速度73m/min；D级为行人占用空间0.9～1.4m^2/人，平均步行速度69m/min。

（九）停车系统（图1-30）

中心区规划停车场包括机动车停车场、临时停车场、非机动车停车场、出租车停靠位。停车数可作为减少汽车流量的调控手段，不宜过多设置。结合奥林匹克公园举办大型会议、大型文体活动时间错的特点，依靠停车资源共享，适当消减停车位，规划停车位为总需求量的80%。各个用地的

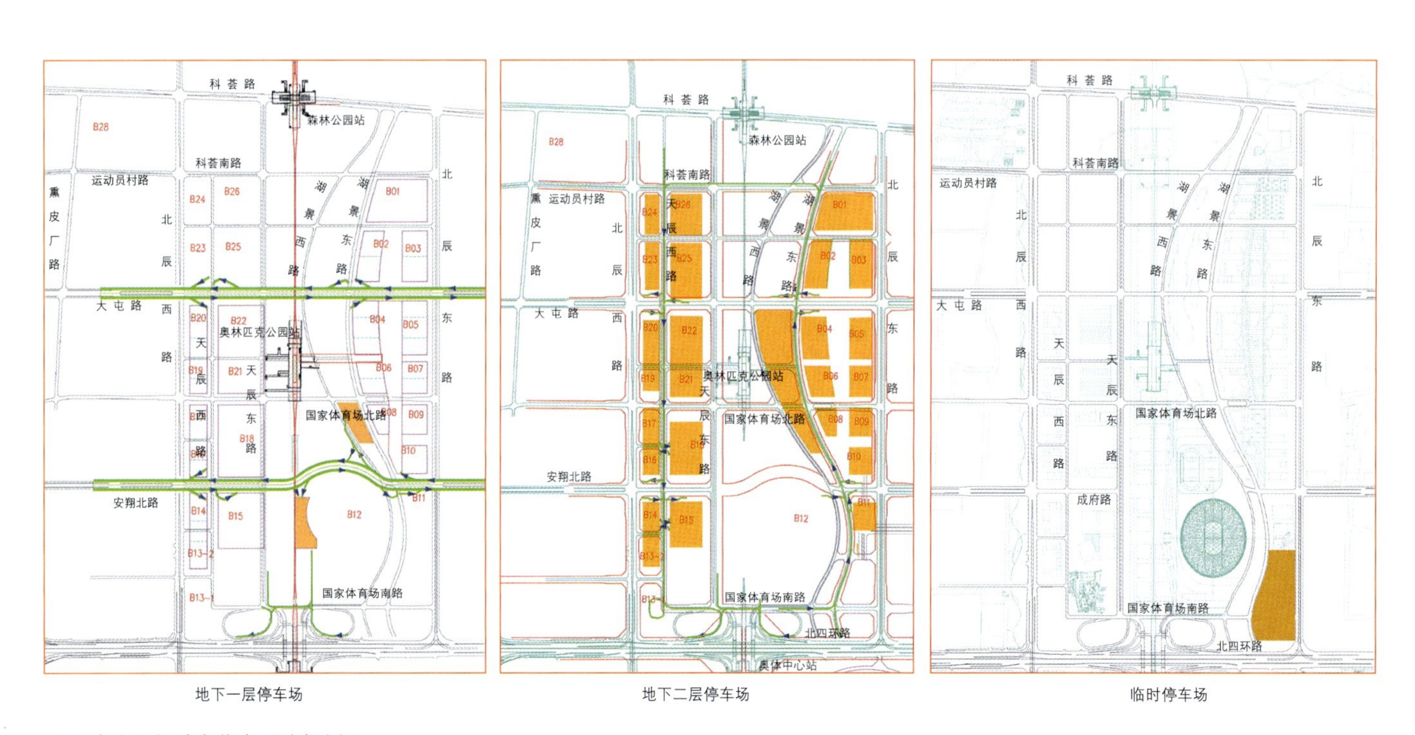

地下一层停车场　　地下二层停车场　　临时停车场

1-30 中心区机动车停车系统规划图

地下停车库通过地下联系通道相连接，对外开放并统一管理。

(1)机动车停车

中心区规划机动车停车位22345个，机动车停车场尽量设置在地下，地面停车占总停车量的10%。自行车主要采用地面停车，其数量除各建筑按指标配建之外，公共广场应考虑设置临时停车场的可能。

(2)临时停车场

大型赛事时，将启动机动车临时停车场。机动车临时停车场设置在体育场东南角为公共汽车和出租车临时停车场。

(3)非机动车停车场

各地块的非机动车停车场均设置在地面。

在地铁奥林匹克公园站、奥林匹克森林公园站各出入口处，设置不少于500辆自行车的停车场，满足骑车人换乘地铁的需求。

在东部商业街出入口处，设置自行车停车场，满足骑车人购物的需求。

在大型赛事和大型展事期间，在景观广场和体育馆、会展中心周围设置自行车临时停车场，为骑车人提供停车方便。临时停车场的停放自行车数量视大型赛事和大型展事规模而定，最大模型停车数量为8000辆自行车。

(4)出租车停靠站

各建筑用地内人流出入口附近、中心区的支路、商业步行广场两端设置出租车停靠站。

中心区自行车、出租车停车系统规划，见图1-31。

(十) 货运系统

中心区有大量商业和展览，货运的交通组织分为的全天候货运路线及夜间货运路线，全天候货运系统尽量远离行人与自行车，货运机动车的出入口设置在天辰西路，北辰东路西辅路上，这两条路上禁止自行车行驶。

(十一) 交通组织

(1)中心区过境交通组织

中心区道路网中林萃路、北辰西路、北辰东路、科荟路、大屯路和慧忠路等城市主干路承担着过境交通通道的功能。

(2)中心区内部日常交通组织

中心区道路系统的交通要保证与内外部路网联系，减少交通流的相互干扰，提高道路网的利用率。中心区早高峰期

自行车停车场

自行车临时停车场

建筑用地内出租车停靠站

道路上出租车停靠站

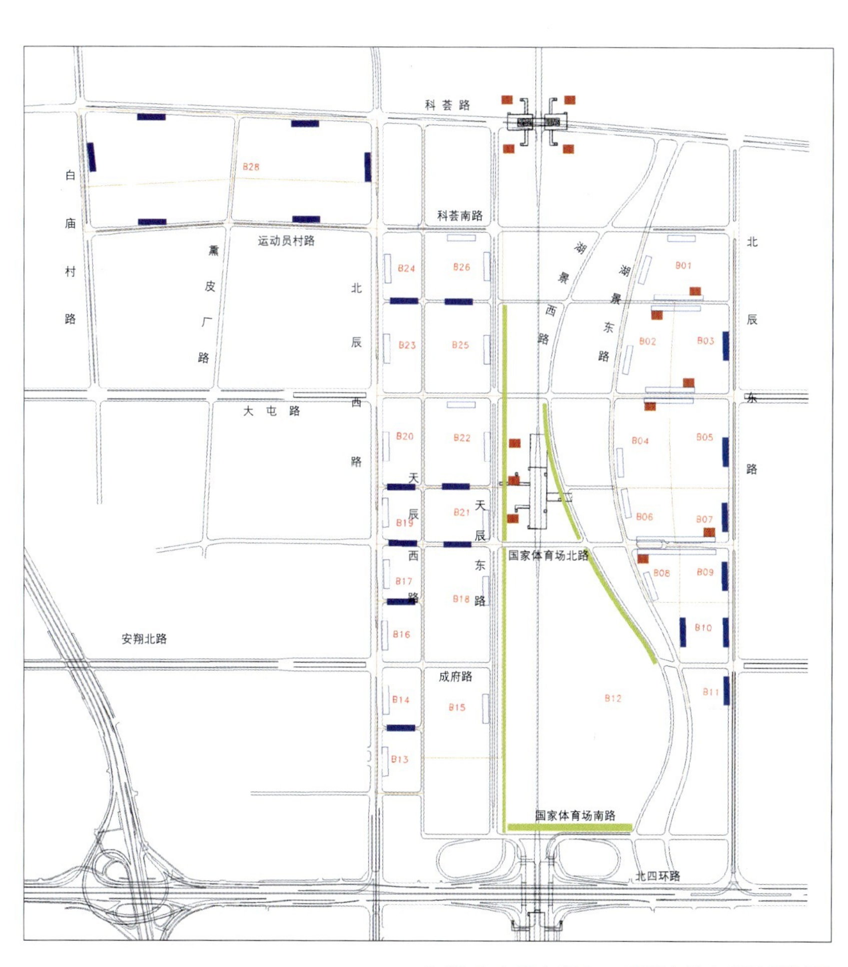

1-31 中心区自行车、出租车停车系统规划图

间，中心区内湖景东路（国家体育场南路——国家体育场北路）由南向北限时单行驶。提高由南向北的交通能力，使车辆快速到达中心区内各目的地。中心区晚高峰期间，天辰东路为由北向南限时单向行驶，提高由北向南的交通能力，使车辆快速通过中心区去往各目的地。

(3)大型赛事活动散场交通组织（图1—32）

大型赛事时，行人需要穿过国家体育场北路（天辰东路——湖景东路）段，通过国家体育场北路北侧地铁站进行疏散，为避免机动车对行人的干扰，在大型赛事时，禁止机动车在国家体育场北路（天辰东路——湖景东路）段通行。

(4)大型展览活动交通组织

会展中心举行大型展示时，为避免机动车辆对人流的干扰，天辰东路（国家体育场北路——大屯路）段禁止机动车通行。

(5)中心区地下一层交通组织

慧忠路、大屯路下穿中心区隧道与中心区地下交通联系通道之间通过匝道连接。国家体育场停车场车辆进出慧忠路隧道时，车辆采用右进右出的方式。

(6)中心区地下二层交通组织

为了使中心区停车库资源共享，在天辰西路、大屯北路北侧、湖景东路及国家体育场南路地下二层设置地下交通联系通道。通道内车辆为单向逆时针行驶。

(7)出入口

根据北辰西路、北辰东路的道路性质及道路断面布置，各建筑机动车道出入口不宜设置在这两条路上。机动车道的出入口可设置在相邻的支路上。货运车辆出入口设置在天辰西路、湖景东路、北辰东路西辅路上。

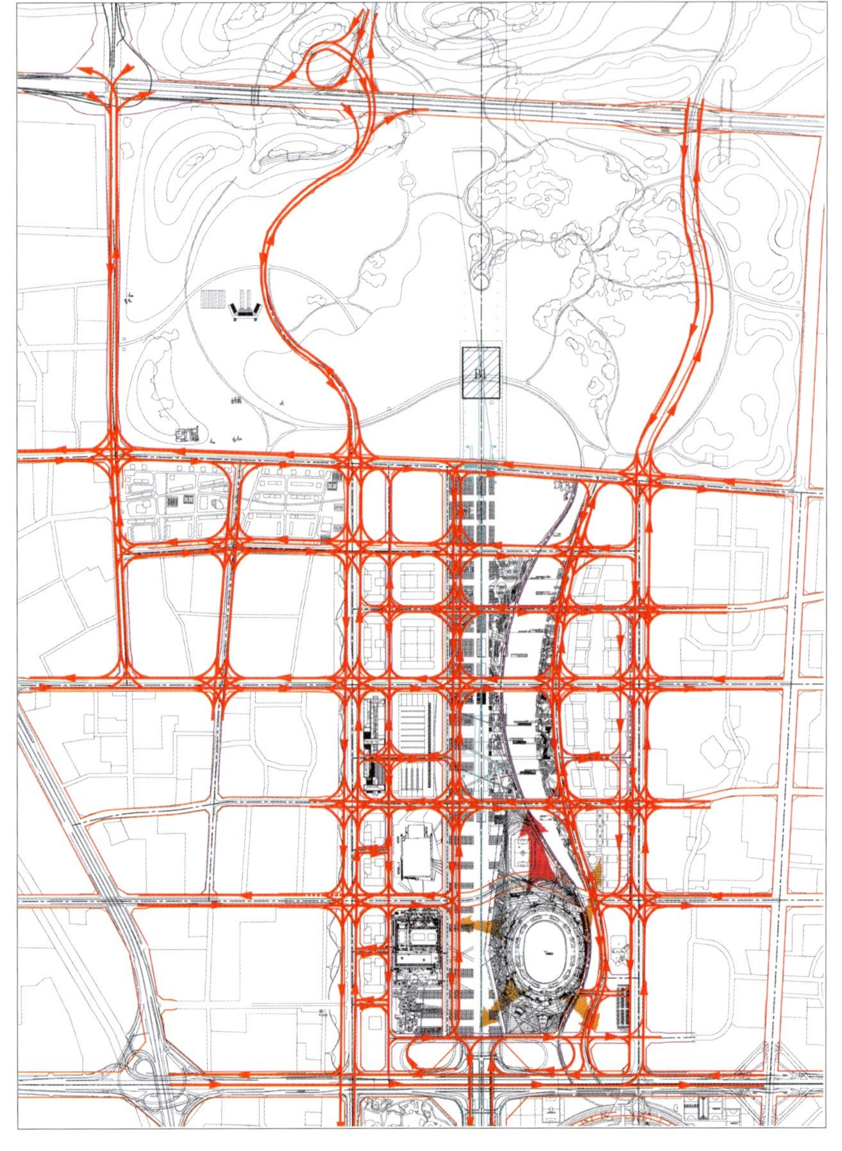

图例

本地区机动车流向

地下行驶机动车流

人流方向

1-32 中心区大型赛事活动散场交通组织图

第二节　公园道路设计

一、地面路网

奥林匹克公园周边道路建设共涉及31条路，其中主干路7条，次干路、支路24条，新建道路总长80.2km，新建立交14座，改建立交3座；涉及规划地下隧道5条，近期新建3条，总长度约10km，包括地下立交5座，其余2条隧道为远期预留。

（一）主干路设计

奥林匹克公园周围主干路主要承担分流公园过境交通，集散公园交通的功能。奥林匹克公园及周边路网图，见图1–33。

1.东、西向主干道

东西向主干道由慧忠路、成府路、大屯路和科荟路组成。慧忠路西起八达岭高速公路，东至南湖渠西路，道路总长7.6km，西与成府路相接，东与望京西路相接；大屯路西起八达岭高速，东至北苑路，道路总长4.0km，西与清华东路相接，东与大屯路东延相接；科荟路西起八达岭高速，东至北苑路，道路总长4.0km，西与林学院北路相接，东与科荟路东延相接。

这三条主干路均位于北四环与北五环之间，三条路的东西贯通可将中关村地区、奥林匹克公园地区和望京地区连接起来，改善城北地区东西交通出行过分依赖环路的状况，同是公共交通重要的干线走廊。

慧忠路、大屯路和科荟路都要解决向西打通八达岭高速路的屏障，与八达岭高速路西侧东西向主干路连接，向东打通京承高速路的屏障，与望京地区道路衔接；以及处理好与上述两条高速路相交的节点，完成主干路与高速路的交通转换；和穿越奥林匹克公园地区（北辰西路与北辰东路）减少过境车流对中心区干扰等问题。

慧忠路、大屯路和科荟路均采用地下道路与地面道路结合的方式穿越奥林匹克公园中心区，但位于不同的地点、不同的交通、环境要求采用了不同的处理方法。

(1)慧忠路隧道

考虑距离国家体育场很近，为给体育场的大型人流组织和体育场提供连续的地面空间，国家体育场地面不布设道路，慧忠路以全封闭的形式穿越中心区，只在游泳中心附近公交车站处设置开口。慧忠路隧道为六车道（三上三下）断面，局部设置辅助车道为进出国家体育场大型车库提供服

1-33 奥林匹克公园及周边路网图

务，并在与地下二层道路相交节点设置匝道，与地下二层环形隧道连接。慧忠路平面及横断面图，见图1—34和图1—35。

(2)大屯路隧道

大屯路隧道为六车道（三上三下）加连续停车带断面，其中设置快速大容量公交专用道，也在与地下二层道路相交节点处设置匝道，与地下二层环形隧道连接。大屯路地面设置了辅路系统单向机动车道宽7m（含一条小区公交车道），另设置了各3m的非机动车道和人行道，见图1—36至图1—39。

在远离人群密集的区域，大屯路隧道在中间绿地设置三段敞开空间，使得隧道日常运营采用自然通风，节约了运营成本。

大屯路隧道在中轴线地铁站附近设置公交车站与地下商业空间和地铁站连接，与地面人行系统连接。

(3)科荟路隧道

科荟路地面道路通行大型车辆、公交车辆以及自行车和行人，见图1－40；地下隧道通行小型车辆（净高≥3.5m），地下隧道四车道（二上二下），考虑中心区施工时，必须保证科荟路通行等条件限制，科荟路地下隧道暂缓实施。

2.南北向主干道

南北向主干道由林萃路、北辰西路、北中轴路和北辰东路组成。林萃路南起大屯路，北至北五环，道路总长2.8km；北辰西路南起北四环路，北至北五环，道路总长5.2km；北中轴路：北四环南侧为城市主干道，北侧为奥林匹克公园中轴人行景观广场；北辰东路南起北四环路，北至北五环路，道路总长4.9km。

这四条主干路均位于奥林匹克公园中心区边缘，将承担大量的南北过境交通和向城市中心区集散奥林匹克公园交通的作用。上述道路与四环和五环快速路相交的节点方案，将起

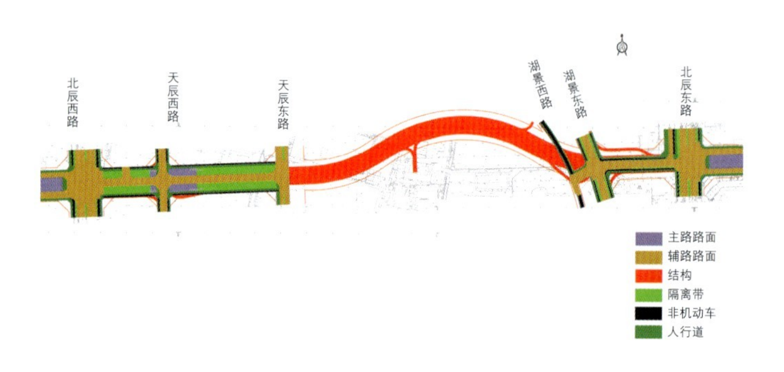

1-34 慧忠路平面图

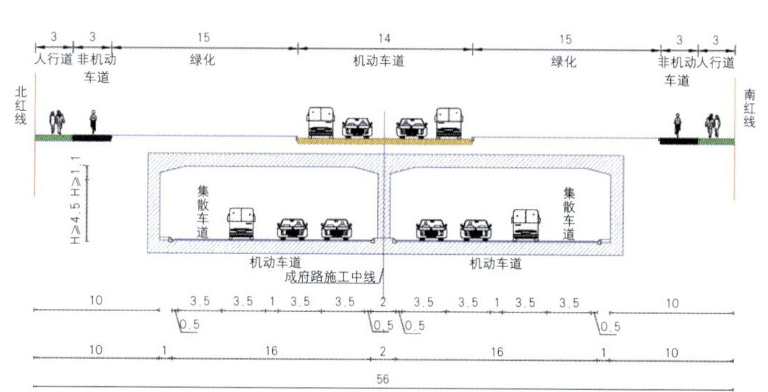

1-35 慧忠路横断面图

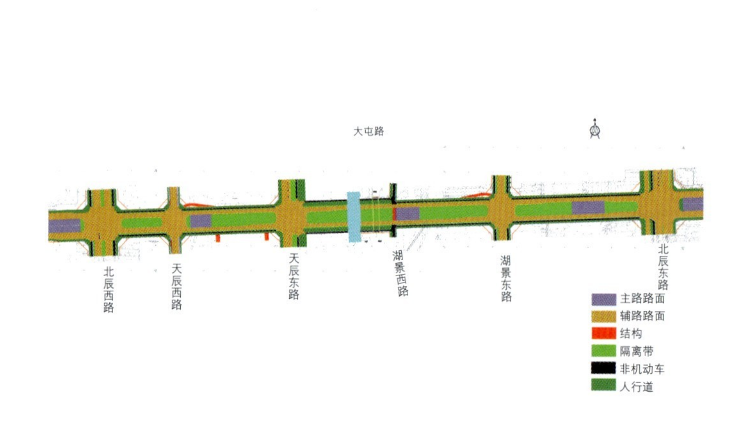

1-36 大屯路平面图

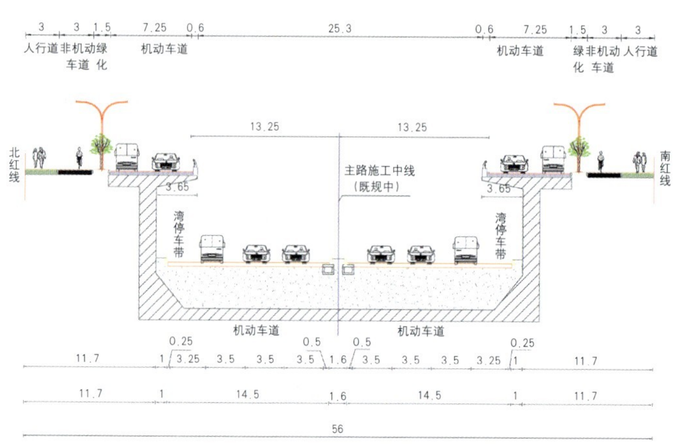

1-37 大屯路敞口段横断面图

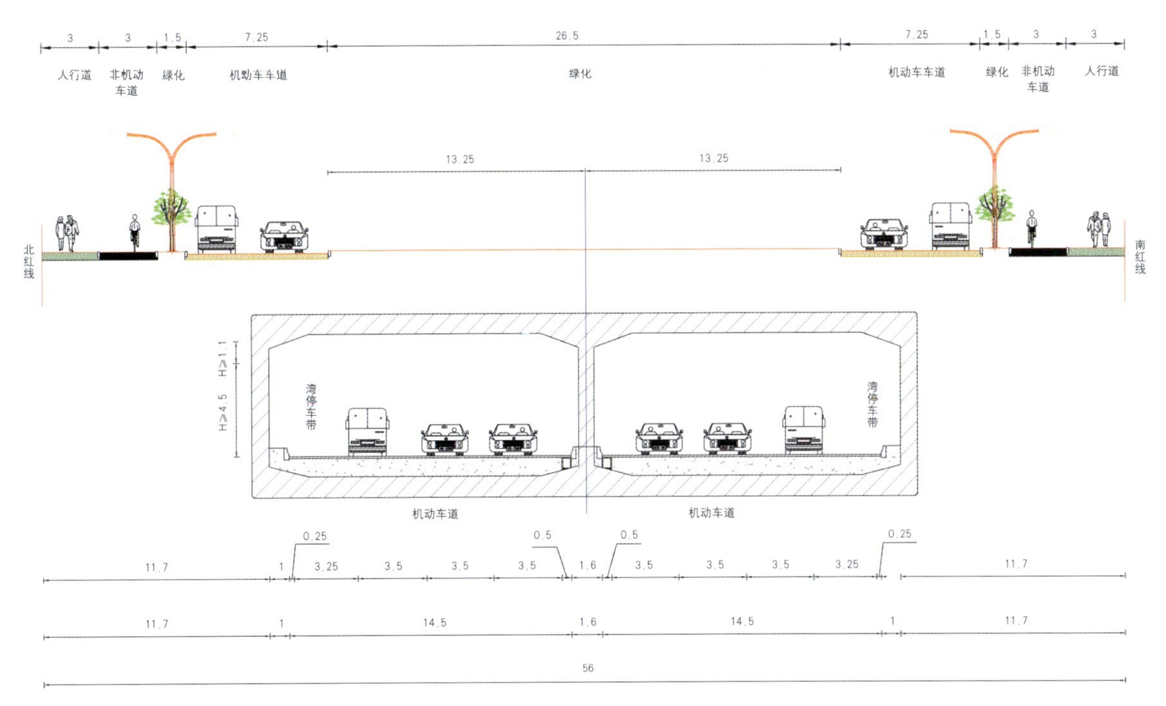

1-38 大屯路隧道段横断面图

(a) 大屯路

(b) 慧忠路

1-39 大屯路、慧忠路过境隧道

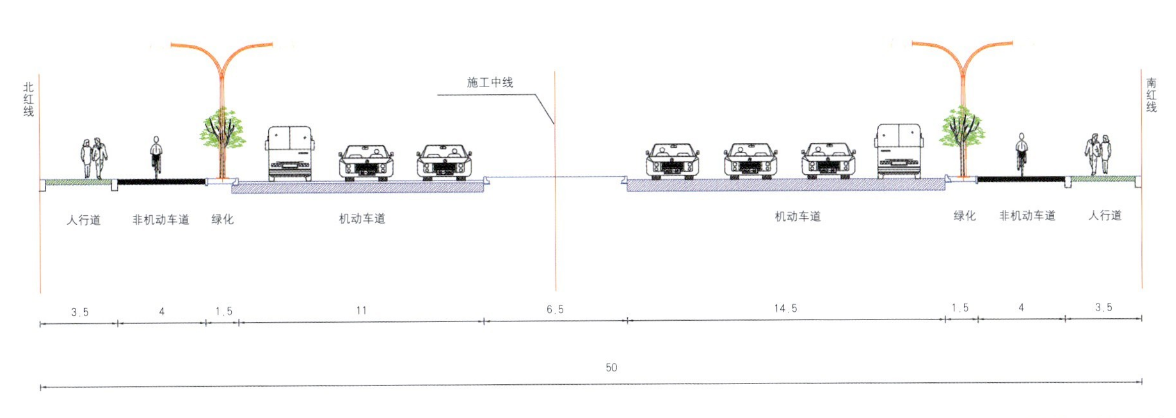

1-40 科荟路横断面图

着疏导过境交通流和分流奥林匹克公园中心区流量的作用。

这些主干路作为奥运中心区边界，道路两侧分布着奥运村、盘古大观、数字北京、国际会议中心、国家体育场、国家科技馆等大型公建；并与中心区内3条次干路、4条支路相接，是奥运中心区区域交通的主要通道，同时奥运时期，这些道路将成为承担赛事交通与日常社会交通双重作用的重要道路，因此在道路横断面选择时充分考虑了奥运需求和赛后需求。

(1)林萃路

林萃路道路横断面采用上下分行（三上三下）六车道，中间设置6m宽隔离带，赛时可分成社会交通与赛事交通两条路使用，中间带可以停放车辆；赛后上下分行，中间带设置大容量快速公交专用道，见图1—41。

(2)北辰西路

北辰西路道路横断面采用上下分行（四上四下）八车道，为社会交通和赛事交通预留充分的通行条件，中间设置6m宽隔离带，可以设置分隔设施，种植树木绿化，形成良好的道路景观，见图1—42。

(3)北中轴路

北中轴路北四环以南区段维持现状况横断面形式；北四环以北区段为新建中轴景观广场。

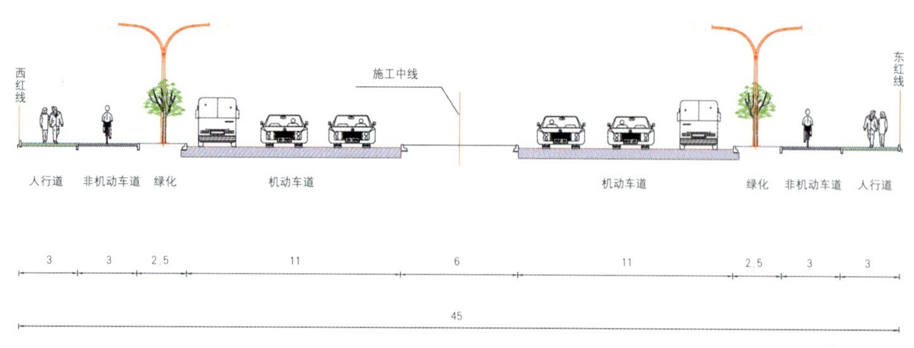

1-41 林萃路横断面图

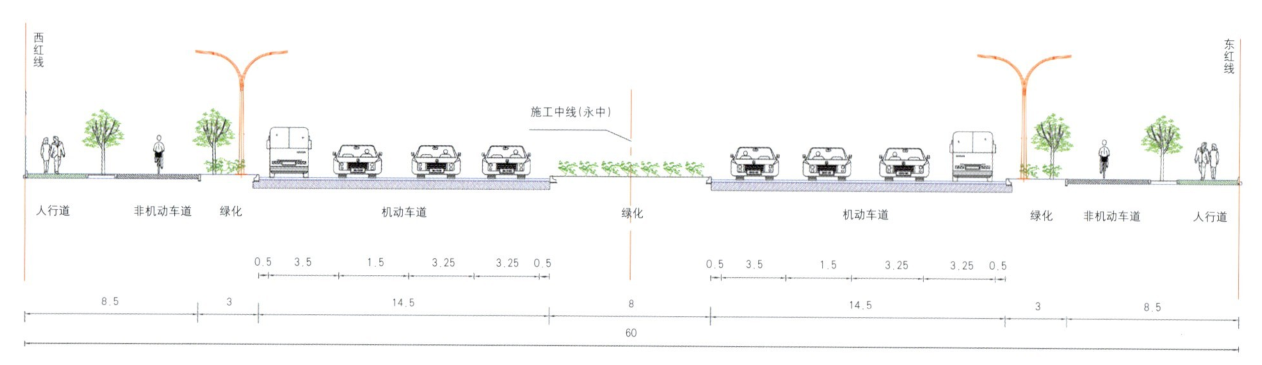

1-42 北辰西路横断面图

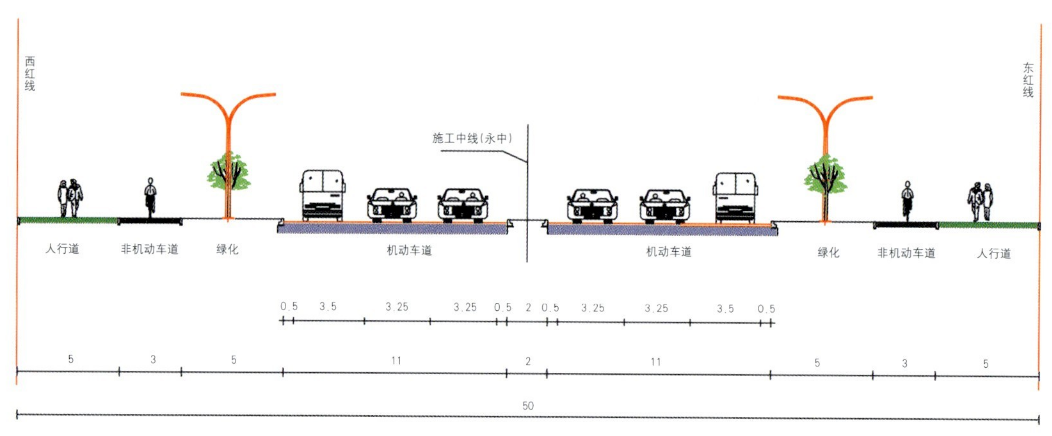

1-43 北辰东路横断面图

(4)北辰东路

北辰东路道路横断面与林萃路相似，采用上下分行（三上三下）六车道，中间设置2m宽隔离带，为社会交通和赛事交通提供良好的通行条件，见图1—43。

（二）主要干道相交节点设计

奥林匹克公园地区主要干道相交节点规划方案，见图1—44。

1．安翔北路、大屯路和科荟路与八达岭、京承高速路节点

安翔北路、大屯路和科荟路在与八达岭、京承高速路相交节点，除大屯路与京承高速路连通线节点方案未确定外，其他各路根据其路网中的作用及建设条件采用了以下方案：

(1)安翔北路与八达岭高速公路立交（图1—45）

受立交周边用地限制，安翔北路与八达岭高速公路立交设置成分离式立交。安翔北路机动车道上跨八达岭高速公路，安翔北路辅路与八达岭高速公路辅路的交通组织形式为右进右出。

安翔北路非机动车及行人系统通过立交北侧新建人行天桥实现八达岭高速公路东西两侧的连通。

(2)大屯路与八达岭高速公路立交

大屯路与八达岭高速公路立交现况为菱形立交，八达岭

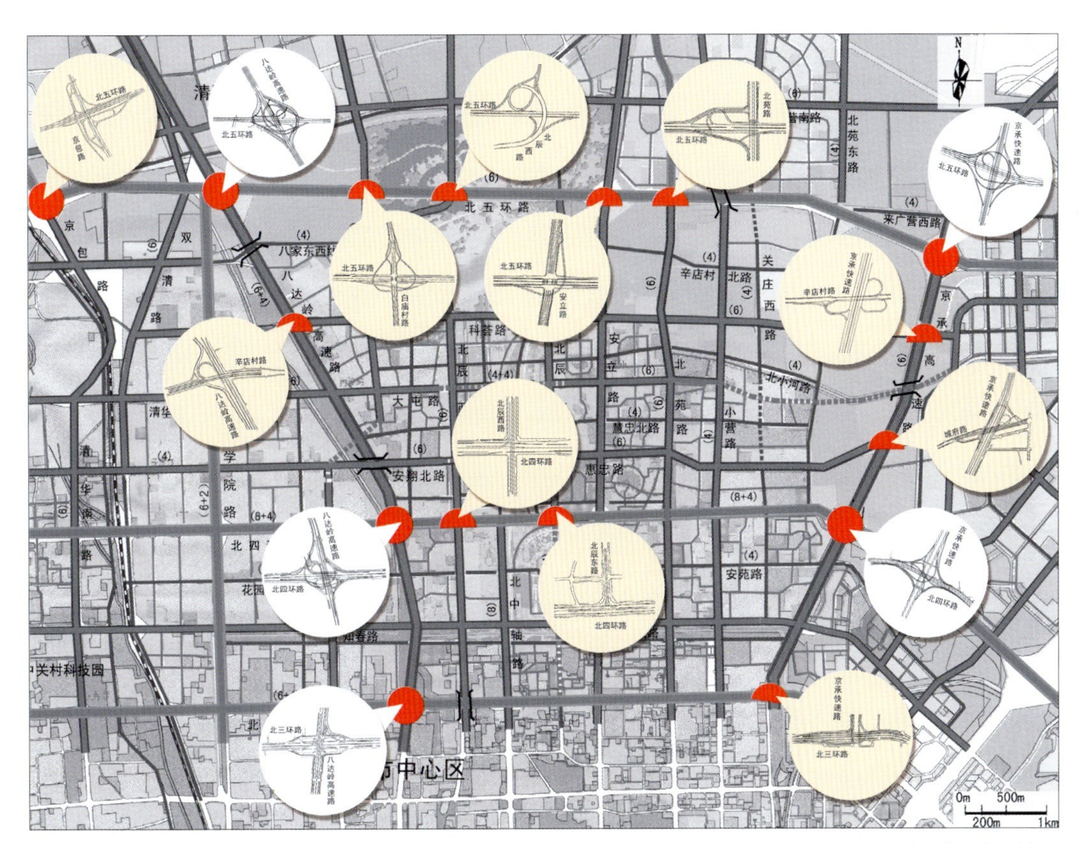

图例

立交形式

A

B

新建立交

已建立交

1-44 重要节点规划方案

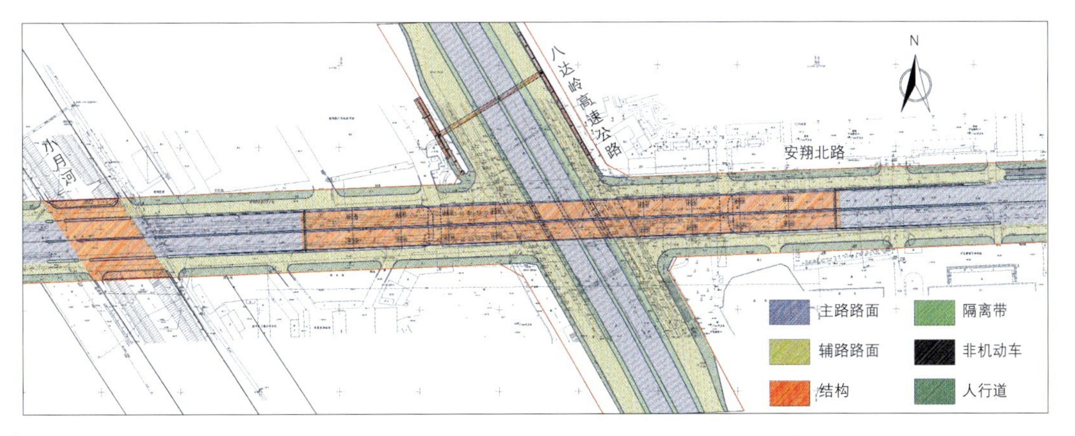

1-45 安翔北路与八达岭高速公路立交平面图（分离式立交）

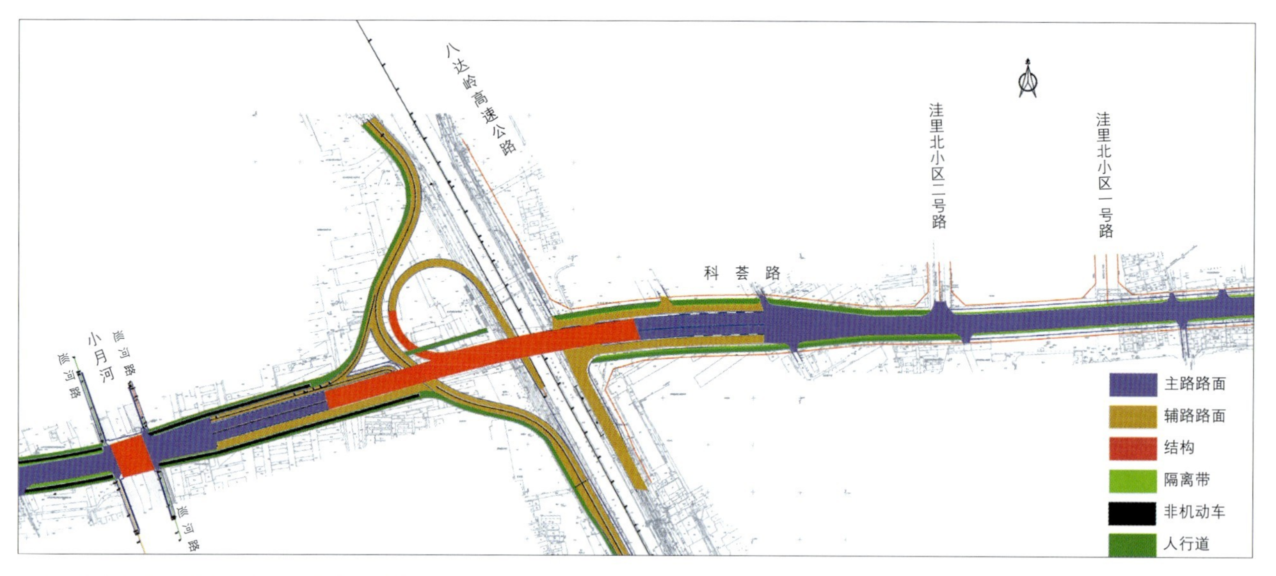

1-46 科荟路与八达岭高速公路立交平面图

高速公路上跨大屯路。

(3)科荟路与八达岭高速公路立交（图1—46）

科荟路上跨八达岭高速公路，设置同时东向南方向的定向式匝道，此匝道直接接入八达岭高速公路主路。为赛时奥运村的出行提供便利条件，同时加强奥林匹克公园地区由东向南与城市中心区的联系。

科荟路辅路与八达岭高速公路辅路的交通组织形式为右进右出。

科荟路非机动车及行人系统，通过立交北侧现况人行天桥实现八达岭高速公路东西两侧的连通。

(4)慧忠路与京承高速公路立交（湖光中街立交）

慧忠路上跨京承高速公路及城铁13号线。设置互通式苜蓿叶匝道完成车流转向，为望京地区车辆进入市区和车辆进入望京地区服务。

立交非机动车及行人系统，利用现况预留桥，下穿京承高速公路及城铁13号线。桥区内的公交站与立交东北角的公交枢纽结合设置，见图1—47。

(5)科荟路与京承高速公路立交（图1—48）

科荟路与京承高速公路相交，立交形式为互通式苜蓿叶形立交。

根据现况桥梁条件，东西向的直行交通分为上下两层。由西向东的南半幅路为下层，利用现况桥下穿京承路；由东向西的北半幅路为上层，新建桥梁上跨京承高速公路。科荟路与京承高速公路立交设置苜蓿叶左转匝道及西向南和由南向东的右转匝道，利用周边道路路网来解决北向西和由东向北的右转。非机动车及行人系统与机动车系统分离，均通过新建桥涵下穿立交匝道和京承高速公路。

2.与北四环路（快速路）立交组合

奥林匹克公园南侧紧邻北四环快速路，北四环快速环路为公园南北向干道与快速路网的联系提供便利的交通条件。

奥林匹克公园南北向主干道：北辰西路、北中轴路、北辰东路。各条主干道与北四环相交节点的立交形式，根据各节点在路网中的作用及建设条件，确定立交形式。北辰西路与北辰东路立交分别为中心区南部重要的出入口。

(1)北辰西路与北四环路立交（图1—49）

北辰西路是中心区主要出口。北辰西路机动车系统上跨北四环路，同时设置由北向西的定向匝道。接入北四环路主路路中。此节点是中心区主要出口，定向匝道的实施为奥运村与城市西部赛场之间交通提供快速通道。

北辰西路辅路与北四环路辅路的交通组织形式为右进右出。北辰西路主桥下均设置了掉头车道。

非机动车和行人系统通过立交东侧的人行天桥，实现北四环南、北两侧过街需求。

(2)北中轴路与北四环路立交（图1—50）

中轴路是中心区人行主要出入口。60m宽的人行景观桥将立交南侧民族大道与立交北侧的奥运景观广场连接起来。人行景观桥上分别设置滚梯和残疾人坡道，与北四环路南北两侧的公交站连接。

机动车道系统：四环路南侧中轴路的交通流进入中心区后将有湖景东路、天辰东路代替。现况上跨北四环路的主路

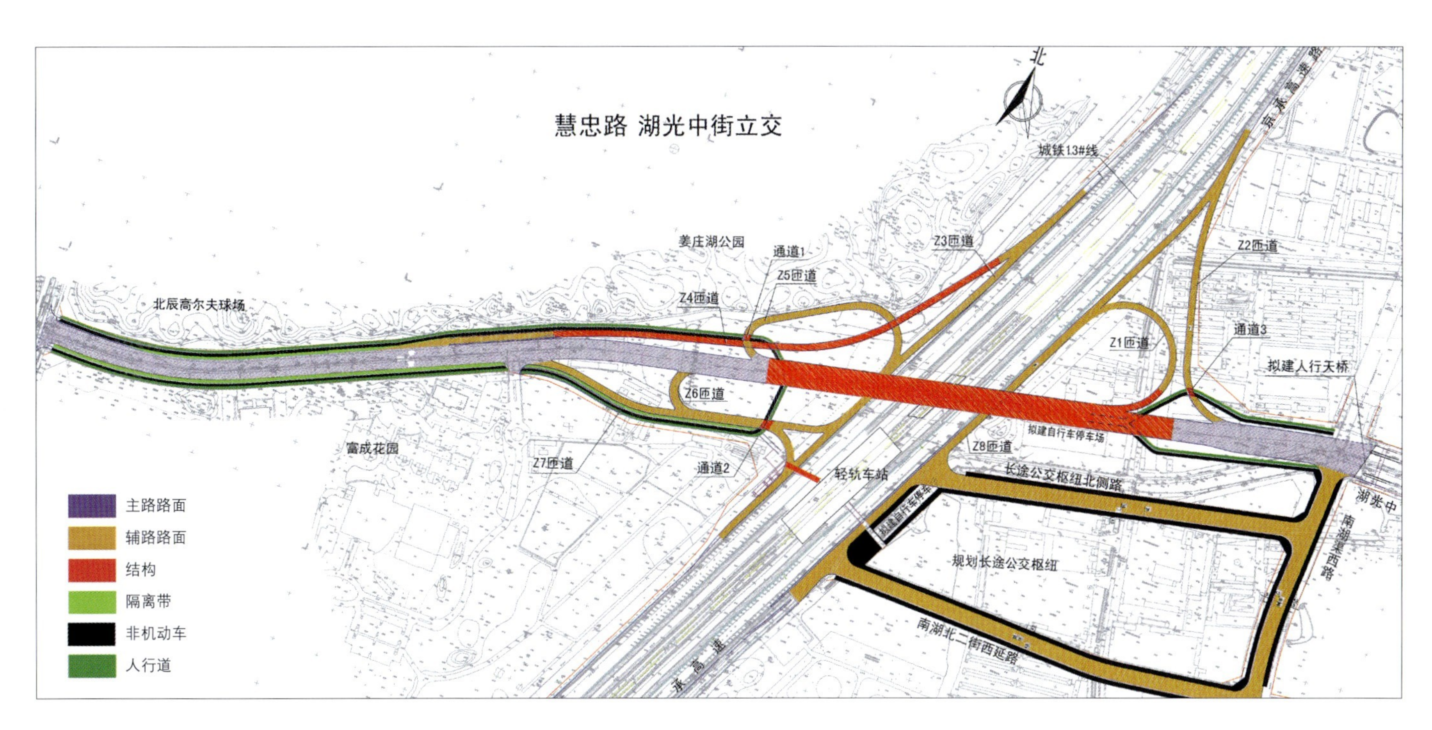

1-47 慧忠路与京承高速公路立交平面图

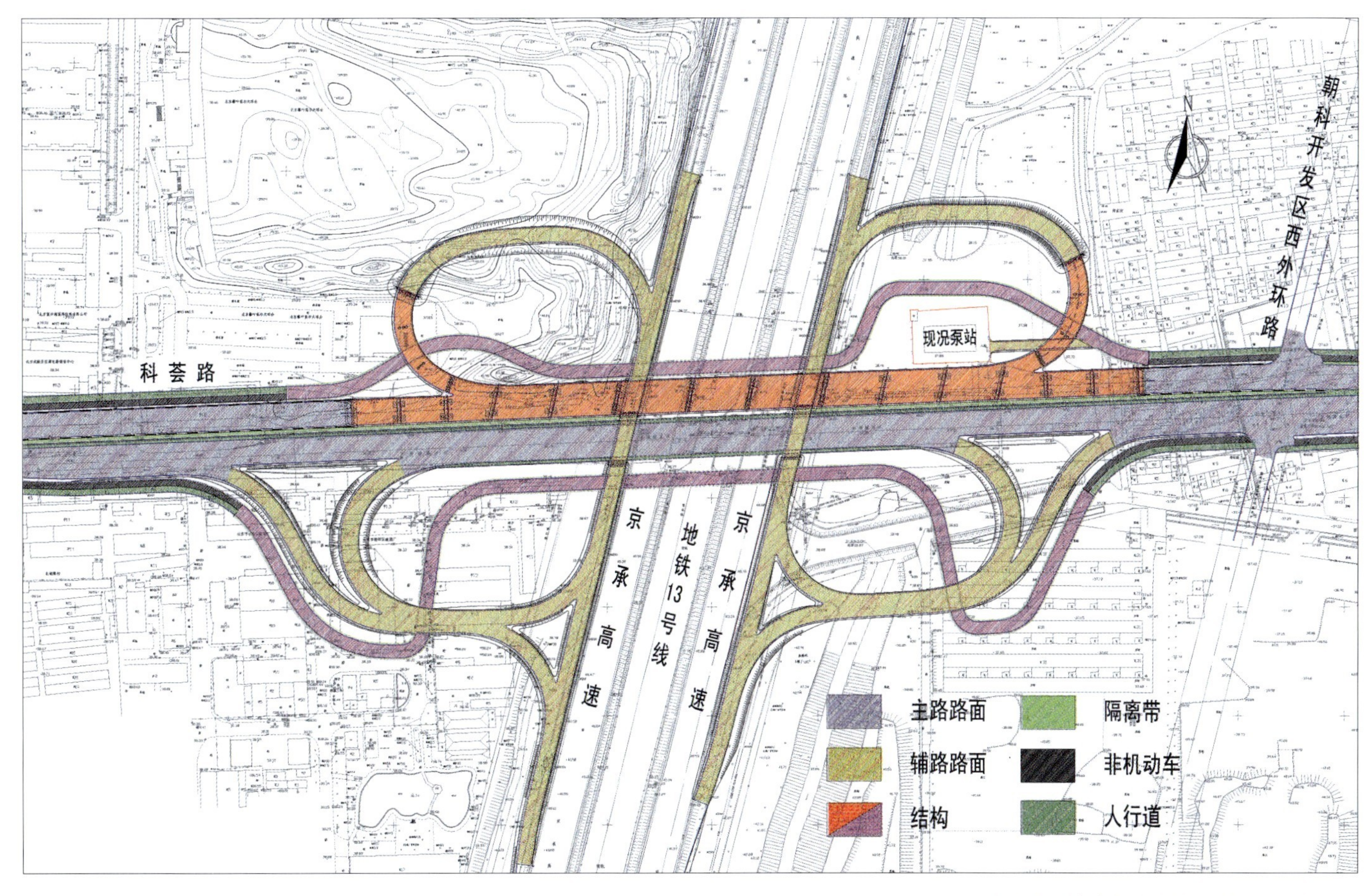

1-48 科荟路与京承高速公路立交平面图

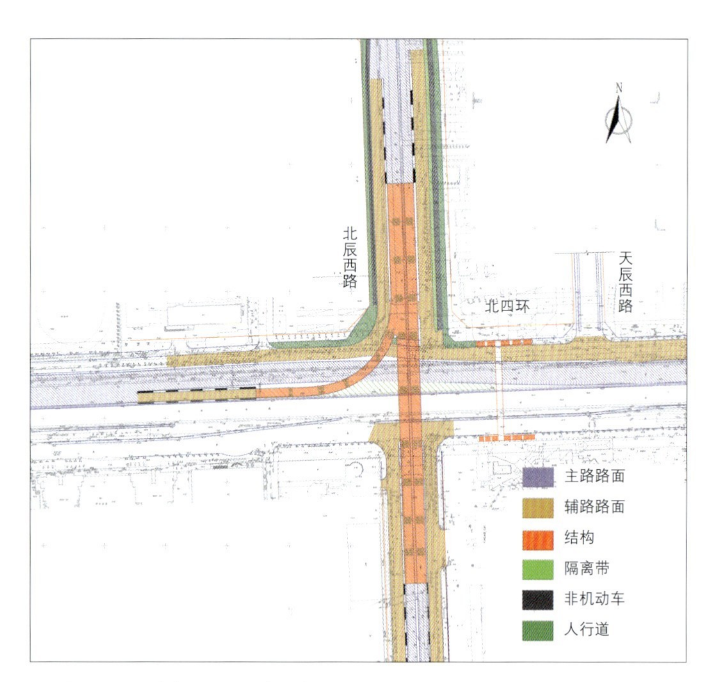

1-49 北辰西路与北四环路立交平面图

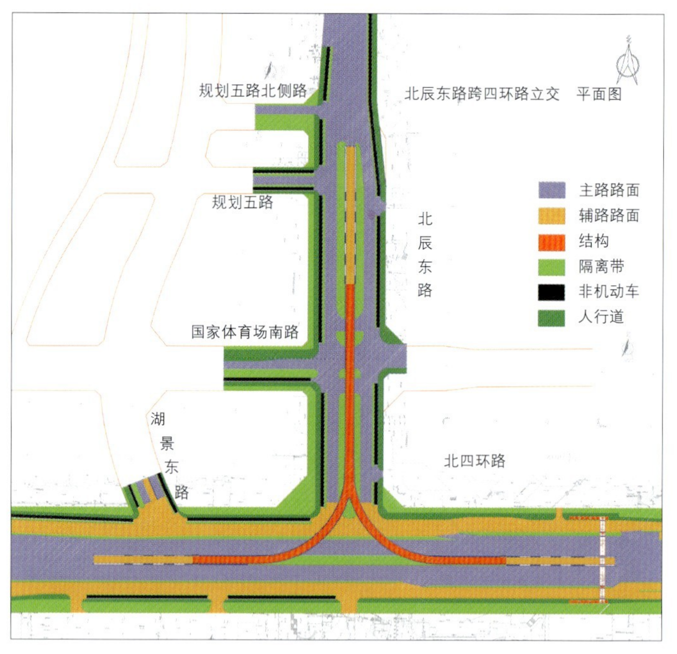

1-51 北辰东路与北四环路立交平面图

1-50 北中轴路与北四环路立交效果图

及现况中轴路立交南侧维持不变，立交北侧设置由北向西、东向北的定向匝道，实施中心区内部路网与北四环路之间快速连接。其他方向将借助周边街区道路，实现与北四环路的转向。

(3)北辰东路与北四环路立交（图1—51）

北辰东路向北可达北苑地区，向南原规划截止到北四环路，本次改建时，预留向南下穿北四环路的条件，远期可向南延长至北三环路。

北辰东路是中心区主要入口。在北四环路路中，设置东向北、西向北两条定向匝道。根据交通需求，可调整两条定

1-52 人行天桥效果图

向匝道交通组织方式，实现中心区与四环路的交通转换。北辰东路辅路与北四环路辅路的交通组织形式为右进右出。北辰东路主桥下均设置了掉头车道。

非机动车和行人系统通过立交东侧的人行天桥，实现北四环南、北两侧过街需求（图1—52）。

3.与北五环路（快速路）立交

林萃路、北辰西路、北辰东路与北五环相交节点的立交形式，以功能互补的原则设置。

(1)林萃路与北五环路立交（图1—53）

林萃路与北五环路立交的形式为菱形加部分定向。

现况北五环路上跨林萃路，为菱形分离式立交，增设北向东、西向北方向的定向式匝道，在立交东西两侧的北五环路设置4处进出口，实现林萃路与北五环路的交通转换。近期实施的西向北方向的定向式匝道，将分流八达岭高速及其辅

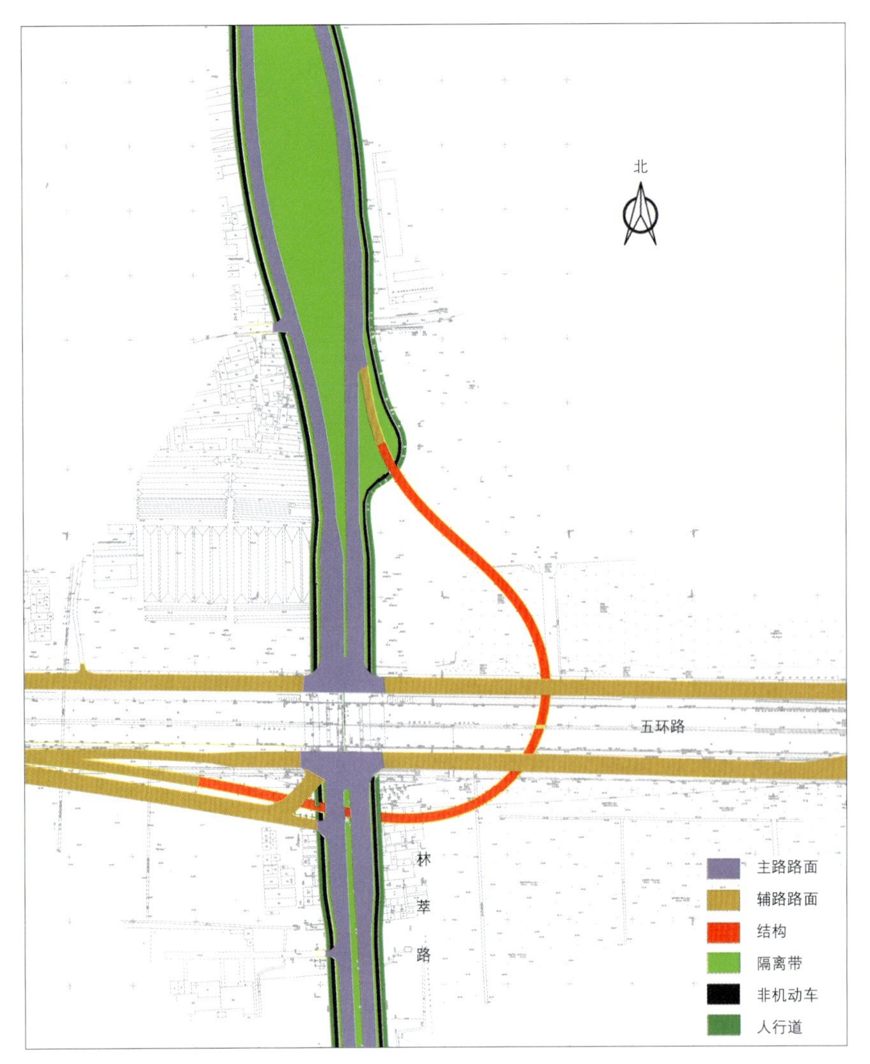

1-53 林萃路与北五环路立交平面图

1-55 北辰东路与北五环路立交平面图

路的交通流，加强南部向北部地区的联系。

(2)北辰西路与北五环路立交（图1—54）

北辰西路与北五环路立交近期为T型立交，预留远期北辰西路向北延伸条件。

该立交北辰西路上跨北五环路，设置西向南、南向东方向的右转匝道，及东向南、南向西方向定向式匝道，实现北辰西路与北五环路的交通转换，为奥运场馆建设提供必要的交通条件，为奥运赛时服务。

(3)北辰东路与北五环路立交（图1—55）

北辰东路与北五环主路相交为分离式立交，与北五环南北辅路相交为部分互通式立交。五环路以南分别修建南向东、西向南右转匝道，和五环路南侧辅路连接。五环路以

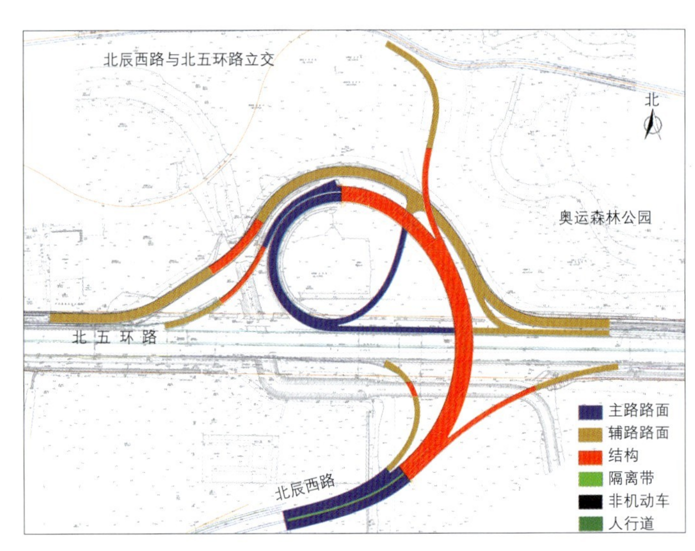

1-54 北辰西路与北五环路立交平面图

北，分别修建南向西、东向南左转匝道和五环路北侧辅路连接。根据规划北辰东路北延与五环南北辅路为分离式立交，五环立交匝道为赛时交通转换服务。

（三）奥林匹克公园内部道路设计

奥林匹克公园内部道路设计具有以下特点：中心区以中轴线为中心将是大量人群活动的区域，道路设计应适合大型人群活动的特点；中心区将以景观广场、湖景休闲区等为市民提供休闲、游嬉的场所道路应充分与景观结合，具有开放的、可以滞留的空间；中心区内部道路均采用快慢分离的形式，将快速的机动车交通与慢速的自行车、人行交通用绿化带分隔，既可使行人与自行车分享空间，又便于无障碍公交站台的设置，和残障人士的通行；绿化带设置低于自行车道和人行道，宽度上考虑收集自行车道和人行道雨水的要求，利于雨水回灌利用。绿化带均种植灌木，隔离交通污染，为骑车人和行人创造更舒适的空间；人行道采用透水路面铺装，舒适、环保；东西向道路通过景观广场均无障碍连接，为广场行人提供安全舒适的行走空间；自行车道、人行道灵活布置，与树阵林带和湖景岸边相结合，交通与景观功能相融合；道路考虑建筑的使用特点，按建筑的需要特点设置货运道路如：天辰西路、北辰东路西辅路；中轴立交、国家体育场南路和地下联系隧道出入口的布置，功能多形式复杂，通过周密安排区域交通组织，采用单向交通组织，简化了复杂节点，保证满足使用功能。奥林匹克公园道路鸟瞰图，见图1—56。

1.东、西向道路

(1)慧忠路：受国家主体育场用地的限制，中心区内地面道路不连通。

(2)大屯路：地面道路降级为次干道标准，主要服务于中心区区域内部交通。

(3)科荟路：地面道路只保留公交车通行条件及公交车与地铁奥运支线的换乘条件。

(4)国家主体育场南路：交通组织由西向东单向行驶。通过国家主体育场南路交通转换，北四环以北的北中轴路的交通功能，由湖景东路及天辰东路代替。同时，设置了地下交通联系通道的主要出入口。

(5)国家主体育场北路：由于慧忠路地面道路不连续，国家主体育场南路为由西向东单向行驶，国家主体育场北路成为奥林匹克公园中心区南部的交通要道。同时，由于东、西向主干道以隧道的形式下穿奥林匹克公园中心区，国家主体育场北路也是奥林匹克公园中心主要的市政管线通道。

(6)科荟南路：向西与运动员村路相接，承担着奥运村交通的集散功能。同时，也是奥林匹克公园中心主要的市政管线通道。

(7)大屯北路：城市支路，实现区域内部交通与城市主、次干道之间的交通转换。

(8)规划1～6路：城市支路，服务于各相邻地块。

2.南北向道路：

(1)湖景东路、天辰东路：城市次干路，北中轴路交通功能的延续。

(2)货运通道：天辰西路、北辰东路西辅路。

天辰西路：道路两侧均为商业开发，商业开发的机动车道出入口主要设置在此路上，为区域内部机动车提供良好的交通条件。

北辰东路西辅路：交通组织由北向南单向行驶，为各商业开发地块提供良好的交通条件。

(3)非机动车、行人专用道：中轴景观广场、湖景西路。

3.奥林匹克公园路口设计

奥林匹克公园内各主干路、次干路、支路相交路口均为灯控平交路口，并进行路口渠化，见图1—57和图1—58。

渠化原则：

(1)直行车道数等于路段车道条数。

(2)根据路口渠化条件，设置左转专用车道及左弯待转区。

(3)设置右转专用车道。

(4)尽量避免设置直行+右转车道或直行+左转车道。

二、地下路网

奥林匹克公园设置了慧忠路、大屯路2条东西向过境隧道及地下交通联系通道，在地下相交处构成4座立交，形成4个环型地下通道。环型地下通道交通组织形式为单向逆时针。沿线共设置有12个入口和13个出口与市政道路相连，实现地面交通与地下交通的转换，为车辆出入提供了便捷的通道，缓解地面交通的压力，成为地面交通的有效补充。奥林匹克公园地下路网，见图1—59。

三、公共交通系统

（一）公共交通线路

公共交通线路设计体现“以人为本”的原则，实施“公交优先”。奥林匹克公园及其周边地区的公共交通形式主要有：

(1)地铁奥运支线、地铁5号线、地铁10号线。

(2)快速公交BRT：安立路BRT

1-56 奥林匹克公园道路鸟瞰图

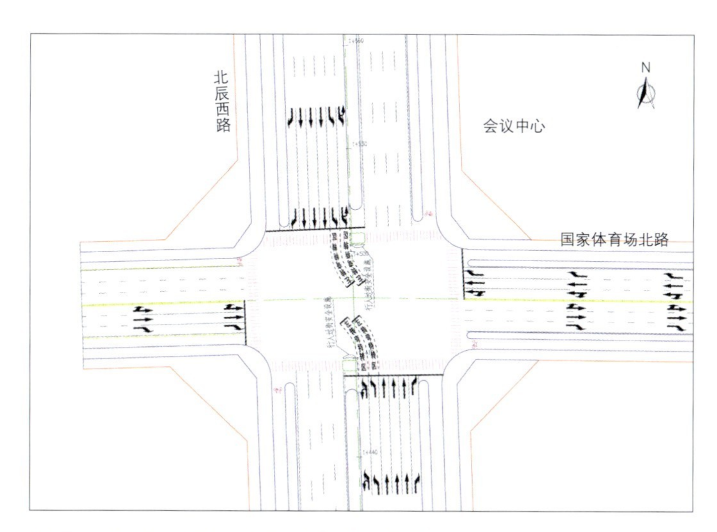

1-57 北辰西路与国家体育场北路路口渠化图

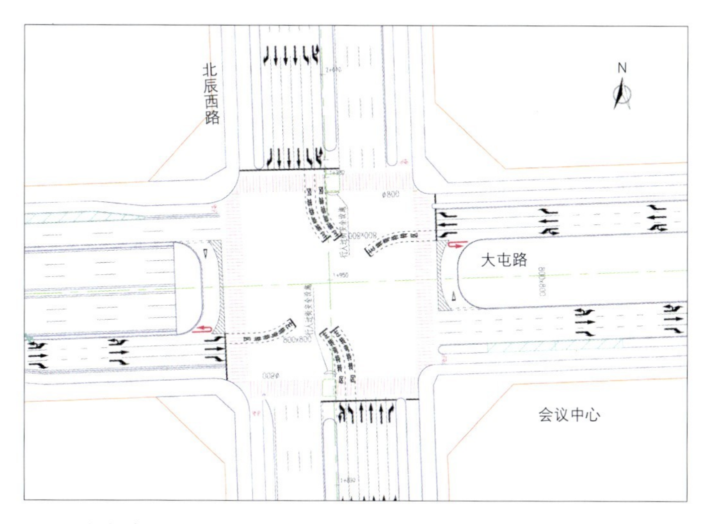

1-58 大屯路与北辰西路路口渠化图

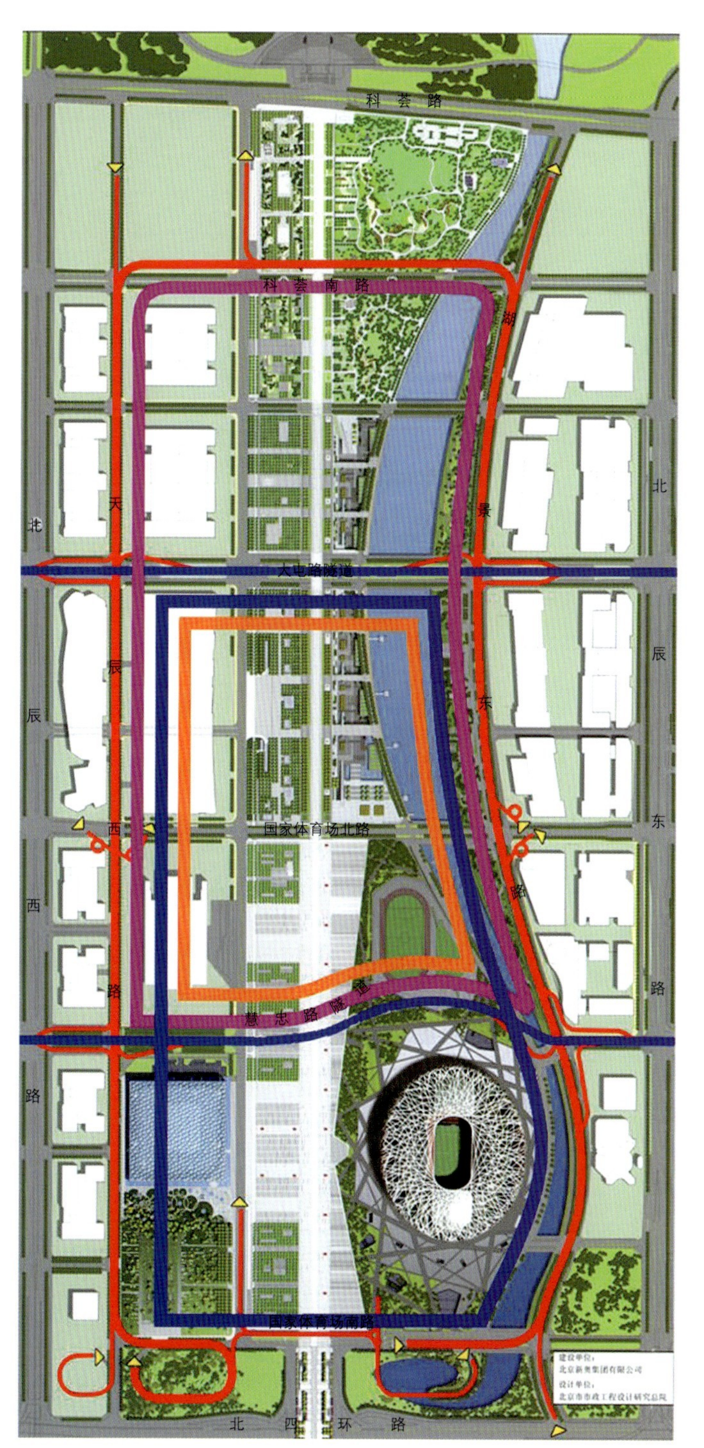

1-59 奥林匹克公园地下路网示意图

北辰西路、林萃路道路设计时设置了6.0m宽的中央分隔带，为远期BRT快速公交的设置预留条件。

(3)一般公交：林萃路、北辰西路、北辰东路、慧忠路、大屯路、科荟路均设置公交专用车道，为实施"公交优先"提供条件。

(二) 大屯路公共交通与地铁的换乘站、慧忠路地下公交站

(1)大屯路公共交通与地铁换乘站（图1—60～图1—62）。

地铁奥运支线在大屯路南侧设置奥林匹克公园中心站，站台设置在地下2层，换乘厅设置在地下1层。大屯路隧道在中轴人行景观广场下设置公交换乘站（地下1层）。在公交换乘站的南北两侧设置独立的换乘厅，向南与地铁换乘厅相接，向北与设置在地铁线位之间的人行通道相接，实现地铁与公共交通之间的零距离换乘。

(2)大屯路公交站内设置梯道、电梯及无障碍电梯与地面联通，满足健全人士及残障人士的换乘地面公交的需求，见图1—63和图1—64。

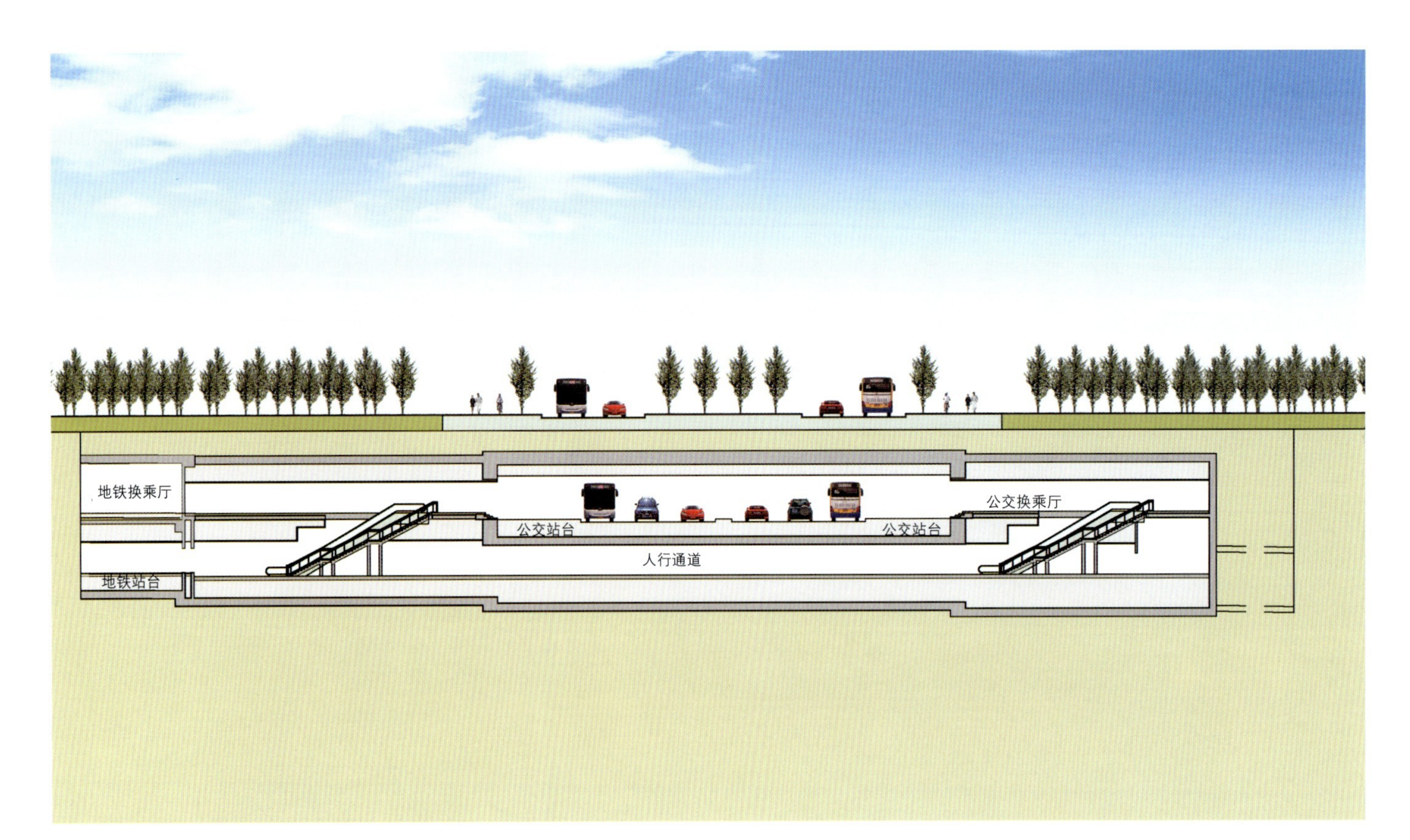

1-60 大屯路公共交通与地铁换乘大厅位置示意图

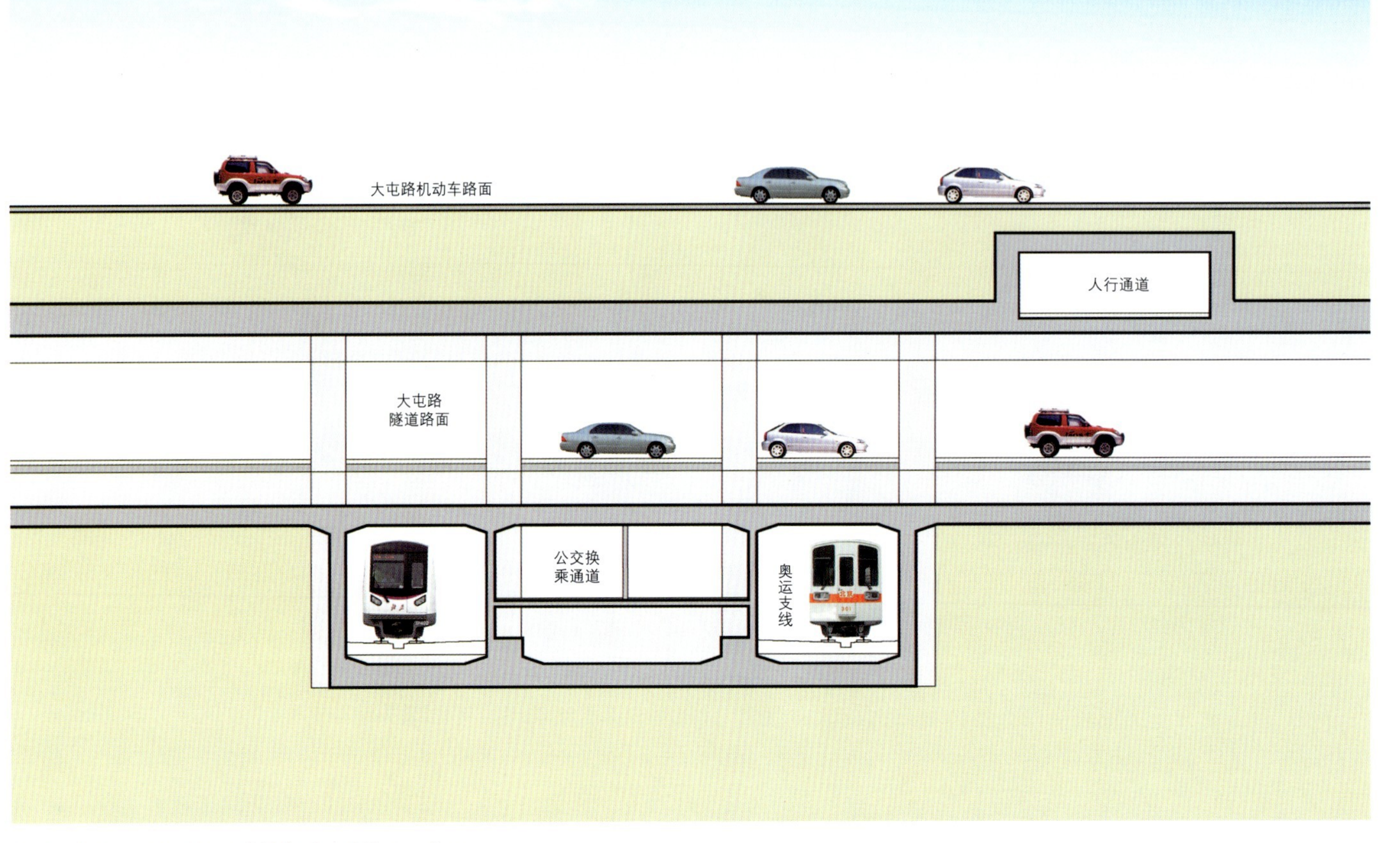

1-61 大屯路公共交通与地铁换乘通道位置示意图

1-62 大屯路公共交通与地铁换乘大厅效果图

1-63 大屯路公共交通站无障碍电梯效果图

1-64 大屯路公共交通站梯道、电梯效果图

(3)慧忠路隧道地下公交站（图1-65）。

在慧忠路隧道内设置露天式公交车站，改善乘客候车环境。在公交车站内设置梯道及电梯，满足健全人士及残障人士的换乘需求。

(4)公交站台均设置无障碍候车区，包括轮椅候车区和由盲道引导的盲人候车区。

（三）地面旅游线路（图1-66）

(1)地面旅游线路设置在：湖景东路、科荟南路、天辰东路、国家主体育场南路形成的环形通道上，旅游线路途经奥林匹克公园的主要景点。

(2)旅游车为清洁能源车辆。

(3)旅游车的驻车场设置在奥林匹克公园东南角公交停车场内。

（四）接驳处理（图1-67）

(1)赛时公交接驳：布置4条奥运专线，实现地铁5号线大屯站与赛时公交场站之间的接驳。

(2)赛后公交接驳：布置公交专线，实现地铁5号线大屯站与旅游车的驻车场之间的接驳。

（五）赛时公共交通

奥运期间奥林匹克公园及其周边地区设置7处公交临时停车场，共有停车位1328个。

奥运期间设置34条奥运公交专线，并对现有无障碍设施进行建设和改造，为残障人士参与奥运会、残奥会提供无障碍公共交通运输保障。奥运公交专线，见图1-68。

四、非机动车及人行系统

（一）非机动车及人行系统的特点

1-65 慧忠路隧道公共交通站

(1)奥林匹克公园非机动车及人行系统设置在机动车道外侧，与机动车道之间设置宽隔离带，减少机动车噪声及尾气对行人的干扰。

(2)非机动车道、人行道设置在同一高程上，用不同的材质区分路权。节省非机动车道的排水设施；同时，为设置无障碍公共交通站提供便利条件，见图1-69。

(3)人行道均设置为透水路面结构，不积水的人行道为行人提供了良好的出行空间。实现雨洪利用，见图1-70。

(4)人行道系统中全部设置盲道、坡道等无障碍设施。

在隧道公交站、人行过街天桥、人行过街地下通道处均设置无障碍坡道或无障碍电梯，为残障人士的出行提供保证，见图1-63。

(二）中轴景观带与各个主题广场

(1)中轴景观广场南起国家主体育场南路，北至科荟路，长2.4km，宽60m，全部为人行广场。

(2)中轴景观广场串联起奥运广场、文化广场、休闲广场。

(三）下沉广场与地铁连接

地铁奥运支线奥林匹克公园中心站换乘厅设置在地下1层，与下沉广场在同一高程上。

下沉广场通过设置在大屯路隧道上方的人行通道，实现大屯路两侧下沉广场的连接

(四）湖景西路与水岸休闲带

湖景西路为非机动车、行人专用道，禁止机动车入内，为非机动车、行人提供舒适、安全的通行空间。

湖景西路东侧为龙形水系，水岸与行人道衔接平顺，人水相亲，和谐自然，见图1-71。

(五）广场与道路连接

中轴景观广场与市政道路相交时，均实行无高差连接，为健全人士和残障人士提供舒适的步行空间；同时，为奥运竞赛项目（竞走）提供比赛场地，见图1-72。

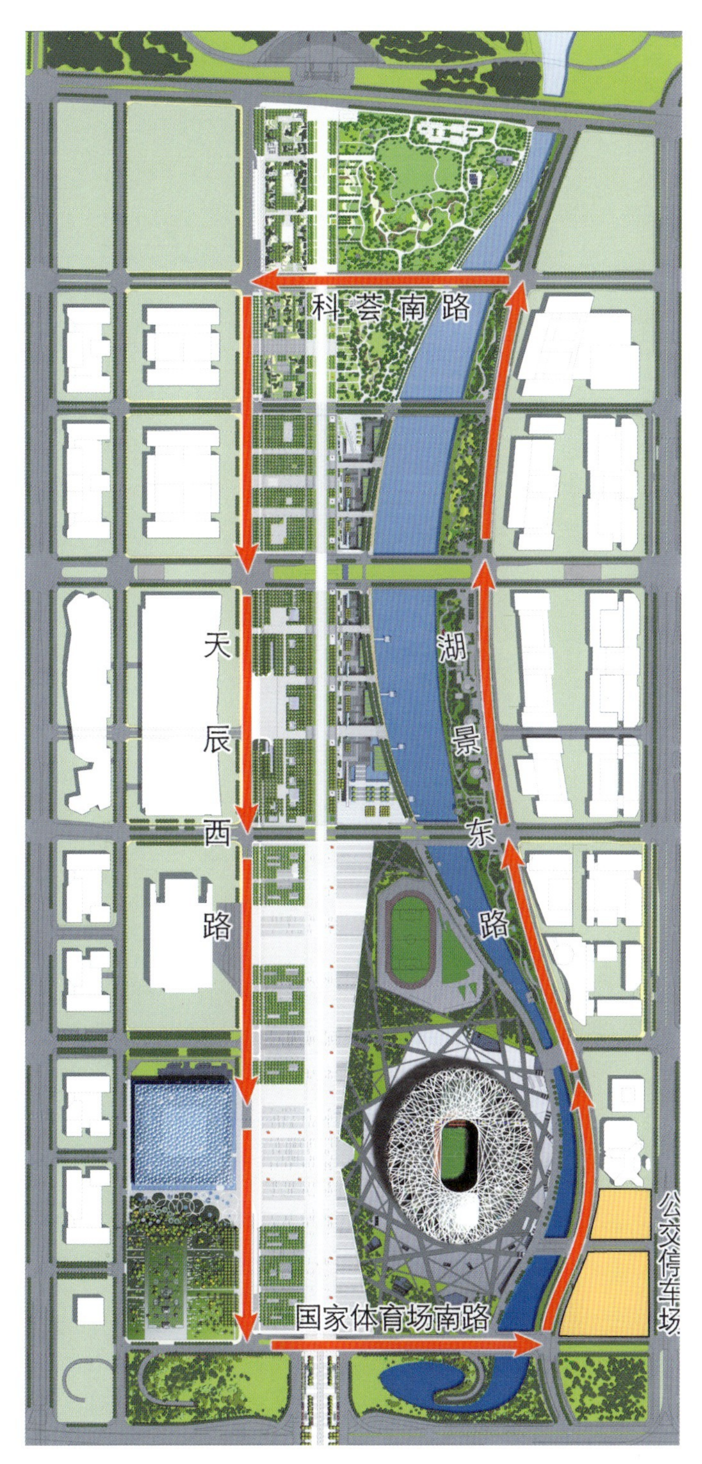

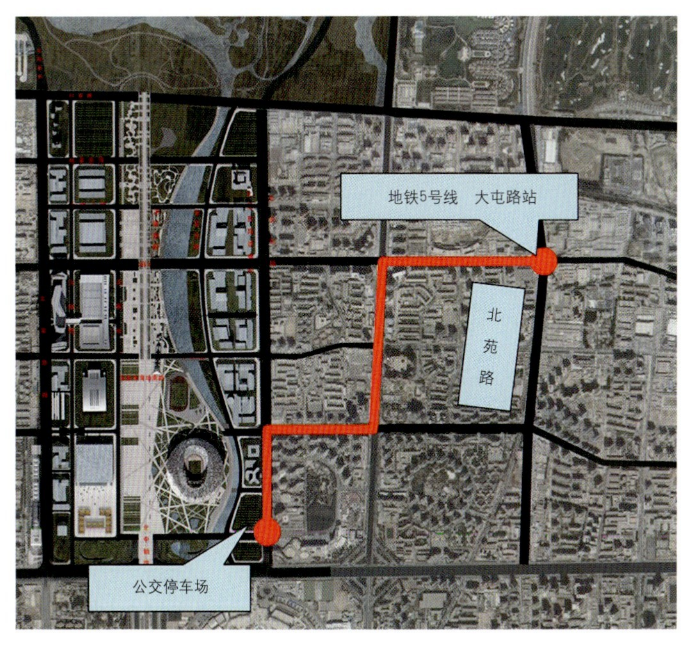

1-67 地面公交接驳示意图

1-66 地面旅游线路图

奥运公交专线 1 示意图

奥运公交专线 2 示意图

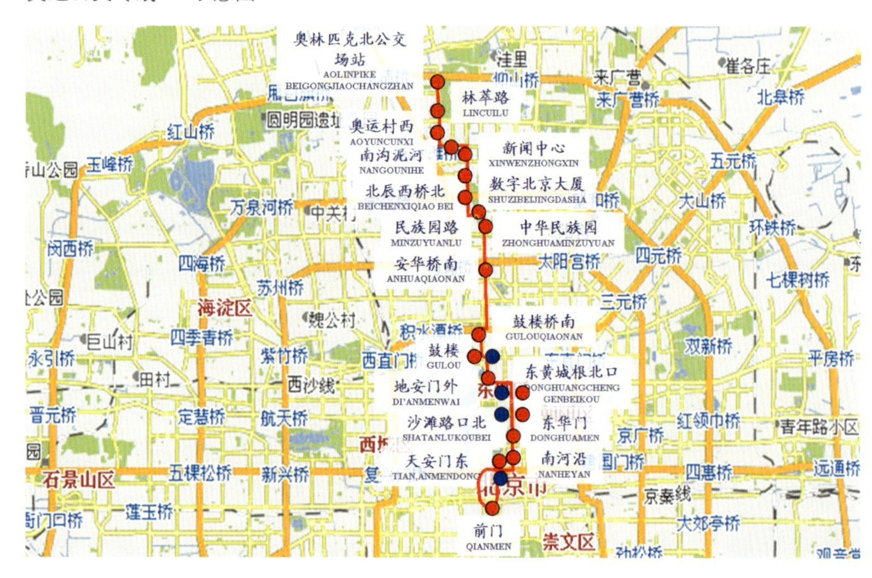

1-68 奥运公交专线示意图

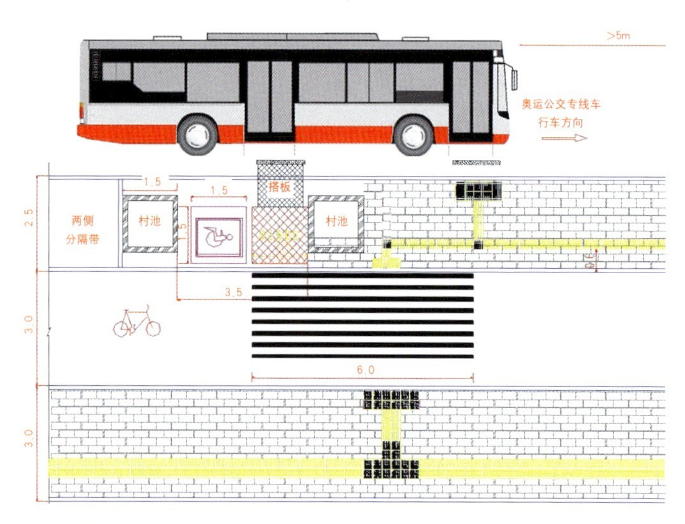

1-69 无障碍站台示意图

1-70 透水人行道透水结构效果图

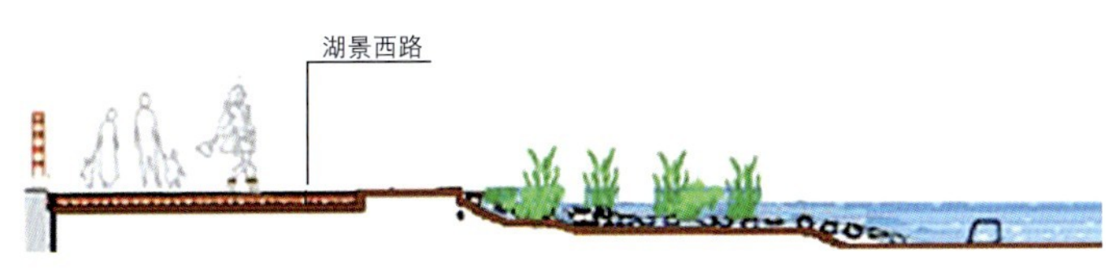

1-71 湖景西路与水岸连接效果图

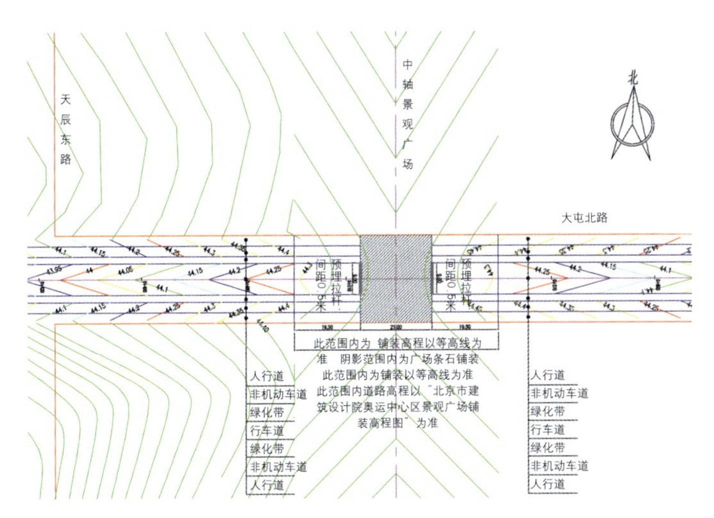

1-72 中轴景观广场与大屯北路路口等高线图

第三节 地下交通联系通道

一、简介

奥林匹克公园中心区内分布有体育设施、大型公建、商业开发和住宅。为集约化、节约化利用土地，提升地块开发的商业价值，奥林匹克公园中心区进行了大量的地下空间开发。

地下空间开发主要由三部分构成：一是地面建筑的地下车库、地铁奥运支线及下沉公交站等；二是地下商业建筑以及下沉花园；三是地下交通系统。

地下交通系统由地下交通联系通道、大屯路隧道和慧忠路隧道组成。其中地下交通联系通道既区别于一般隧道，又不同于地下车库的连接通道，是目前国内最长的城市隧道。

地下交通联系通道主体结构布置在国家体育场南路、湖景东路、科荟南路北侧及天辰西路的地下，见图1-73。主隧道全长4498.92m，与地下一层慧忠路、大屯路隧道相连的匝道全长1585.45m，与地面相连的进出口全长3761.05m。主隧道设计行车速度30km/h，匝道设计行车速度10km/h。

地下交通联系通道主通道标准断面宽度为12.25m（三车道），单车道标准宽度为3.25m。交通组织形式为单向逆时针，沿线共设置有34个出入口，分别与国家体育场、国家体育馆、国家游泳中心、国家会议中心、数字北京大厦、中国科技馆、地下商业等建筑地下车库相接，同时为待开发地块地下车库预留了出入口；沿线共设置有12个入口和13个出口与市政道路相连，为车辆出入提供了便捷的通道，以缓解地面交通的压力，见图1–74和图1–75。

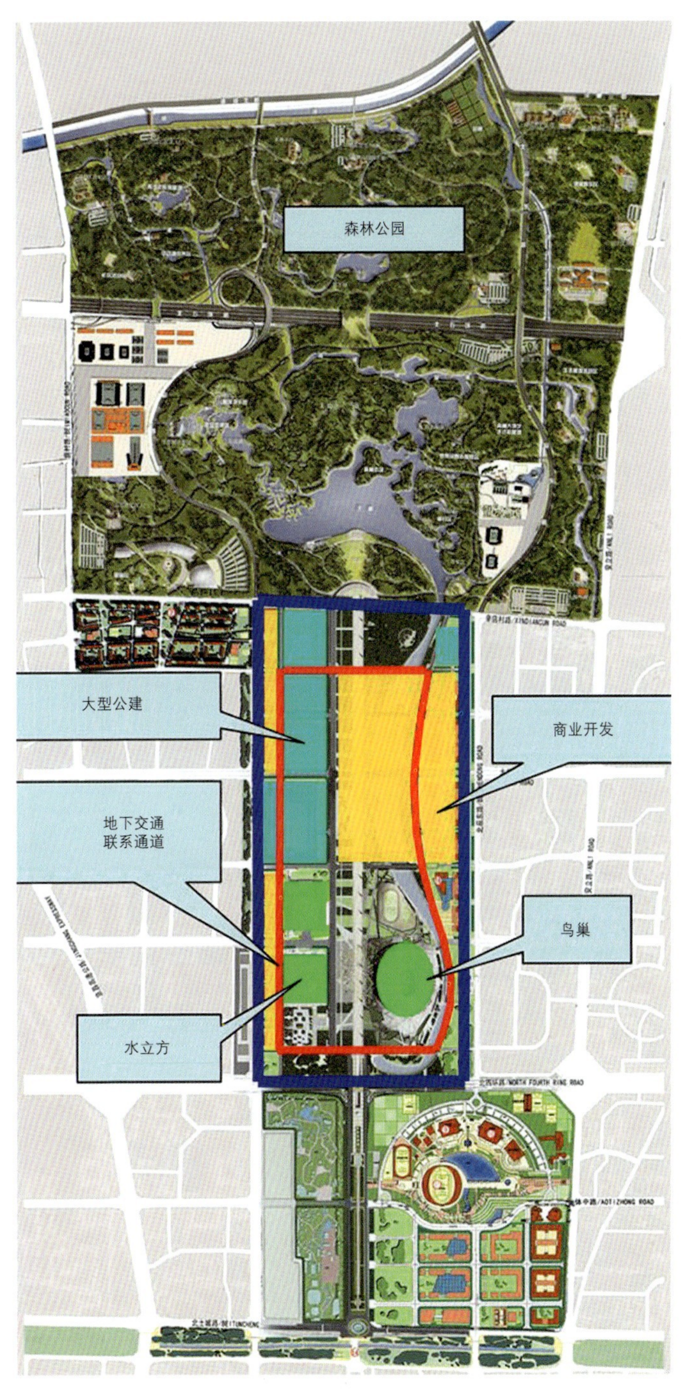

1-73 地下交通联系通道位置示意图

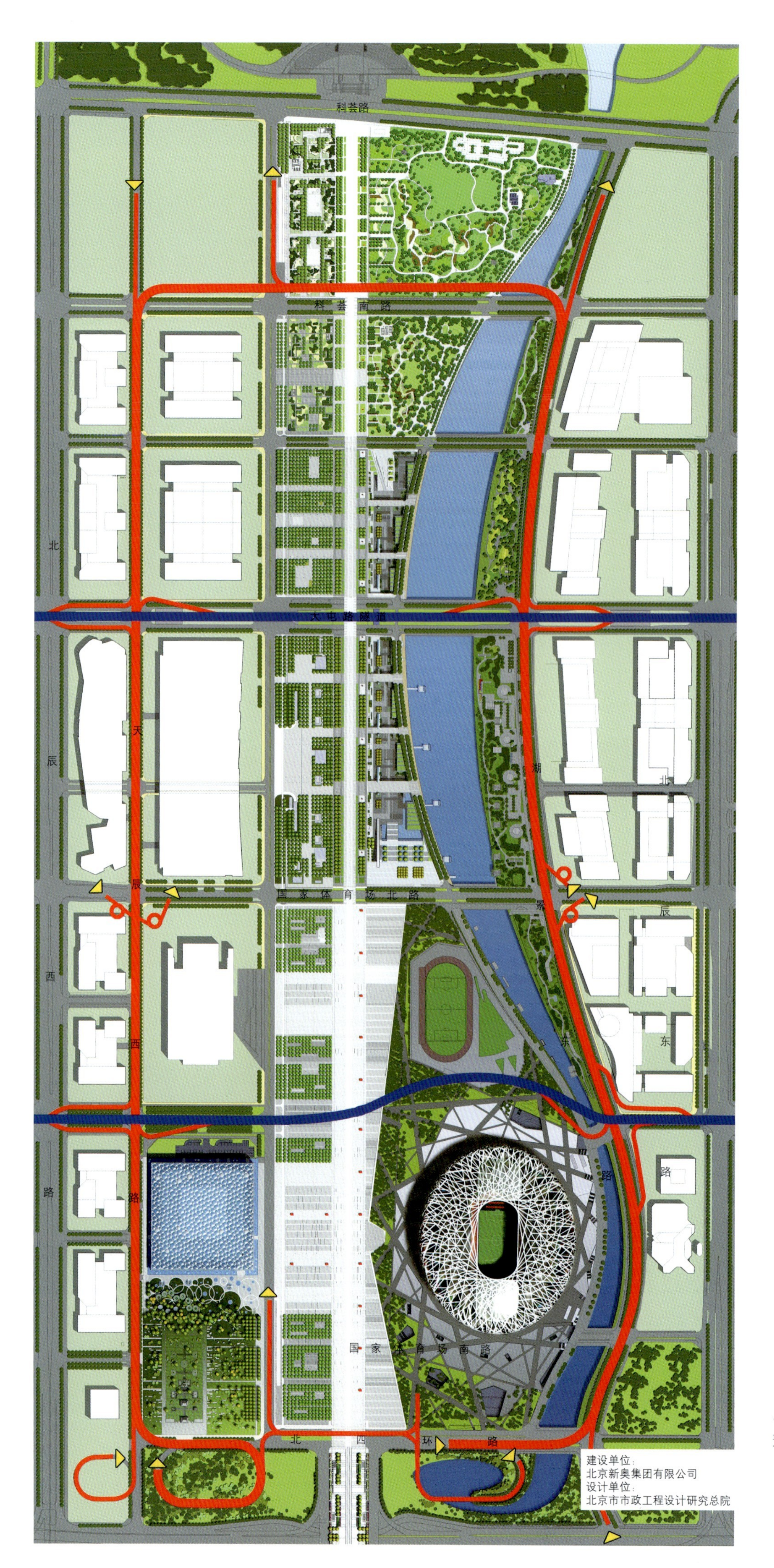

1-74 地下交通联系通道实施方案总平面图

1-75 地下交通联系通道标准断面实景

2.消防系统的组成及功能

国内外隧道内消防设施一般有以下几种：常规配置的消火栓系统；水成膜泡沫灭火装置；开式水喷雾消防系统；开式水喷雾−泡沫联用系统；灭火器设施；地面水消防系统；隧道两端配备训练有素的消防人员。

本工程消防系统包括水喷雾系统、水成膜泡沫灭火系统、消火栓系统、灭火器及1个消防泵房。水喷雾系统实验及消防泵房实施方案效果图，见图1−77和图1−78。水喷雾系统通过与报警等系统协同工作，能够及时发现初期火灾，对火场区域进行防护冷却，为及时扑灭火灾创造了必要的前提条件；水成膜泡沫灭火系统是灵活有效的灭火药剂，能与消火栓系统或水喷雾系统结合工作，对扑灭隧道内油类火灾有很

1-76 地面附属设施位置示意图

1-77 水喷雾系统实验

二、各系统介绍

地下交通联系通道设有消防、通风、供配电、照明、监控、给排水和人员逃生等系统。其中附属设施包括：消防泵房1个，送/排风塔9个，地下变配电站6个，地下排水泵房7个，逃生出口5个，见图1−76。

（一）消防系统

1.消防系统的选择

为确保地下交通联系通道的安全运营，消防工程至关重要。根据地下交通联系通道设计长度、预测车流量以及重要性，需设置最为安全、行之有效的消防设施。

该通道消防系统设计时，国内城市隧道消防规范尚未出版，因此设计标准参照了国内外其他相关消防规范，同时结合大量工程实例及隧道火灾案例的特点，最终采用日本AA级隧道消防标准。

1-78 消防泵房实施方案效果图

好的效果；消火栓系统是成熟可靠的消防系统，由专业消防人员操作，能大大降低火灾损失；灭火器使用方便、性能可靠，通过正确使用能及时扑灭隧道内各类初期火灾。

（二）通风系统

1.通风系统的组成及功能

通风系统主要包括沿通道设置的7座排风塔和2座送风塔，每座风塔配有一台耐高温双速可逆轴流风机，通道顶部悬挂有耐高温射流风机124台。根据通道单向逆时针行车的交通组织形式，采用多风塔送/排风加射流风机诱导型纵向通风方式。轴流风机房内景，见图1—79。

1-79 轴流风机房内景

新风由进洞口和送风塔进入通道后，在车辆活塞作用和射流风机诱导作用下沿车行方向流动；污染空气流动至轴流风机房时，大部分经排风塔排出通道，剩余部分从通道出洞口排出，从而减少洞口污染物排放量；同时，进入通道的新风量，可确保通道内环境符合标准。

火灾时，根据排烟区段的划分，关闭相应区段内防火卷帘门，启动该区段内射流风机和轴流风机进行排烟。通风排烟系统可以确保火灾区域附近通道断面风速大于临界风速（2.6m/s），由于烟雾扩散速度小于行车速度，所以火灾点下游车辆可以远离火源和烟雾，火灾点上游车辆处于烟雾上游始终处于安全地带。

2.送/排风塔的设计

根据“环境影响报告书”的要求，为保证地下交通联系通道内的空气质量，减轻对周边环境的影响，排风塔高度应达到15～24m。同时建议通风塔和周边的建筑结合起来，并进行相应美化，以形成良好的景观协调性。因此，在通风设计中，考虑采用多风塔送/排风加射流风机诱导型纵向通风方式，减小地面风塔规模，从而减少对奥运公园景观影响，见图1—80～图1—82。

送/排风塔的位置相对分散，只有两座排风塔与会议中心、中国科技馆建筑结合，其余均单独建设在比较醒目的位置。因此，风塔造型设计难度很大，方案选定非常慎重。北京市规委组织相关设计单位、部分高校和多家设计公司进行集体创作，历时近一年，构思了几十种建筑方案，最终确定了较为简洁的近、远期结合的实施方案。

实施的方案，利用不同构件形状和材质本身所蕴涵的节奏感，进行简洁的组合，构成具有动感的立面。既与景观协调，又能满足使用功能要求。

（三）供配电系统

1.供配电系统组成

供配电系统包括变配电室及配电线路的设计，排水系统、通风系统、消防系统设备的配电及控制设计，防雷及接

1-80 风塔设计方案效果图

1-81 与会议中心结合的一号排风塔实施方案效果图

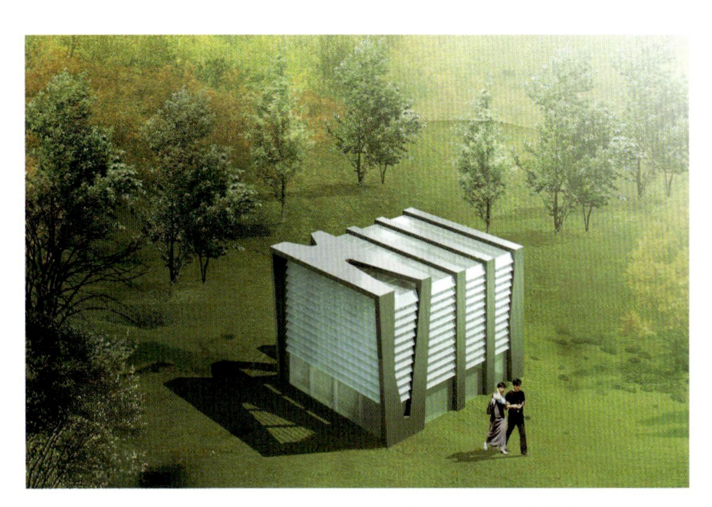

1-82 单独设置的送/排风塔实施方案效果图

地保护系统设计。

2.供配电系统功能

本工程共设置1个主变电室5个分变电室。主变电室由10kV开闭站引两个独立的市政10kV电源。两路电源同时工作互为备用。分变电室电源由主变电室两段高压母线引来两路10kV电源环网供电。排水系统、通风系统、消防系统设备的配电均为双电源末端互投,保证供电的可靠性。

本工程低压380/220V配电系统安全保护接地采用TN—S系统，接地装置采用联合接地装置，即防雷接地、保护接地、变压器中性点接地及弱电接地共用同一接地体。变电室、设备机房、隧道内均作等电位联接，利用通道结构侧墙及基础底板钢筋做接地体，综合接地电阻要求$<0.5\Omega$。

（四）照明系统

1.照明系统组成

照明系统包括正常照明、应急照明、广告照明及正常照明的智能控制系统。

2.照明系统功能

设计中将通道分为入口段、过渡段、中间段和出口段，通过计算和综合考虑本工程的特点定出各段设计最低平均照度。应急照明的亮度为通道基本照明的1/8，应急照明备用电源EPS连续供电时间≥180min。照明灯具采用IP65防护等级的隧道灯。

照明控制系统能根据洞口外部亮度的强弱和交通量的变化，分级调整入口段、过渡段和出口段的照明亮度。白天可以按照晴天、云天、阴天、重阴天调整亮度；夜间可以按照交通量较大、交通量较小调整亮度。提供多种照明控制方案供管理员人工操作控制通道照明或给出控制指令对通道照明进行控制。照明控制系统具有照明灯具亮度不足的报警功能，能够通过回路的电流检测与设定值进行比较后提示管理员维护灯具。

（五）监控系统

1.监控系统组成

地下交通联系通道监控系统采用三层网络结构，包括信息层、控制层和执行层，形成一个集散型的三级网络实时监控系统。控制方式亦相应分为计算机远程控制、区域控制器自动控制和就地人工控制三级。

地下交通联系通道监控系统的建设是按分系统方式落实的，包括：监控分系统（中央计算机信息子系统、设备监控子系统和交通监控子系统等）、闭路电视监视分系统、通信分系统（有线电话子系统、无线通信子系统和广播子系统等）、火灾报警分系统、中央控制室以及电源分系统。

2.各监控分（子）系统功能

(1)中央计算机信息子系统

中央计算机信息子系统是通道智能监控管理的核心，集数据管理、处理协调、控制、通信、图文显示为一体，负责提供各分（子）系统间的信息交流和信息共享，为地下通道智能管理提供软、硬件后台支持，达到实时合理监控的目的。

(2)设备监控子系统

设备监控子系统按正常和异常（如火灾、堵塞等）两种工况提供自动、半自动和手动三种控制手段，维持地下通道符合标准的行车条件及供电系统的正常运转，实现运营节能的要求、达到环保的目的。

(3)交通监控子系统

交通监控子系统负责实时、准确地获取各车道交通运行状况及各种交通事件告警，结合可靠并合乎标准的交通设备和管理工具，实现行车通顺、减少延误并在事故时做出适当反应的功能。

(4)闭路电视监视分系统

闭路电视监视分系统主要为地下通道管理人员和交通监控子系统提供实时的现场画面，并进行数字化存储，实现对地下通道全范围、全段面的监视，辅助管理人员根据具体情况做出准确决策，指挥行车管理。

(5)有线电话子系统

有线电话子系统服务于隧道对内、对外的公务电话联系以及隧道内使用者紧急求助的紧急电话通信。

(6)无线通信子系统

无线通信子系统为通道中控室调度人员与其他工作人员手机之间提供内部通信，同时为通道内车辆上的收音机提供信号源，对车上驾驶员进行调频广播，并在紧急情况下发布通道通知、命令等信息。

(7)广播子系统

广播子系统主要用于隧道内紧急情况下的人员疏散广播，同时兼顾日常工作和交通指挥的广播功能。

(8)火灾报警分系统

火灾报警分系统负责探测并输出火灾报警，实时联动相关消防设备消灾，维护地下通道所应具有的安全标准，保障生命及国家财产不受损害。

(9)中央控制室以及电源分系统

中央控制室以集中控制、“人机”结合、“以人为本”为基本思想，将通道全景及其具体情况以大型屏、中央计算机、控制台等多种方式有机结合、显示出来，完成通道运作、管理大脑和操作核心的作用。

电源分系统为地下通道内弱电设备提供有高质量的系统供电，并为各设备提供接地保护以及防雷和过电压保护，保障人生及设备的安全。中心控制室及地下通道综合监控系统，见图1–83和图1–84。

1-83 中心控制室

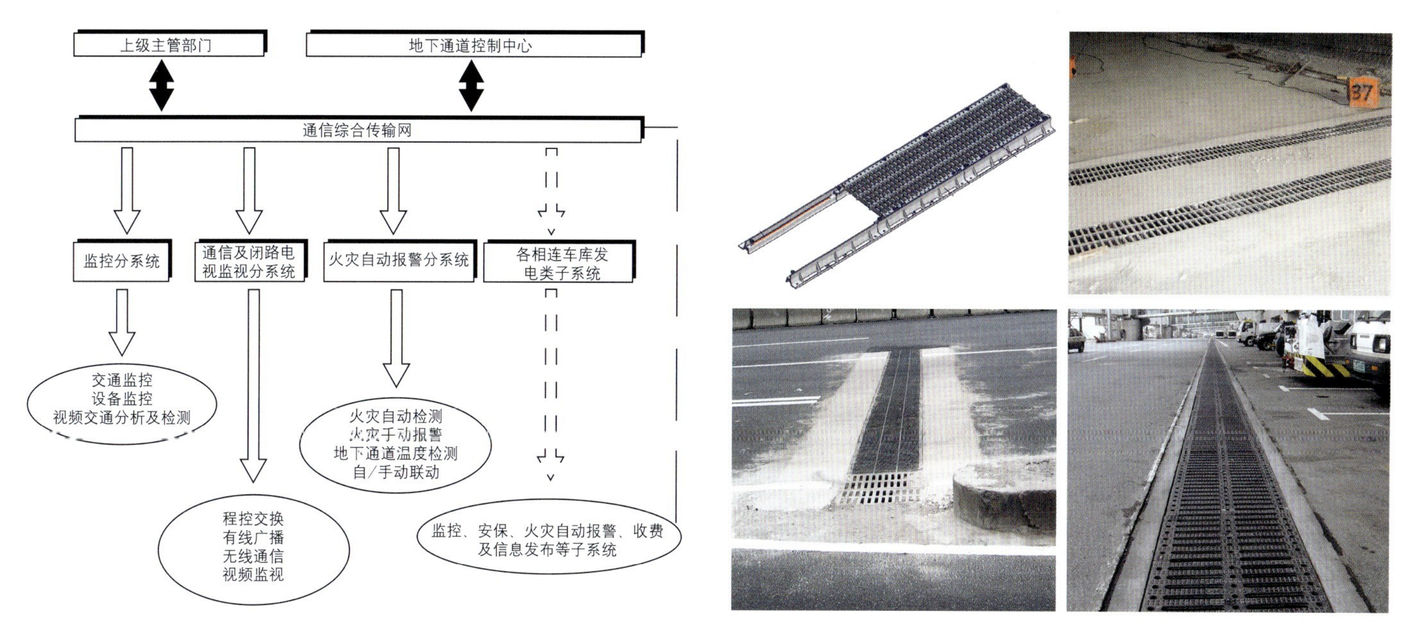

1-84 监控系统图

1-85 雨水横截沟

（六）排水系统

1.排水系统的组成

地下交通联系通道的排水系统由盖板涵排水沟、道路浅蝶形排水边沟、雨水横截沟和7座排水泵站组成。主要用于排除从通道敞口段进入的雨水，以及消防废水、冲洗废水和结构渗漏水，以保证隧道的安全运行。

2.排水系统的功能

设置于通道敞口段与闭合段相接处的雨水横截沟，可以防止雨水沿路面径流进入通道，见图1-85；沿通道设置的盖板涵排水沟主要用于接纳雨水横截沟截流的雨水、收集沿线消防废水及冲洗废水；在没有盖板涵排水沟的路段，沿通道设置浅蝶形排水边沟，用于收集消防废水及冲洗废水。

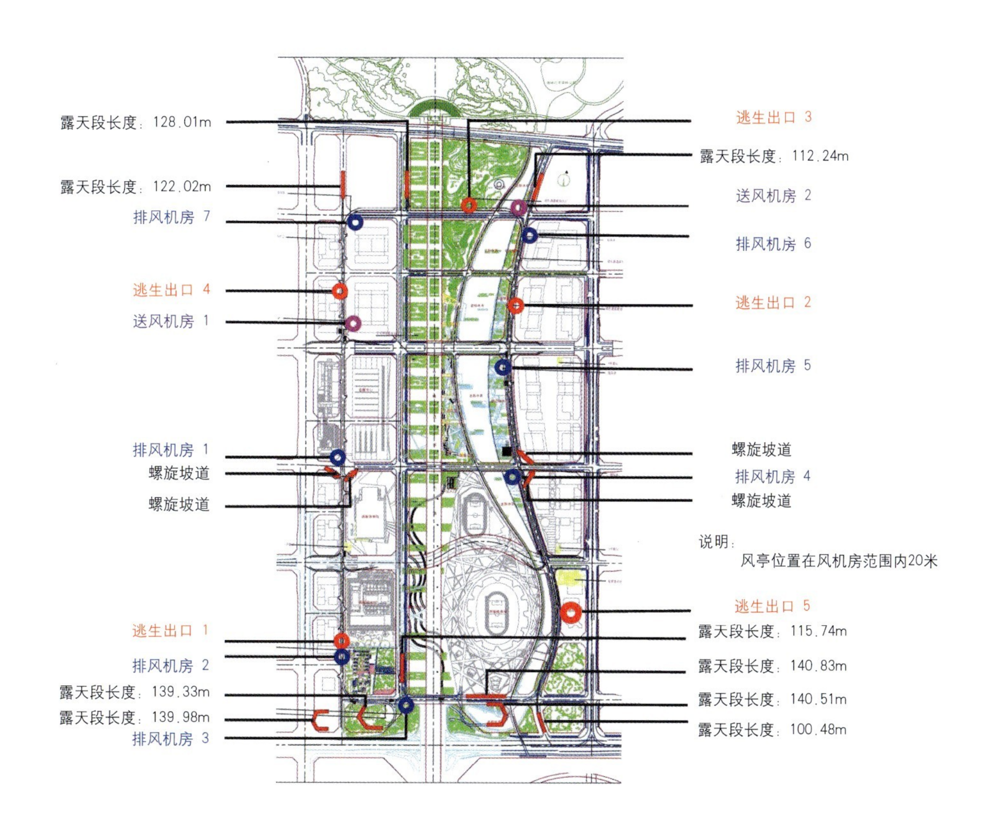

1-86 地面逃生口位置示意图

通道内排水系统无法自流排入市政管网，因此在通道相对低点设置排水泵房，经泵站提升后排入地面排水系统。每座泵站设置3台排水泵，1台机械格栅。泵站运行全部采用自动控制方式。考虑到泵站的机电安装及维护，每座泵站都设有电动单梁悬挂桥式起重机一台。为了改善泵站的内部环境，泵站内设置了除臭通风系统。为方便水泵出水管的维修，泵站上设置了检修管廊。泵站运行由地下交通联系通道中心控制室集中控制，由中心控制室设专人定期定时对泵站进行巡视维护。

（七）人员疏散系统

地下交通联系通道人员疏散口包括5个直接通向地面的逃生口、各地下车库出入口和连接慧忠路、大屯路隧道的匝道，疏散口间距控制在250m以内。疏散口与通道间采用防火门或带小门的卷帘门进行分隔。设置人员疏散标志，引导人员迅速安全地撤离。地面逃生口位置示意和方案效果图，见图1-86～图1-89。

三、结构工程

由于通道进出口较多，结构型式多为异型结构。其标准段采用现浇钢筋混凝土闭合框架型式；进出口路堑段采

1-87 逃生口设计方案效果图

1-88 逃生口设计方案效果图

1-89 逃生口实施方案效果图

用U型槽型式；与地下车库连接口（包括同进同出口和单进单出口）结构和通道的分合流端结构均为异型结构；主通道在天辰西路、湖景东路与地下一层慧忠路隧道、大屯路隧道立交节点处结构为共构型式。部分异形结构离散图，见图1–90。

通道部分节点覆土较深，设计中采用了减荷措施，使结构设计更加经济合理。主通道标准段局部覆土厚达10m，部分受力复杂节点覆土厚度大于6m。结构承受很大荷载，设计指标不合理，为改善这种情况，在满足结构抗浮的前提下，对覆土超过8m的标准段和特殊节点段（如双开口、单开口段），采用回填轻质材料（气泡混合轻质土），以减轻土荷载。

地下交通联系通道设计施工面临的重大问题之一是如何处理和解决场区地下水所带来的基础抗浮问题。北京市勘察设计研究院有限公司开展了专项水文地质勘察和设防水位咨询工作，通过在工程场区布设地下水位监测孔和现场水文地质试验，提出了含水层的水文地质参数；针对不同的地层、地下水分布条件和建筑基底埋深情况，划分出工程水文地质分区；通过对不同水文地质区段的综合渗流计算、分析（见图1–91和图1–92），提出地下交通联系通道各区段的抗浮设防水位和工程措施建议。在结构抗浮设计中，采用工业废弃钢渣作为回填压重材料。在满足抗浮需要的同时，解决了排水边沟的实施问题。

结合沿线地块建设情况，选择适宜的施工方式。湖景东路与国家体育场北路相交段采用浅埋暗挖施工，其余均采用明挖施工。受沿线建筑施工限制，在科荟南路南侧、天辰西路东侧、国家体育场南路部分路段采用单侧支护桩型式，其余路段均采用放坡开挖。

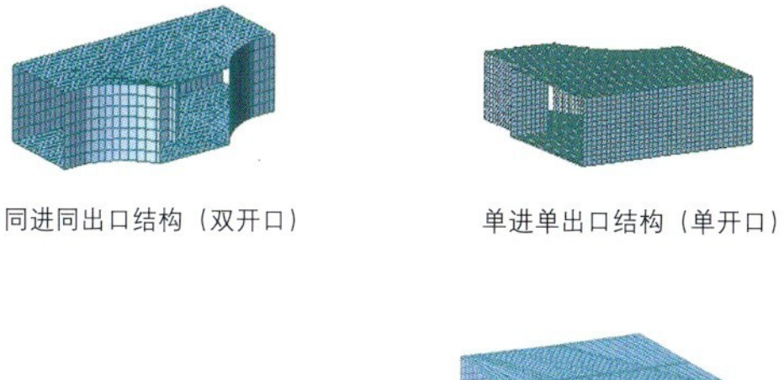

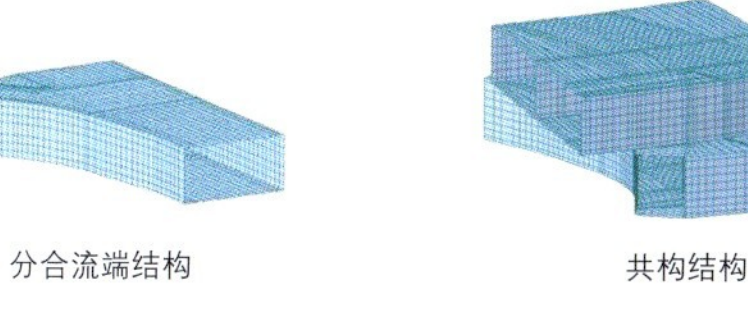

1-90 异形结构离散图

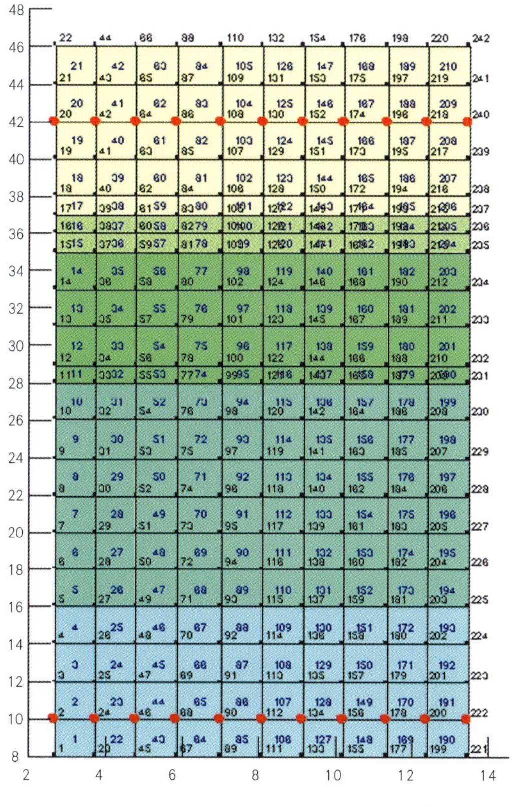

1-91 典型区段渗流计算模型

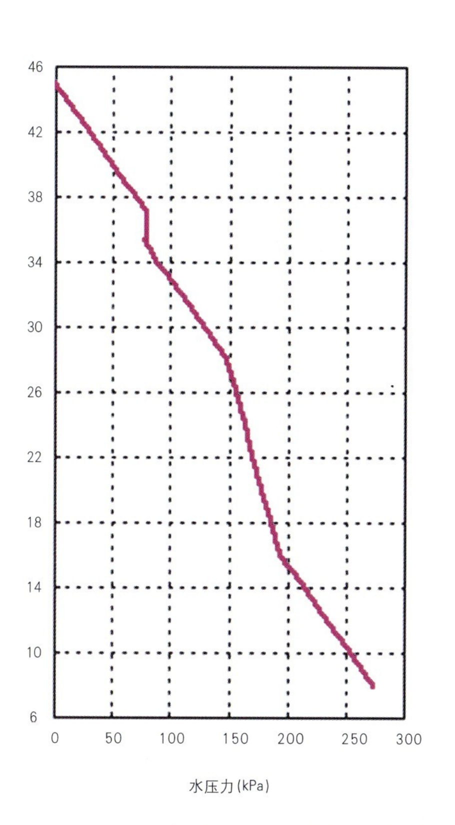

1-92 典型区段水压力预测曲线

第四节　奥运“三大理念”在工程中的应用

在奥运市政工程建设中，贯彻“绿色奥运、科技奥运、人文奥运”三大理念，执行节能减排，可持续发展的方针，向世界人民展示中华民族改革开放和现代化建设的巨大成就。

绿色奥运体现了对自然的一种尊重，人文奥运则体现了奥运的人性化，科技奥运则是现代化的体现。

一、雨水利用

（1）雨水利用的目的：修复城市生态环境，维持自然的水文循环环境，见图1–93。

透水结构能使人行道上的雨水直接渗入地下，补充地下水；或保留在透水结构内部。天晴时，透水结构内部的水会蒸发到大气中，起到调节空气湿度、降低大气温度、消除城市“热岛”作用，具有吸尘、降噪等多项功能。不积水的人行道为行人提供了良好的出行空间。透气性也为植被营造枝繁叶茂的生长条件，对根系起到良好的保护作用。铺设透水性路面被看作提高城市环境质量、减少燥热、预防水灾、保留水资源、减小排水设施压力、防止地面沉降的重要措施，是生态环境建设和城市可持续发展的重要标志。

（2）雨水利用的标准：人行道和非机动车道的透水路面结

1-93　雨水循环利用示意图

1-94　城市道路雨水利用模式图

构，满足一年一遇60min暴雨不产生径流。城市道路雨水利用模式，见图1−94。

(3)透水性人行道路面结构组成见图1−95和图1−96。

1)透水性人行道路面结构厚度、路面结构组成、结构层的材料选择、混合料的配比、各层和总体的性能指标；

2)透水性人行道路面结构对土基稳定性的影响及要求；

3)纵横坡度设置对透水的影响及实施对策。

(4)北辰西路北延透水性非机动车道和透水性人行道路面结构的应用，见图1−97。

1-95 透水性人行道路面结构图

1-96 透水性人行道

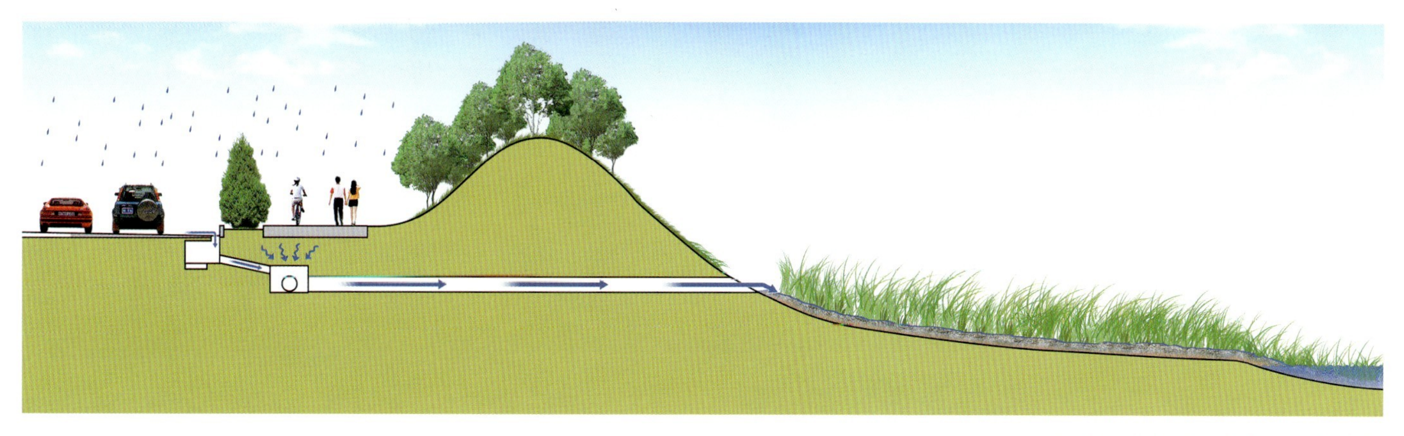

1-97 北辰西路北延雨水利用示意图

北辰西路（科荟路～北五环路）段位于奥运森林公园内，道路环山抱水、随坡就弯，道路两侧树木繁茂，景观优美。此段非机动车及人行道均采用透水结构，渗到地下的雨水，通过管道收集后，最终汇集到奥运森林公园的示范湿地中。此举减小了市政排水管道的压力，成为道路工程雨洪利用的典范。

二、大屯路隧道自然通风、采光

为了减少过境交通对奥运中心区的干扰，大屯路东西向直行交通以隧道的形式穿越中心区。大屯路（北辰西路至北辰东路）地面道路设置两上两下机动车道，为奥运中心区区域交通服务。地面机动车道之间设置21.0m绿化带。在绿化带内开设天窗，引入自然风，改善隧道内空气质量，减少射流

1-98 大屯路天窗效果图

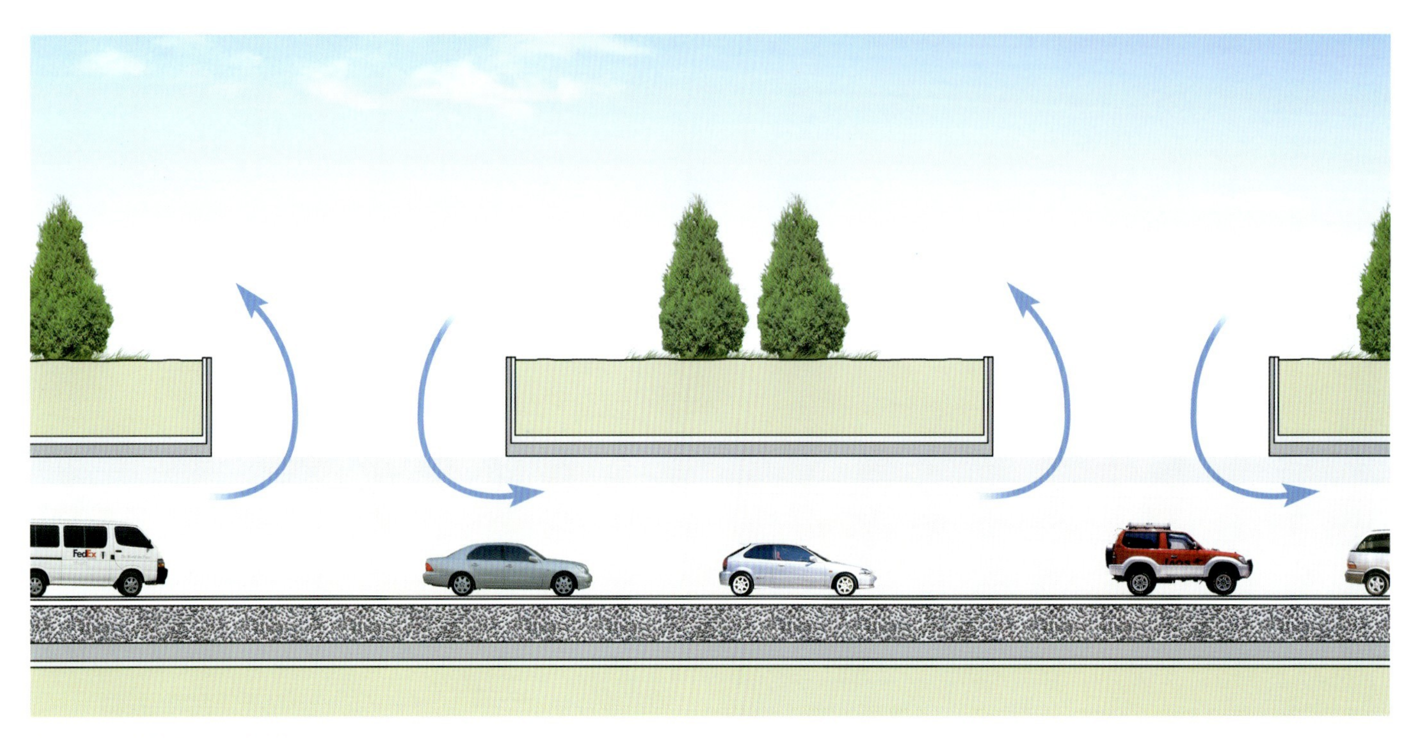

1-99 大屯路天窗通风示意图

风机的启动，节省日常运营成本，见图1-98和图1-99。大屯路隧道共开设3处天窗，通风用电节约65%。

三、应用节能设备

隧道的照明光源均选择日光色超长寿命T5管荧光灯，日光色荧光灯，白天照明效果与室外日光非常接近，显色性比较好，见图1-100。T5荧光灯比T8荧光灯用电节省20%，T5管光源的寿命比原国产T8光源的寿命提高50%；节能照明辅助措施是灯具采用就地电容补偿系统，提高灯具功率因素，使用高品质节能整流器，控制谐波含量，其综合节能效果明显。

1-100 隧道照明实景

隧道供配电系统设计中均选用低损耗节能变压器设备，SCB10系列覆盖率100%。减少变压器空载损耗23%。

四、气泡混合轻质土回填材料

1.奥林匹克公园中心区地下交通联系通道结构工程特点：

(1)采用明挖施工。除湖边东路下穿中一路段为暗挖施工外，其余通道均采用明挖回填施工；

(2)结构跨度大。单孔净跨最大达到16.5m，且考虑到诸多因素以及专家评审意见，顶板采用平顶方式；

(3)结构形式复杂。连接地下车库的开口多，开口宽度大（双开口处约27m），且主通道与进出口分叉处形成的异型结构数量较多；

(4)覆土深，荷载大。部分通道覆土在8m以上，最高达10m以上。

综上所述，当覆土深度大于8m以上时，地下通道结构承担荷载很大，尤其是异型部位，结构更为不利，在此跨度下结构计算表明结构安全性差，经济指标不合理。经比较及有优化，减荷设计已成为必须。设计中，主要减荷方法拟采用加高结构净空和回填轻质材料。

通过经济比较提出当覆土超过8m时，加高结构净空（即双层结构），以减轻荷载方案。相对单层结构来说，此方案问题是：施工中增加了内模，给施工增加了难度，且结构各段衔接复杂，对于施工工期有较大的影响。

最终决定将减荷方案定为回填轻质材料，而将结构形式简化为单层框架结构。通过调查，结合工程造价、工程施工工期等制约因素，本次减荷设计选取了气泡混合轻质土工艺进行减荷设计。

2.气泡混合轻质土的概念

气泡混合轻质土是在原料土中按照一定的比例添加固化剂、水和气泡，经充分混合、搅拌后所形成的轻型填土材料。原料土可以是砂、砂性土或水泥，本设计采用硫铝酸盐水泥。但为了达到与固化剂及气泡的均匀混合，并确保气泡混合轻质土的流动性，原料土的直径宜小于5mm；固化剂主要起固结、加强土体骨架的作用，以水泥为主；气泡是将发泡剂按照一定的稀释及发泡倍率生成致密、直径为30～300μm且互不连通的气泡群见图1-101和图1-102。

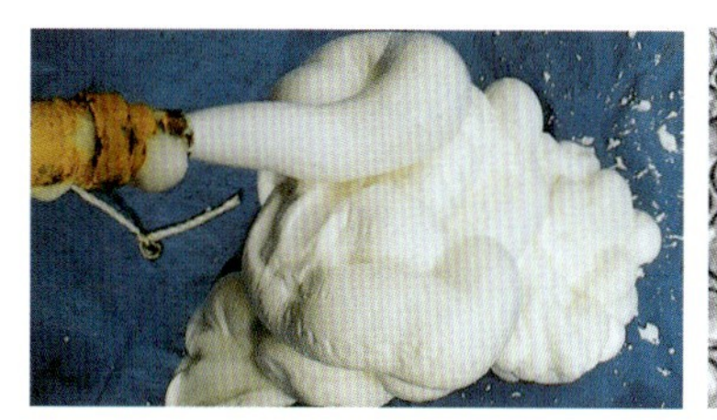

1-101 气泡的生成

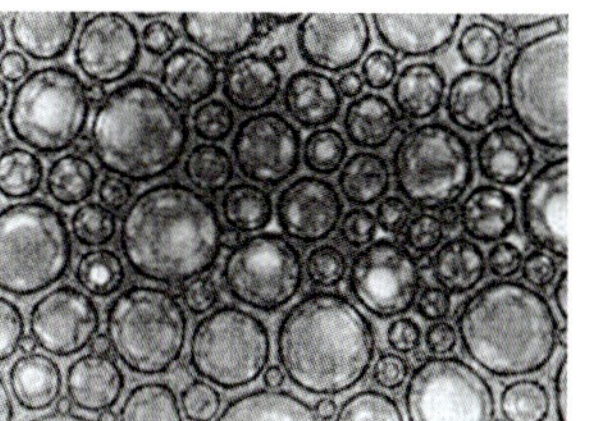

1-102 显微镜下的气泡

3.气泡混合轻质土的基本特性

气泡混合轻质土的主要工程特性是容重小，强度和容重可根据需要在一定范围内调整，施工性好，固化后可以自立，导热系数小，耐震、隔热、隔音及抗冻融性能强，与水泥混凝土材料有同等的耐久性。

4.气泡混合轻质土的制作工艺流程

气泡混合轻质土的制作工艺流程，见图1-103。

5.气泡混合轻质土在本工程的应用及研究

气泡混合轻质土因其良好的轻质性、高流动性及易施工性，以及优越的环保特性，作为一种新型轻质土建填筑材料，具有其他常规填筑材料无法替代的技术优势。但其吸水率较大，在地下结构（尤其是地下水位以下）工程领域采用较少。气泡混合轻质土的吸水率指标至关重要，经过相关科研单位多次试验，已掌握基本的技术参数，但部分试验（如高水位下吸水率）尚无国家检测标准。针对本工程，专门进

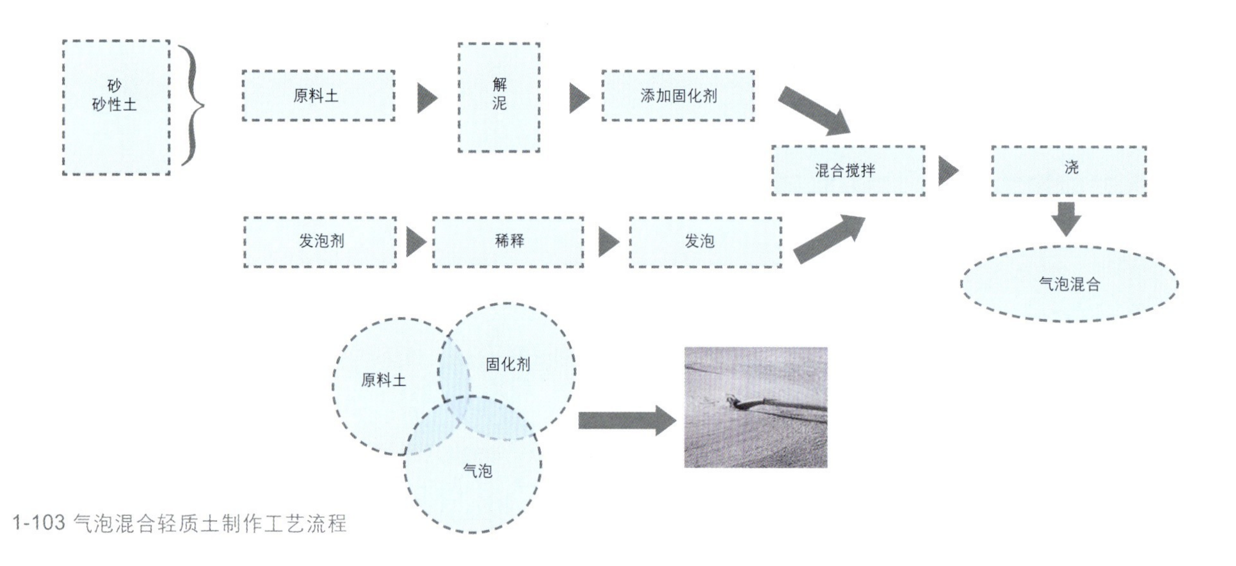

1-103 气泡混合轻质土制作工艺流程

行了水泥品种、是否添加憎水剂、不同的配合比、不同浸水水头等的实验研究，得出如下规律：

(1)硫铝酸盐水泥比硅酸盐水泥吸水率低；

(2)水泥用量越多，稳定后容量越大；

(3)浸水越深，吸水率越大；

(4)通过不同配合比，不同浸水深度浸水后，容重最大值为758kg/m^3，最小值为476kg/m^3；

(5)关于憎水剂的选用，经过实验不断深化，其在低水压的情况下效果很好，而在高水压下效果不太理想，其耐久性有待考证。

而气泡混合轻质土在地下水作用下的相关特性如何变化，尤其是极限渗透深度、强度及变形特性的变化目前没有定量的研究成果，基于上述因素，已设立专项课题研究（目前正处于准备阶段），立足于不同的地下水环境，研究气泡混合轻质土长期处于地下水中其物理力学特性的演化规律，在此基础上，探索适合地下水环境气泡混合轻质土的最佳配合比，其目的在于提高气泡混合轻质土在地下工程应用中的经济性，并为气泡混合轻质土的应用和推广提供更为可靠的设计依据，奥林匹克公园中心区地下联系通道工程隧道工程气泡轻质土覆土减荷设计断面，见图1－104。

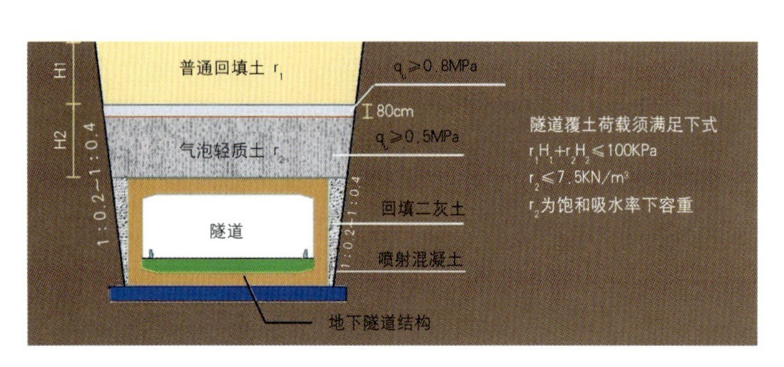

1-104 气泡轻质土覆土减荷设计断面图

图1－105是标准段在10m覆土时的弯矩图；图1－106是减荷处理后（减荷后上部荷载等效为5m覆土）的弯矩图。可以看出处理后结构内力约减小了40%，减荷处理对结构受力的改善非常明显。气泡混合轻质土施工，见图1－107。

五、废弃钢渣利用

1.设计方案

针对地下交通联系通道结构的抗浮设计要求，进行了回填压重和抗浮桩等多种设计方案的技术论证和经济分析，最终经过专家组评审和论证会确定：奥林匹克公园中心区地下交通联系通道采用回填压重的方案解决结构的抗浮问题是合理的。

在结构抗浮设计中，利用比重较大的工业废钢渣作为回填压重材料，替代砂石等常规建筑材料，见图1－108和图1－109。废弃钢渣利用起到了变废为宝、节约资源的作用，体

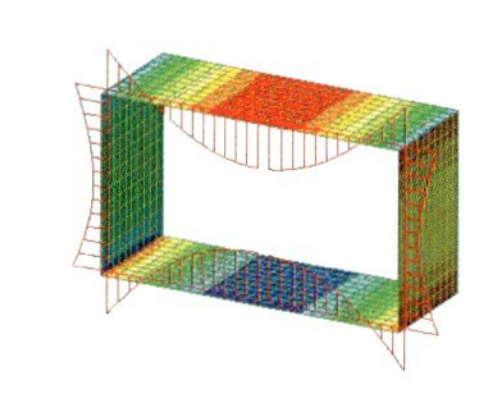

1-105 标准段减荷前弯矩图

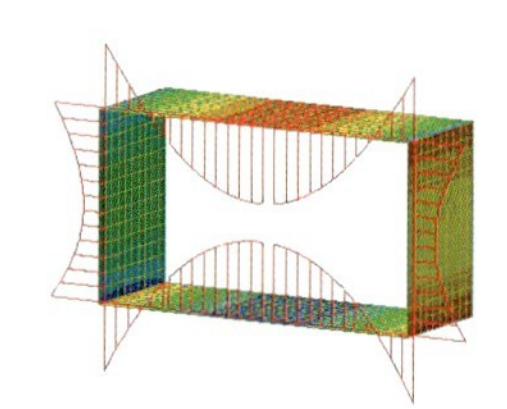

1-106 标准段减荷后弯矩图

1-107 气泡混合轻质土施工

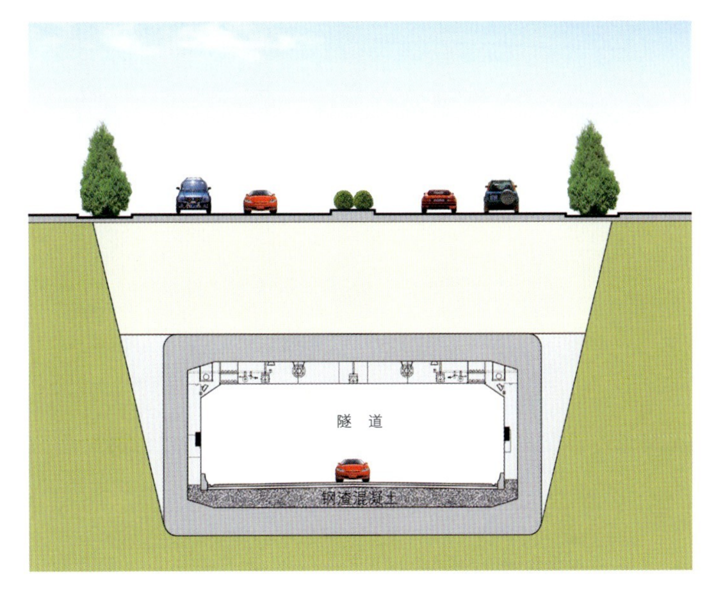

1-108 废弃钢渣利用示意图

1-109 钢渣利用施工

现了“绿色奥运”的理念。

2.项目特点

(1)工程质量易保证；

(2)施工简便、工期短、投资合理；

(3)工业废钢渣再利用，节约了有限的资源；减少使用抗浮桩的资源和能耗，实现可持续发展；

(4)消纳北京地区的工业废钢渣，节约土地，变废为宝。

(5)地下交通联系通道在基础底板和道路路面之间回填级配钢渣抗浮，利用级配钢渣约4.76万m^3（约11万t），级配钢渣容重2.3t／m^3；道路基层采用石灰粉煤灰钢渣，道路基层总量约2.7万m^3（6.18万t）。

六、降噪沥青混凝土路面的应用

废旧的汽车轮胎经过加工制成橡胶粉末，在较高温度下通过一定的工艺加入普通沥青中，制备成橡胶粉改性沥青，能够改善沥青及沥青混合料的路用性能，降低路面噪声和工程造价。

用橡胶粉改性沥青混合料铺设的路面与传统沥青路面相比较，可以延长公路寿命，降低维修成本，提高汽车行驶安全性。与SBS改性沥青相比较，可以降低道路噪声2～3db，相当于减少了30%～40%的车流量。

白庙村路西侧为居住区，东侧为森林公园，为了减少噪声对路边居民的干扰，路面面层采用橡胶沥青混合料，路面降噪效果明显，见图1—110。

七、温拌沥青混凝土的应用

1.温拌沥青混凝土的特点

传统的热拌沥青混凝土温度为150～180℃，要加热到如此高的温度，不仅要消耗大量的燃料，排放大量的废气，而且在拌和生产和施工过程中，热拌沥青混凝土还会排放出大量的废气和热量，严重影响周围的环境质量，造成严重的污染和浪费。

温拌沥青混凝土就是在沥青混合料使用一种调和沥青，这种调和沥青具有合适的黏度，从而能在相对较低的温度下进行拌和及施工。温拌沥青混凝土的拌合温度一般保持在100～120℃，摊铺和压实路面的温度为80～110℃，相对于热拌沥青混凝土，所有操作温度都降低了大约40℃，基本上没有烟雾，并且温拌沥青混凝土具备和热拌沥青混凝土一样的施工工艺和路用性能。

2.温拌沥青混凝土的应用

温拌沥青混凝土可以减少30%左右的燃料消耗，减少30%的CO_2排放量和40%的粉尘排放，并且降低成本和造价，并允许在气温较低时施工；是一种高节能低排放的新型环保路面技术。

慧忠路隧道路面面层采用了温拌沥青路面。由于慧忠路

1-110 白庙村路橡胶沥青混凝土路面摊铺施工

隧道是一个相对封闭的空间，利用温拌沥青混合料作为路面面层，可以较好地解决面层摊铺时，粉尘和烟气对施工工人身体健康的影响，大大改善施工人员的劳动环境，减轻施工工人的劳动强度。

用温拌沥青混凝土来取代热拌沥青混凝土，使其既能保持和热拌沥青混凝土一样的使用品质，又能最大限度地节约能源、减少环境污染。温拌沥青混凝土与热拌沥青混凝土成品对照，见图1-111。

八、异型结构设计

（一）立体交叉复杂节点分析

1.工程概况

慧忠路异型U槽与天辰西路异型板桥、地下二层交通联系通道为三层共构结构，其中地面部分为跨径2×22m异型十字板桥，地下一层为慧忠路隧道52.1m异型U槽，地下二层为57m地下交通联系通道异型闭合框架结构。

地面十字桥与慧忠路U槽跨中通过固接直墙连接，十字桥南北侧通过板式橡胶支座搭在U槽侧墙顶，东西两侧与盖梁连接。其U槽与地下二层异型隧道通过共用底(顶)板连接。

2.结构设计

本共构包含了三个异型结构，对其中任何一个异构结构进行设计均是难点，如考虑将三个异型结构分别设定边界条件进行计算，其复杂的刚度变化、预应力体系的相互影响、基础变形与协调、局部集中力的作用等等，不易体现上述结构之间的相互影响，可能对结构带来不安全的因素。

考虑以上因素，将三个异型结构建立了一个复杂的空间板单元有限元模型进行分析，并通过该模型计算得出各部位在结构自重、土压力荷载、水压力荷载、配重钢渣荷载、十字桥铺装、栏杆、人群、汽车活载等作用下相互制约与影响的量化数据来指导结构设计；结构模型，见图1-112。

（二）慧忠路上跨八达岭高速桥梁

1.工程概况

慧忠路是位于北四环至北五环之间贯穿东西向的一条城市主干道。慧忠路上跨现况八达岭高速，与其斜交，交角为62°。由于跨径较大，且现况八达岭高速路交通量大，为尽量减少对现况交通的影响考虑以钢－混凝土组合箱梁跨越。箱梁中墩设在现况八达岭高速两侧的边隔离带上，墩中线与桥梁中线成62°交角，结构形式采用三孔钢－混凝土组合连续箱梁，沿桥梁中线跨径为28.41+36.5+28.41＝93.32m，梁高1.6m。

2.结构设计

钢箱梁中墩每半幅由三根D=150cm墩柱分别与单个箱室固结。由于钢箱梁中墩斜置且与道路交角较大，造成两个边孔的钢梁跨径变化很大。为节省施工周期，简化构造以方便施工，采用无预应力钢–混凝土组合箱梁构造。钢梁断面采用先开口，吊装连接后再形成闭口断面，顶板钢板兼做桥面板混凝土底模。钢箱梁拼接段间采用焊接连接方式。

一般钢–混凝土组合梁为了提高连续组合梁支座桥面板的抗裂性，在负弯矩区采用施加预应力的方式。本设计取消预应力钢束，因混凝土的抗拉能力较弱，负弯矩受力由钢桥面板承担。为不影响桥面行车的舒适性，控制并引导桥面板混凝土的裂缝及其开展，设计采用多项措施如：桥面板混凝土采用钢纤维补偿收缩混凝土；桥面板混凝土分期浇筑；墩顶采用支架沉降预压法；在支点附近区域混凝土与钢顶板采用柔性剪力键连接，并在墩顶铺装层设引导缝并在缝中填筑弹塑材料。通过以上措施取得了很好的效果。

钢－混凝土组合梁施工及钢箱梁横断面，见图1–113和图1–114。

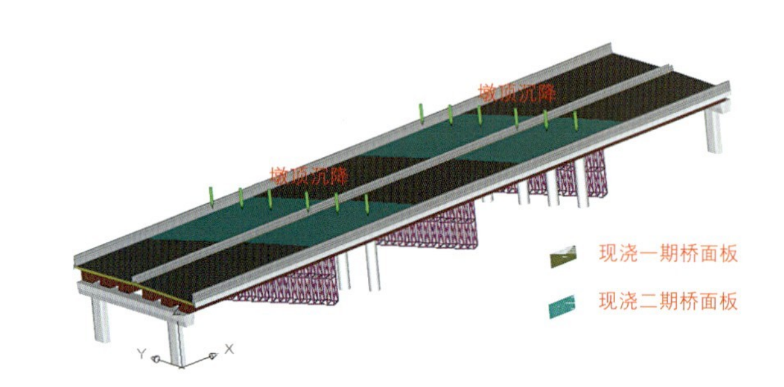

1-113 钢-混凝土组合梁施工步序图

1-111 温拌沥青混凝土与热拌沥青混凝土成品对照图

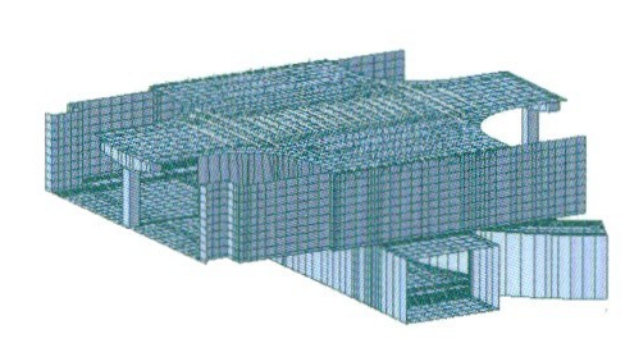

1-112 结构模型

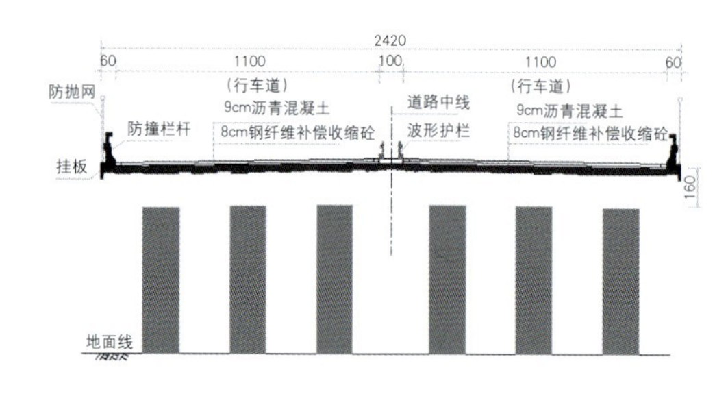

1-114 钢箱梁横断面图

1-115 隧道可变情报板及交通信号灯实景

1-117 隧道交通标志、超高检测器及流量检测器效果图

1-116 隧道滚动显示屏及车道指示灯实景

1-118 隧道云台摄像机实景

九、智能化导流疏散系统

地下交通联系通道智能疏散系统，主要由两台互为热备份（备份机与设备监控工作站备份机合用）的交通监控计算机、两台互为热备份的视频交通监控计算机、交通流检测系统、车道信号灯、交通信号灯、限速板、可变情报板、超高检测器、声光报警器、区域控制器等设备组成。该系统是建立在ITS（Intelligent Transport System）基础上，智能化引导和指挥车辆以及人员在地下交通联系通道内发生紧急情况时安全、快捷地进行疏散。主要包括有信息采集系统、传输系统、分析系统和发布系统。其中，信息采集系统采用了视频检测系统、多重激光扫描及地面感应立体检测系统、声光报警装置等，将采集的信息通过光缆传输到监控中心，经过控制中心的计算机进行筛分、处理，再通过设置在地下交通联系通道内、外的可变情报板、信号灯、声光报警装置等发布信息。隧道可变情报板及交通信号灯效果图，见图1–115和图1–116。隧道交通标志、超高检测器，云台摄像机效果图，见图1–117和图1–118。

第二章　首都国际机场市政配套工程

第一节　工程概况

一、扩建前概况

（一）地理位置

北京首都国际机场位于北京市区的东北方向，距离天安门广场直线距离25km，是我国地位最重要、规模最大、设备最齐全、运输生产最繁忙的大型国际航空港，见图2-1。

（二）设施条件

首都机场主要分为飞行区、航站区、配套设施及办公区、生活区等部分，见图2-2。

航站区原有航站楼两座，T1航站楼和T2航站楼，总建筑规模为40.6万m²，年旅客吞吐量3500万人次；飞行区设有南北方向两条跑道；货运区位于航站区以南、西跑道东侧；配套设施及办公区主要集中分布在航站区以南、两条跑道之间的区域；生活区位于配套设施及办公区南侧。

（三）航空业务量

首都国际机场是我国最大的门户机场和我国民航运输网中最重要的中心机场。目前有航线208条，其中国内航线114条，通航国内大部分省会城市、开放城市、旅游城市以及香港、澳门特别行政区等共84个城市和地区；国际航线94条，通往41个国家59个城市。首都机场已成为国际航线和国内航线、国内干线之间、国内干线与支线的重要交汇点。

在中国经济持续发展、人民生活水平不断提高的形势下，首都国际机场的航空运输量增长迅速，从1991年开始，旅客吞吐量每年以14.3%的速度递增，2002年已达到2750万人次。随着客运量的增长，货邮量也以每年的17.4%的速度发展，2002年已达到88.6万t。首都国际机场25年来的客货运吞吐量，见图2-3和图2-4。

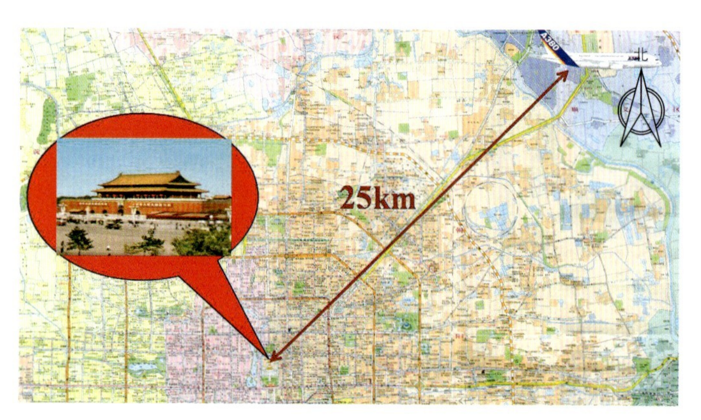

2-1　地理位置图

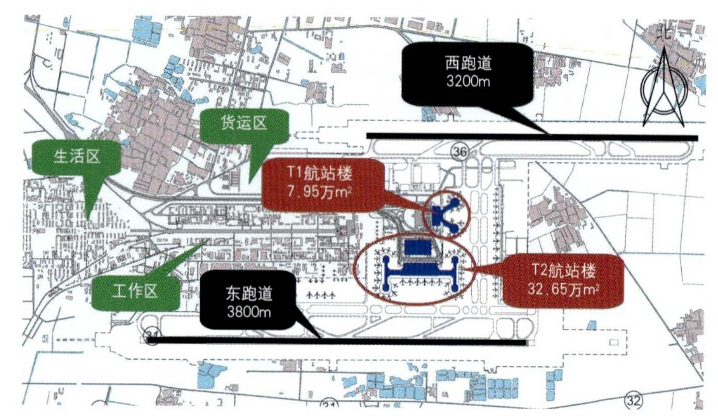

2-2　现有设施分布图

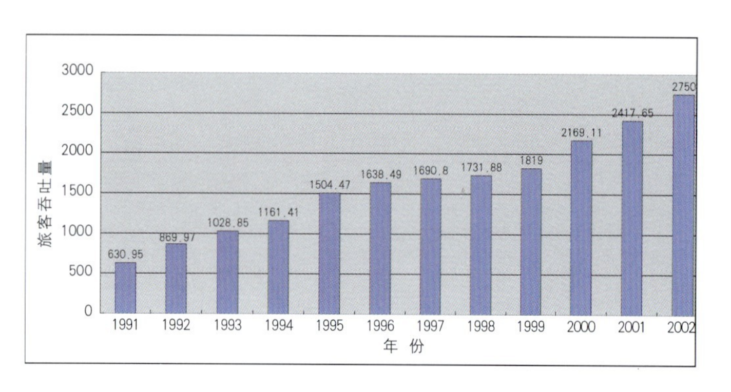

2-3　1991～2002年旅客量统计图(旅客吞吐量：万人／年)

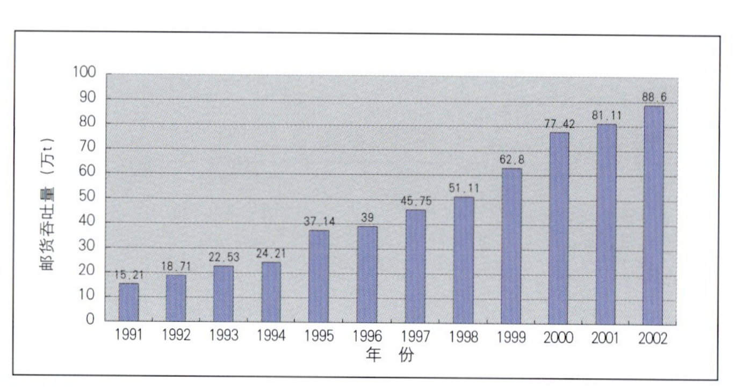

2-4　1991～2002年货邮量统计图(货运吞吐量：万t／年)

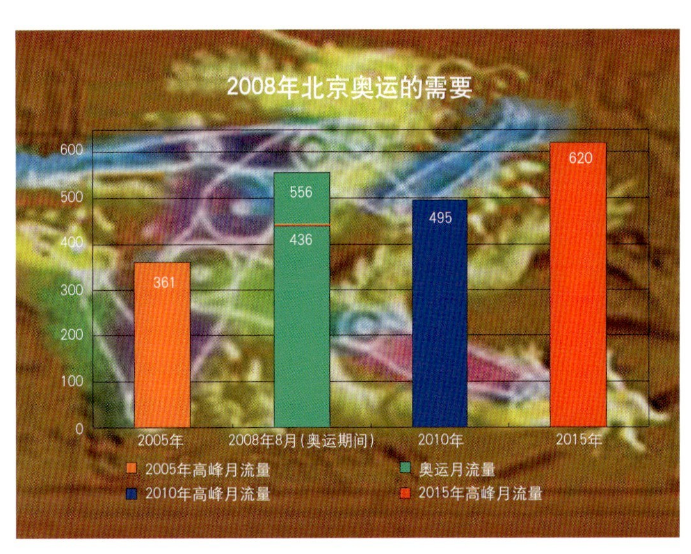

2-5 北京奥运月的旅客量分析图

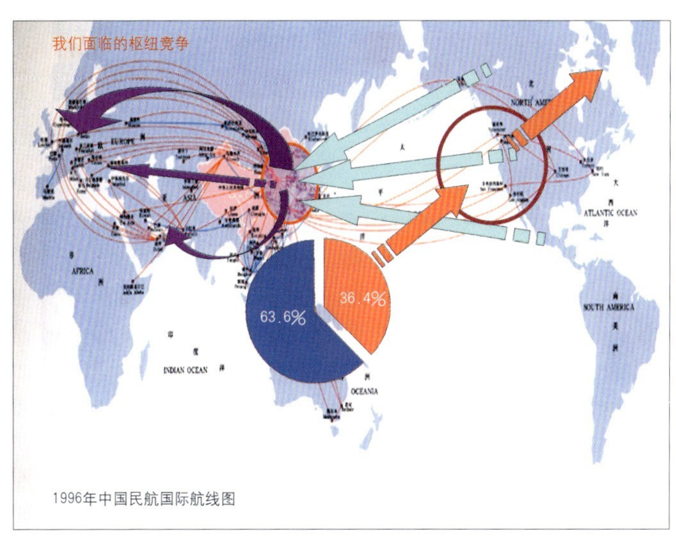

2-6 亚洲枢纽机场的发展趋势

二、扩建的必要性

（一）北京奥运的需要

2008年8月北京奥运会期间月旅客量将达556万人，大大超过现有的旅客量，见图2–5。为了满足奥运期间旅客量的需求，机场设施要具有年旅客吞吐4800万人次的容量，因此必须对现有机场进行扩建。

（二）服务于首都政治、经济和社会发展的需要

现代的北京，利用首都的独特条件，依托在科研、资金、人才、文化等方面的优势，正在逐步迈向世界级的大都会。随着北京建设国际化都市进程的加快、人民消费水平不断提高，对航空运输业的服务水平、对机场形象提出了更高的要求。因此，首都机场的建设是首都城市发展、国门形象的需要。

（三）强化机场枢纽功能的需要

从世界航空运输业发展趋势看，航空业的竞争就是枢纽的竞争，而枢纽机场的竞争就是机场规模的竞争，世界上旅客吞吐量排名前20位的机场均是枢纽机场。在亚洲，枢纽机场建设相继进行，区域竞争形势日益明显。亚洲枢纽机场的发展趋势，见图2–6。北京的地理位置得天独厚，有条件建成航空枢纽机场，以抢占这个战略制高点。

三、扩建规划

（一）航空业务量的预测

根据对首都国际机场航空业务量的预测，2015年和2020年，首都机场年旅客吞吐量将分别达到6000万人次和7200万人次，年货邮吞吐量将分别达到180万t和230万t，年飞机起降量将分别达到50万架次和60万架次，高峰小时飞机起降量将分别达到124架次和139架次。未来客货运吞吐量发展，见图2–7。

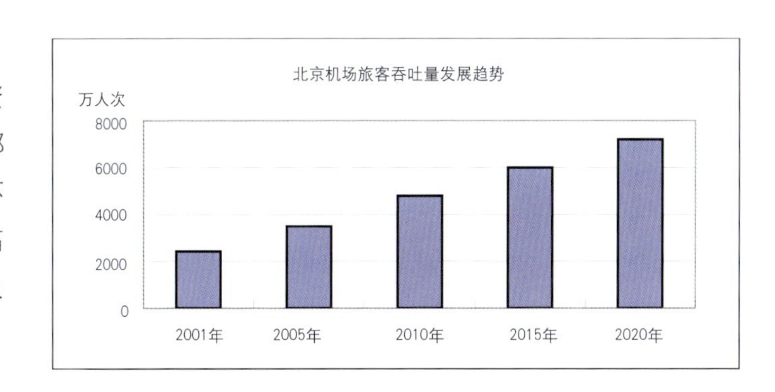

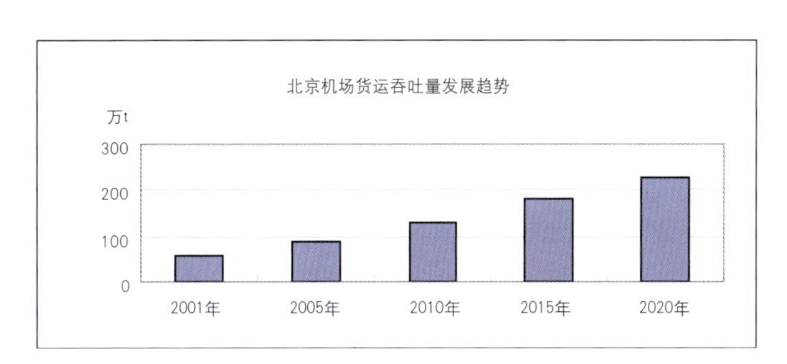

2-7 未来客货运发展趋势图
(旅客吞吐量：万人／年)(货运吞吐量：万t／年)

（二）机场规划用地范围

根据机场远期客货运发展的需求，规划在现状机场占地的基础上，向东、向南、向北新增机场建设用地。总规划用地范围西起空港工业区、东至东六环、南起李天路、北至顺平路，规划总用地2410hm²。目前占地961hm²，本期扩建用地672hm²。详见机场规划用地范围图2-8。

四、本期实施工程

为适应新形势的发展，以及举办2008年奥运会的要求，首都机场在原址向东进行扩建。

根据国家发展和改革委员会对首都机场扩建项目的批复，确定的扩建目标年为2015年，预测年旅客吞吐量6000万人次、年货邮吞吐量180万t。主要工程内容为：在现状东跑道以东新建3号航站楼和第三条跑道；在机场现状用地的北侧新建机场货运区和航空公司；专机楼迁建；以及相应的机坪、工作、生活和交通等配套设施，见图2-9。

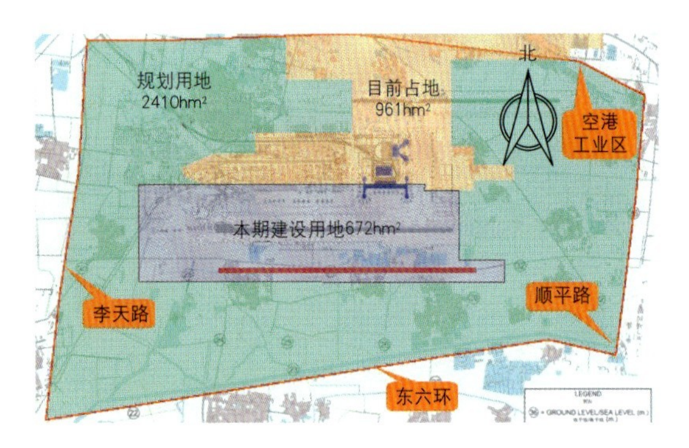

2-8 首都机场规划用地范围

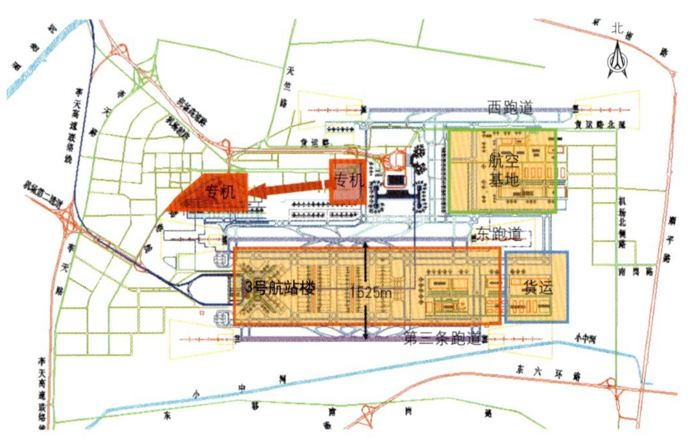

2-9 首都机场扩建工程项目图

第二节 内外部交通设施规划

一、规划目的

首都机场原有的内外部道路交通设施是按年旅客吞吐量3500万人次规划建设的，不能满足扩建需求，因此需对内外部道路交通设施进行规划设计。

根据"一次规划，分期实施"的原则，本次规划分为近期和远期。近期年限为机场扩建目标年2015年，年旅客吞吐量6000万人次；同时考虑远期年旅客吞吐量达到7000万～8000万人次的可能，为机场远期发展留出余地。

二、规划原则

配合首都国际机场的改扩建工程，综合协调机场扩建与城市土地使用、道路交通、市政基础设施、环境的关系，妥善解决机场扩建与地方发展的矛盾，为机场扩建创造良好的外部条件，促进区域发展。

三、规划目标

（一）交通规划应达到"专网专用"

即分流过境交通，避免过境交通利用场区内交通资源。

（二）交通规划应达到"四流畅通"

即满足出入境的客流、货流、专机区及场区内部对外交通衔接的畅通。

（三）交通规划应达到"四点相连"

即满足T1、T2、T3航站楼和专机楼相互间的衔接。

（四）交通规划应达到"六线成网"

即机场高速、机场第二通道、六环路、李天高速联络线、顺平路、货运路形成道路网。

（五）交通规划应达到"路轨共运"

即道路网与轨道交通、内部捷运系统共同承运交通。

四、外部道路交通系统规划

（一）交通流向分析

机场交通流向分析，见图2-10。根据机场布局规划，其三个主要出入口设置在南北两侧，其中南侧为两个客运出入口，北侧为一个货运出入口。由于首都机场位于北京市区的东北方向，根据机场内部出入口的布局，将进出机场的交通划分为三条通道：西南通道为市区大部分地区向东北方向与机场联系的主要通道；东部通道为市区东部、东南部地区向北与机场联系的通道；北部通道为市区北部地区直接向东与机场联系的通道。北京市远郊区县（主要是指六环路以外地

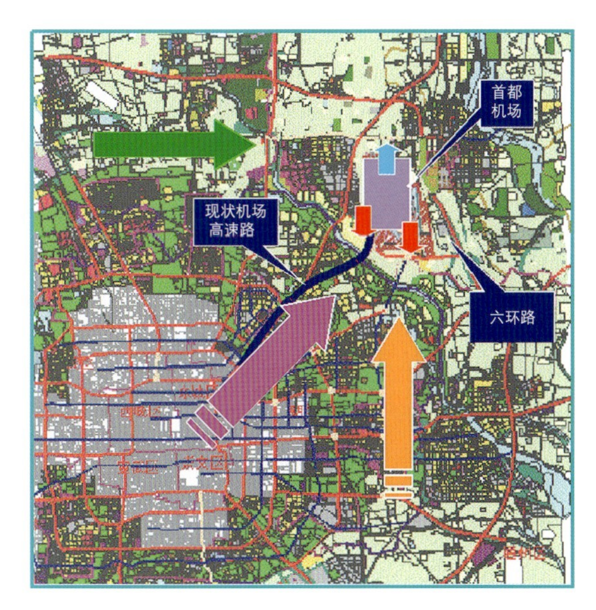

2-10 交通流向分析图

区）及外省市（如天津等地区）车辆可通过六环路到达首都机场。

（二）客运走廊规划

根据前述的交通流向分析，机场目前的周边路网中只有机场高速公路能提供西南通道交通流向需求，东部通道及北部通道尚需通过新建道路解决。因此，规划了机场二通道和机场南线。机场外部路网规划，见图2－11。

(1)增设对外交通接口，开辟机场第二通道直达T3航站楼。

(2)新建机场南线，形成快速交通网。不仅可提高机场与市区联系的能力，同时也通过六环路、李天路、京顺路、京承高速及顺平路，形成机场与对外高速放射线联系的快速路网，相应也增加机场往东、西、北的出入口。

（三）货运走廊规划

在机场北侧新建机场北线，西起京承高速、接至机场北部货运区。

（四）轨道交通规划

规划有轨道交通从东直门直达机场T1、T2航站楼。

五、内部道路交通系统规划

（一）机场内外部出入口

机场内部路网规划，见图2－12。

1.客运出入口

(1)保留机场高速现有出入口直接与T1、T2航站楼相接；

(2)新建机场第二通道直接与T3航站楼相接。

2.货运出入口

(1)保留现况南岗路北段、货运路两个北进出口；

(2)保留现况货运区西侧天竺路进出口；

(3)货运路北延连接各货运区。

3.专机、公务机区交通出入口

在华谊桥南侧新建立交与机场高速衔接。

4.场内内部交通出入口

(1)三个节点保证与机场高速的衔接

现况的迎宾桥可改为场内北侧的进出口；同时改建机场高速现况的杨林立交，作为场内南侧的进出口；现况华谊桥作为中部的进出口。

(2)两点与机场第二通道衔接

在机场第二通道主收费站北侧通过进出口及在机场南线立交处，解决场内内部交通与机场第二通道的衔接。

（二）内部交通联系

1.T1、T2、T3航站楼间的地面交通

在机场高速与机场二通道间新建一条联络线，实现机场T1、T2与T3航站区之间的联系。

2.机场内部东西向的交通联系

利用现况的华谊桥及航空桥实现。

3.机场内部南北向的交通联系

利用东西两侧的道路贯通，一条是东移后的南岗路（即机场东路），另一条是将现况的货运路北延至机场北侧道路。

4.提高主要交叉口的通行能力

需要调整的路口有：天竺路与货运路交叉口、天竺路与机场辅路交叉口、首都机场路与岗山路交叉口。

2-11 外部路网规划图

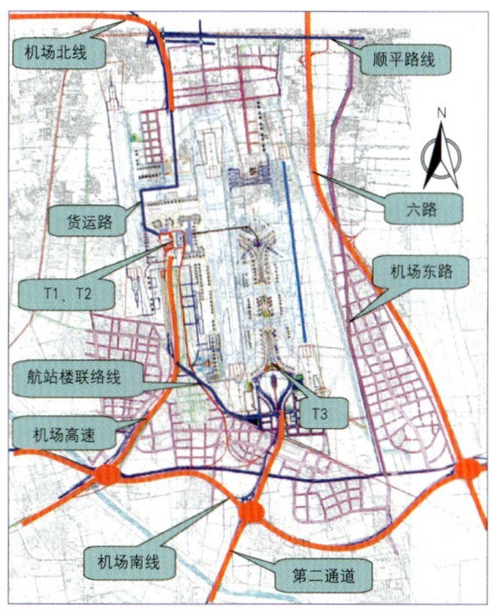

2-12 内部路网规划图

第三节　外部道路

一、机场第二通道

（一）规划路由

利用现状东苇路和金盏东路的线位设置高速公路，并向北延伸直通机场T3航站楼，作为机场第二通道。该通道穿过东坝和定福庄两个边缘集团，南端与规划京津第二通道相连接，全长27.2km，见图2—13。

为配合首都机场的扩建，本次实施其中的一段：首都机场至姚家园段，路线全长11.5km，辅路6.2km。同时，为实现机场二通道与市区路网的衔接，同时实施姚家园路：五环路至机场第二通道段，路线全长4.7km，辅路4.7km，见图2－14。

（二）功能定位

规划机场第二通道可与姚家园路（京平高速公路）、京通快速路、京沈高速公路、京津第二通道等高等级道路，以及若干条主干路（朝阳路、朝阳北路、东坝南二街、亮马桥路等）相连通，充分发挥地区道路网系统的整体优势，共同承担去往机场的交通流量，减轻东三环路、东四环路的交通压力。其主要功能定位如下：

(1)为东部发展带与市区、机场及其他新城提供交通联系通道；

(2)联系京津第二通道，有效集散车流；

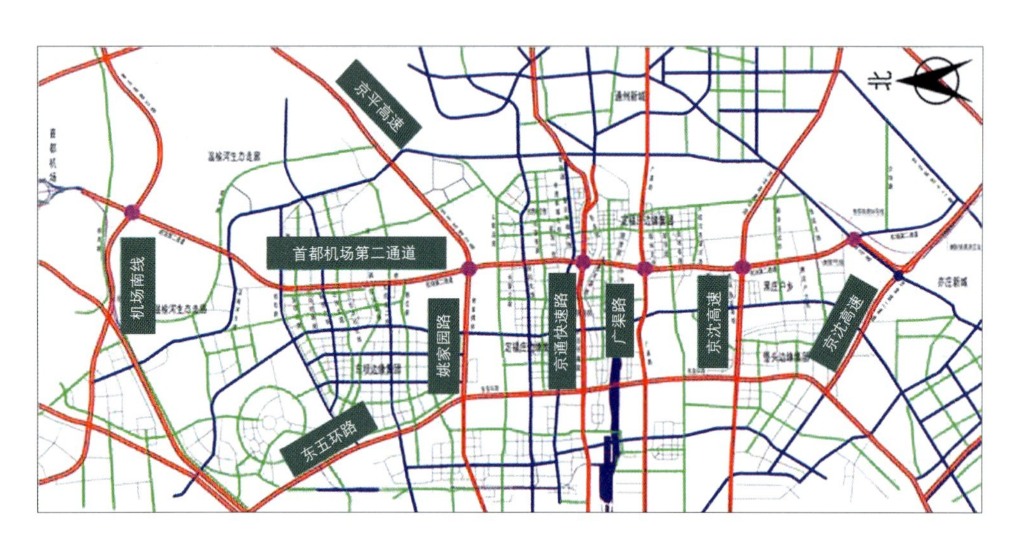

2-13 机场二通道道路工程规划路由平面示意图

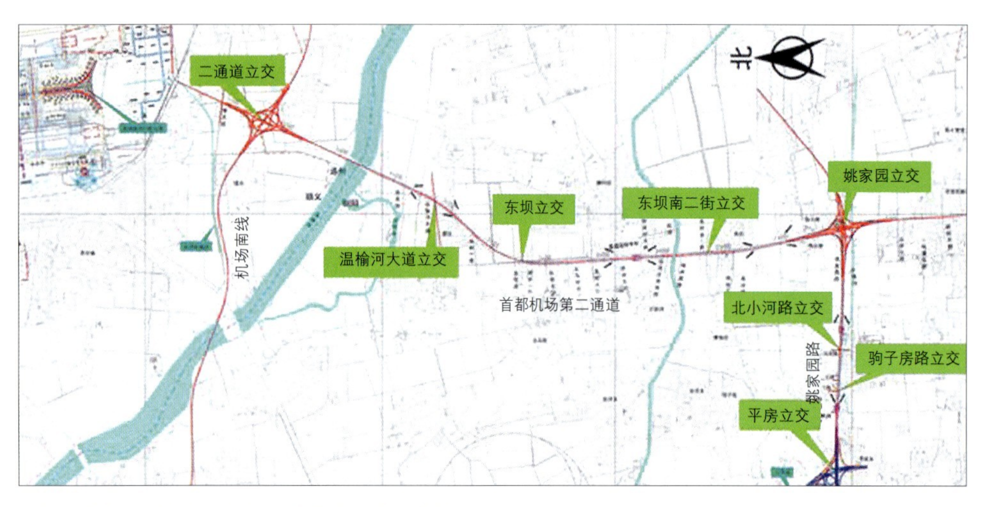

2-14 机场二通道道路本期实施工程平面示意图

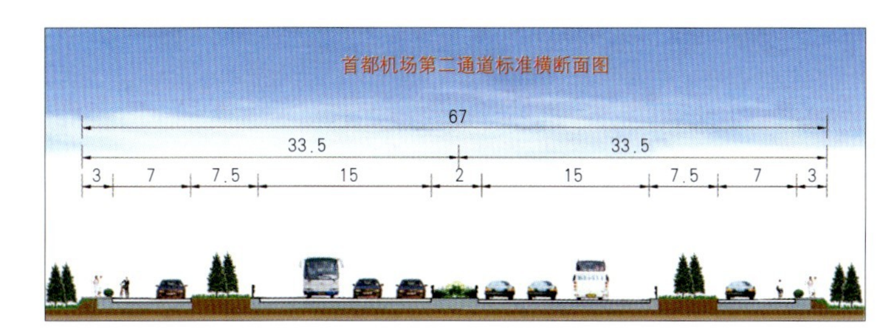

2-15 机场二通道及姚家园路路基段横断面

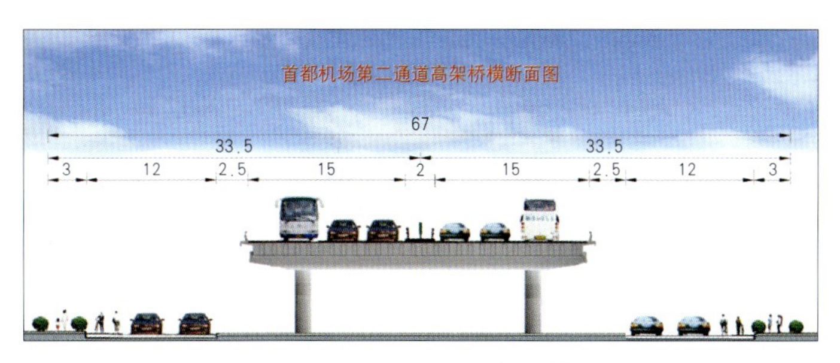

2-16 机场二通道及姚家园路高架段横断面

(3)为地方交通联系提供条件。

(三)技术标准与工程规模

1.技术标准及横断面布置(图2-15和图2-16)

机场二通道设计标准为城市快速路，设计速度为100km/h，道路红线宽80m，全线主路均为双向六车道加连续停车带，路基宽度为33.5m。辅路设计标准为城市主干路，设计速度为50km/h。辅路原则上沿主路两侧布设。

姚家园路设计标准为城市快速路，设计速度为80km/h，道路红线宽60～80m，全线主路均为双向六车道加连续停车带，路基宽度为33.5m。辅路设计标准为城市主干路（平房桥～定福庄路）和城市次干路（定福庄路～机场二通道），设计速度为40～50km/h。

2.工程规模

全线设置互通立交7座，即：机场南线、温榆河大道、东坝大街、东坝南二街、姚家园路、北小河东路、驹子房路、五环路立交，其中机场南线、姚家园路、五环路处设枢纽互通立交，其余处设一般互通立交。

全线设置跨河桥2座，机场第二通道与温榆河、坝河相交处分别新建跨河桥各1座。

3.立交设计

姚家园路立交（图2-17和图2-18）位于姚家园路（京平高速）与机场二通道相交节点处，为三层全互通的定向加苜蓿叶型立交，姚家园路上跨机场二通道。由于相交点处道路以东（京平高速）、以南（机场二通道）暂无实施计划。因此，本立交近期不实施，采用连接线沟通机场二通道与姚家园路。

2-17 姚家园立交远期平面图

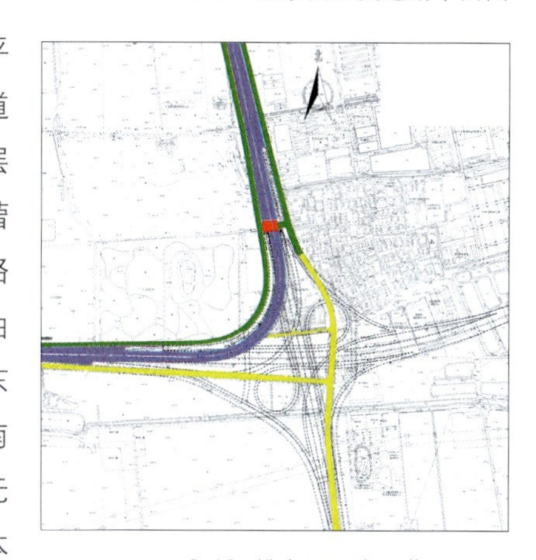
2-18 姚家园立交近期平面图

二、机场南线

(一)规划路由

规划在现状李天路的南侧新修建一条机场南线，西端与京承高速公路相接，东端与六环路相连，道路全长约17.9km，见图2-19。

(二)功能定位

机场南线是连接京承高速公路、首都机场高速公路、机

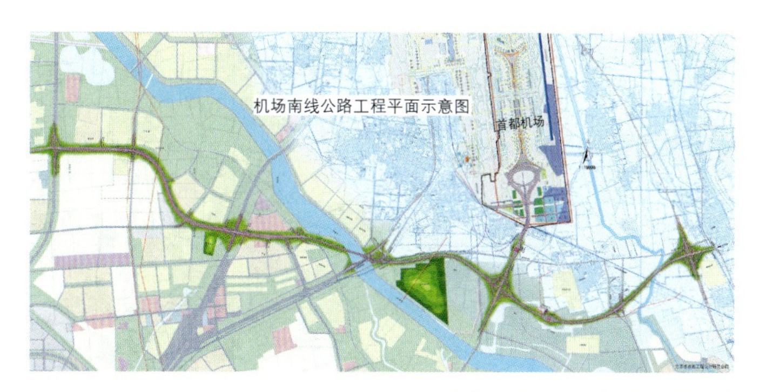

2-19 机场南线公路工程平面示意图

场二通道和东六环路的高速通道，它的建设可以保证四条高速道路上的车流衔接顺畅，更方便地到达T1、T2、T3航站楼。其主要功能定位如下：

（1）增加机场东、西方向进出通道，同时分流机场高速的交通流。

（2）起到一条高速联络线作用，解决京承高速、机场高速、机场二通道、六环路的交通转换。

（3）与东北六环路、京承高速公路一起在机场周边形成高速环线，截流机场范围过境交通。

（三）技术标准与工程规模

1.技术标准及横断面布置（图2-20～图2-23）

机场南线为高速公路标准，设计速度为100km/h，道路红线宽80m，全线除机场高速公路至机场第二通道段主路为双向八车道加连续停车带，路基宽度为42m外，其余路段主路均为双向六车道加连续停车带，路基宽度为34.5m。温榆河大道（京承高速公路至财富花园段）为城市主干路标准，设计速度为50km/h。由于线路在京承高速公路至财富花园段与规划温榆河大道的线位重合，因此在该段将温榆河大道上下行布置在机场南线高架桥下，保证在京承高速公路至京密路段机动车道两上两下加非机动车道、在京密路至财富花园段机动车道三上三下加非机动车道的行驶条件。

2.工程规模（图2-24）

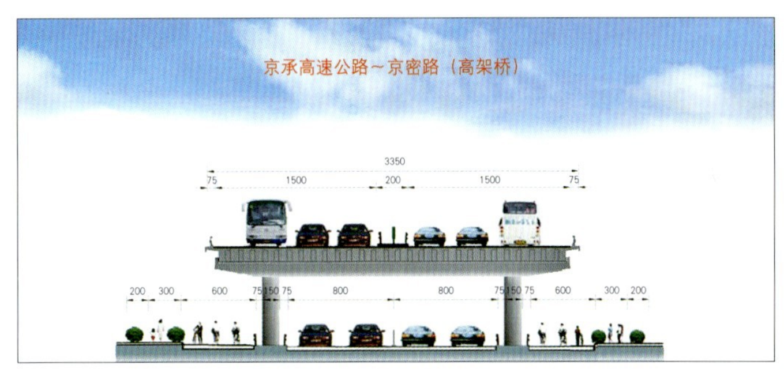

2-20 京承高速公路至京密路段横断面图

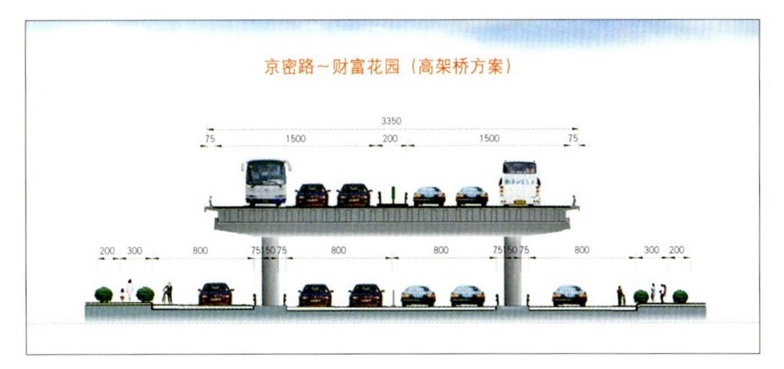

2-21 京密路至财富花园横断面图

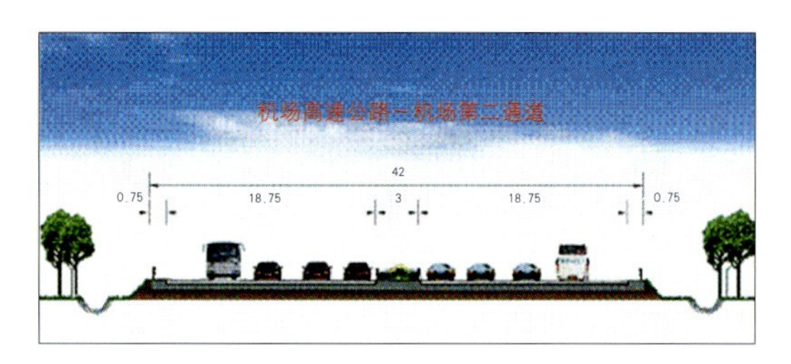

2-22 机场高速至机场二通道段横断面图

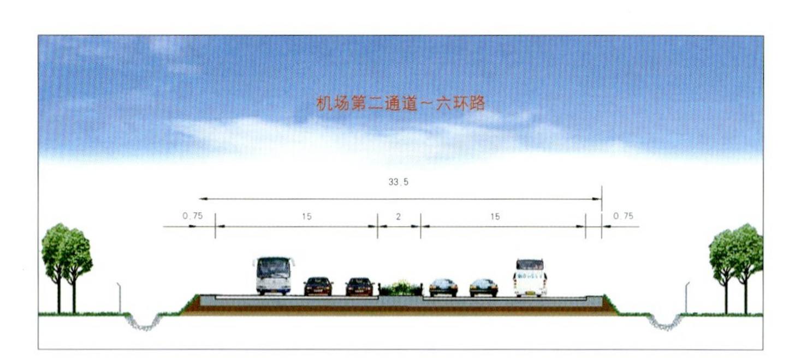

2-23 机场二通道至六环路段横断面图

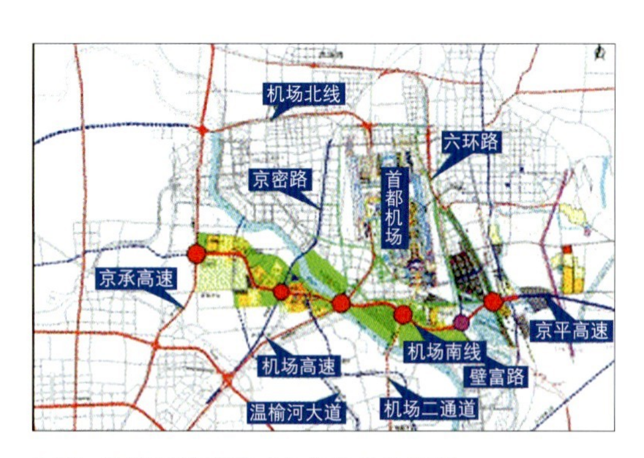

2-24 机场南线互通式立交布置示意图

全线设置互通立交6座，即：京承高速公路、京密路、机场高速公路、机场二通道、壁富路、东六环路，其中京承高速公路、京密路、机场高速公路、机场二通道、东六环路设枢纽互通立交，壁富路设一般互通立交。

全线跨河桥2座，分别为温榆河跨河桥、小中河跨河桥；

全线主线桥长度为11.92km，占全线的66%。通道4座，天桥1座，涵洞36道。

全线设主线收费站2处，匝道收费站2处。

全线设管理监控中心1处，加油站1对。

3.立交设计

（1）京承高速立交

京承高速立交位于机场南线与京承高速相交节点处，现况京承高速公路上跨现况顺黄路，现况立交型式为半苜蓿叶型互通立交，立交匝道布置在节点的西北和东北象限内。为了加强市区与首都机场的联系，缓解机场高速交通压力，设计新建南向东右转匝道和东向南左转匝道两条高标准匝道，同时在立交东侧设置一对进出口（北侧为出口，南侧为进口）进出机场南线。

(2)机场高速立交（图2–25）

机场高速公路是北京市目前唯一一条直接连接市区与首都机场的高速公路，现况机场高速公路为两幅路，三上三下加硬路肩，路基全宽35m。现况机场高速公路交通繁忙，交通量已经饱和。

本立交节点的主要功能为满足各高速公路与机场T1、T2、T3航站楼之间的交通转换，是各高速路之间主要的联系纽带，该立交设置为枢纽型部分互通立交，除西与南之间外，其余方向均设置定向式匝道。

(3)机场二通道立交（图2–26）

机场二通道可为进出首都机场开辟新的通道，规划机场二通道为两幅路，三上三下加硬路肩，路基全宽34.5m。本立交节点的主要功能为满足各高速公路与机场T1、T2、T3航站楼之间的交通转换，是各高速路之间主要的联系纽带。该立交为三层全互通的定向加苜蓿叶型立交，由京平高速公路至市区（南向）左转方向设置为环形匝道，其余方向为定向匝道，机场二通道上跨机场南线。

(4)六环路立交（图2–27）

六环路是北京市境内的一条高速环线，现况机场高速公路为两幅路，两上两下加硬路肩，路基全宽26.5m。本立交节点的主要功能为满足六环路与首都机场和京平高速公路之间的交通转换，是各高速路之间主要的联系纽带，该立交设置为枢纽互通立交。

立交设置应保证六环路与首都机场和京平高速公路之间的交通转换，除京平高速与六环路的左转连接采用环形匝道外，其余方向均为定向式匝道。

2-25 机场高速立交效果图

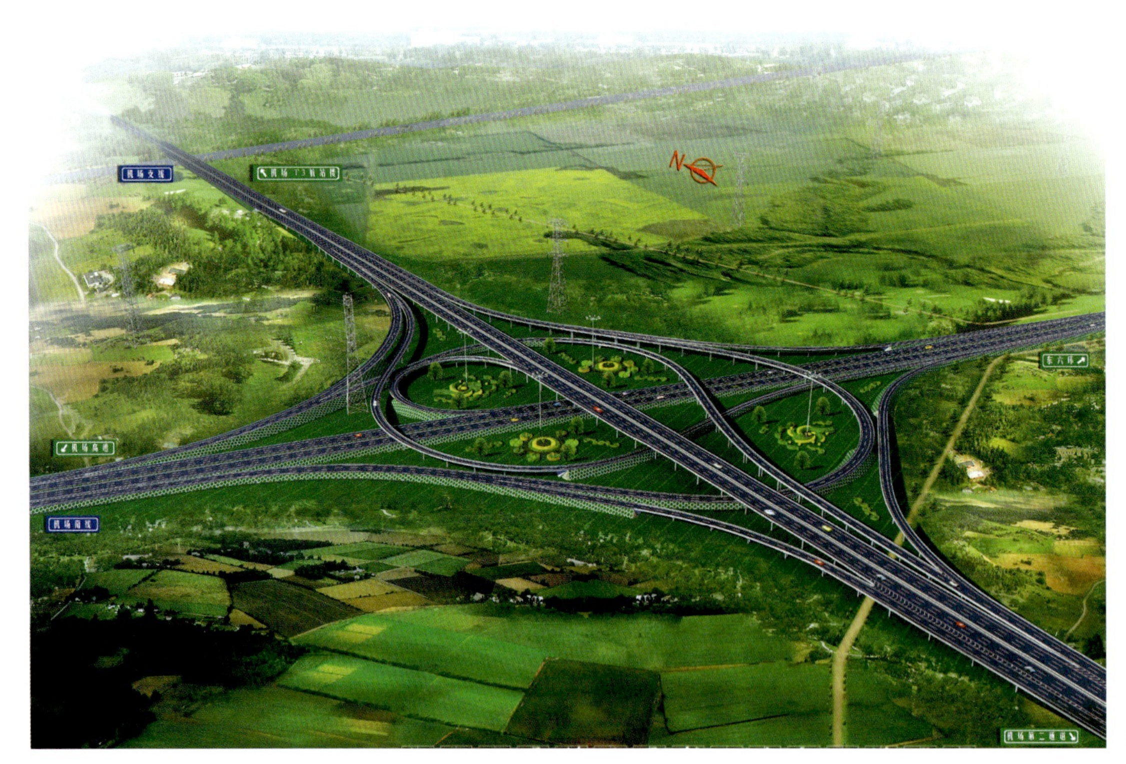

2-26 机场二通道立交效果图

2-27 六环路立交效果图

第四节　内部道路

一、内部道路工程项目

根据首都机场内部道路系统规划，本次扩建的主要工程内容有三项。内部道路工程位置，见图2—28。

1.T3航站楼楼前道路工程

2.T3号航站楼楼前停车设施工程

3.专机及航站楼联络线工程

二、T3航站楼楼前道路工程

（一）工程范围

该工程位于新建的T3航站楼（图2—29）南侧，设计范围南起现况岗山路，与机场二通道相接，北至T3航站楼，全长约1.3km，整个道路线型呈灯泡状。其功能主要解决机场二通道与航站区各交通功能区的交通连接和相互间的转换要求，主要包括进出场道路、进出停车楼道路（北至停车楼收费站）、到离港平台及复循环道路，共计16条道路，道路全长6189.96m、面积11万m^2；桥梁全长5155.27m、面积12万m^2。

2-29 T3号航站楼实景

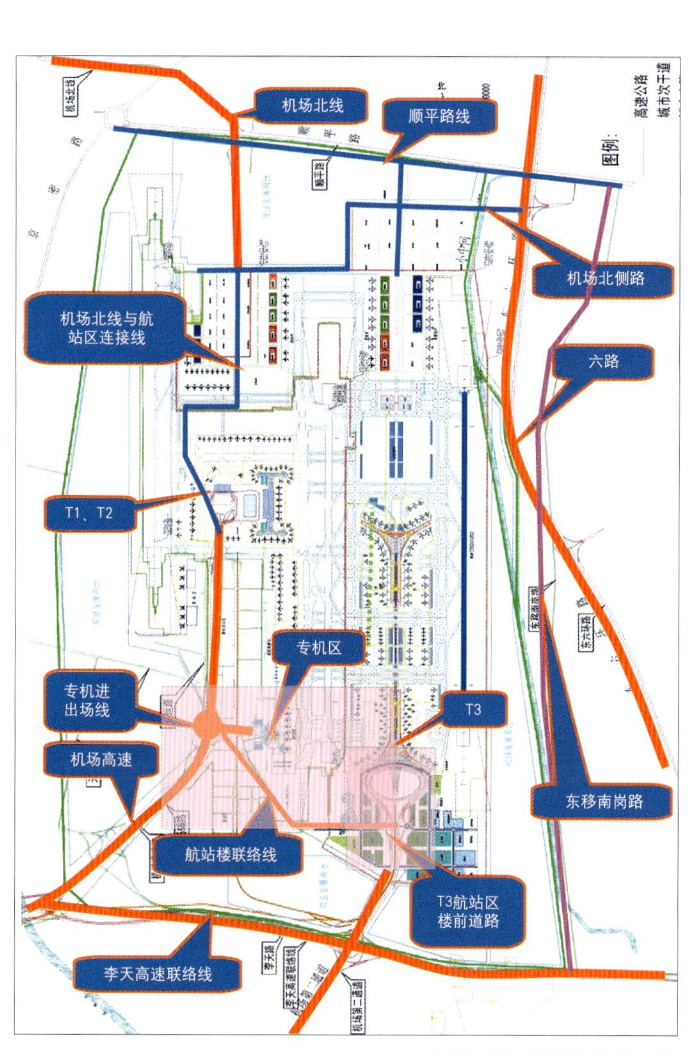

2-28 内部道路工程位置图

（二）楼前道路系统功能划分

1.主进场路

内外部道路衔接的通道，利用机场二通道直接接入楼前道路系统。

2.停车楼道路

主进场路与停车楼的连接设置一条直坡道。

3.进出离港、到港车道边的道路

主进场路直接与离港和到港车道边连接。

4.复循环道路

复循环道路允许车辆在离港层、到港层和停车层之间的车辆转换。从离港坡道过来的下坡道，加上前往停车楼环路与到港坡道合流出的一条车道，两条道路相互衔接，共同连接主进场路下方的道路，即构成一个交通环路。

5.内部道路

规划为五经六纬的方格网道路布局，主进场路布置一对匝道与其相接；其中的二纬路作为两个航站区联络线的一部分，可通往T1、T2航站区及现有的机场各功能区。

（三）交通流程

主进场路进入场内后，分别按内部道路——出港层——停车楼道路——到港层的顺序分流，各交通流间利用复循环

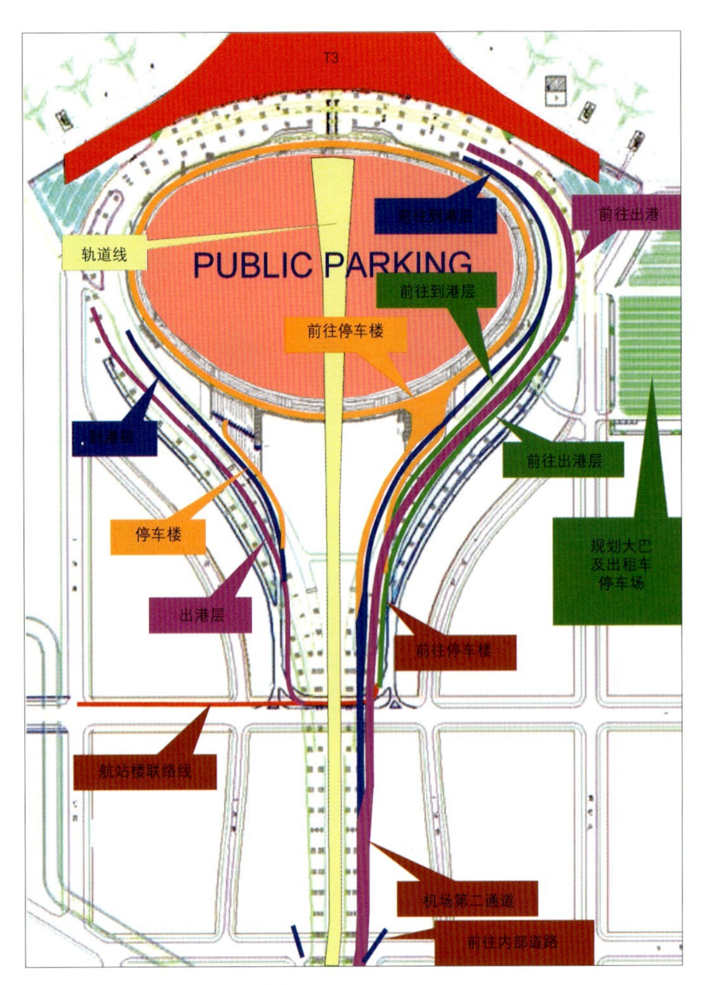

2-30 楼前道路系统功能划分图

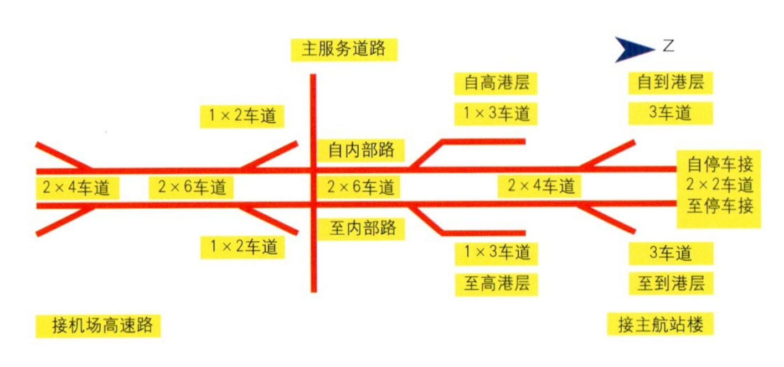

2-31 进场道路交通流程图

道路实现转换，见图2—31。

（四）设计要点

1.设计标准

道路为城市主干路标准；岗山路至二纬路段设计车速为40～60km/h，二纬路至进出港平台段设计车速为0～40km/h；道路单车道宽3.5m，路缘带宽0.5m。

2.横断面设计（图2—32～图2—34）

主进场路：起始段道路的路面宽度为18.5m，单向五车道

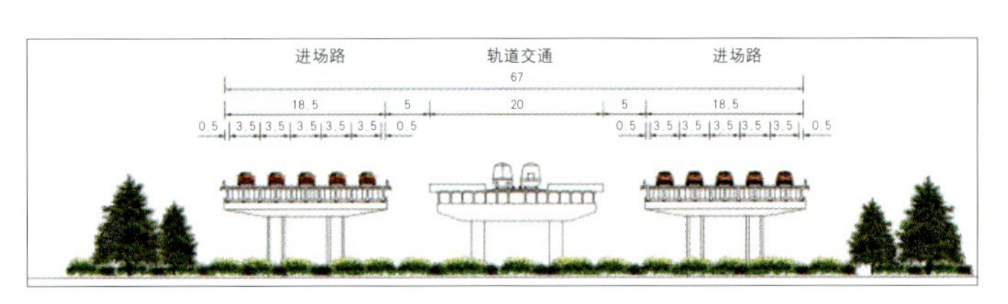

2-32 主进场路横断面图

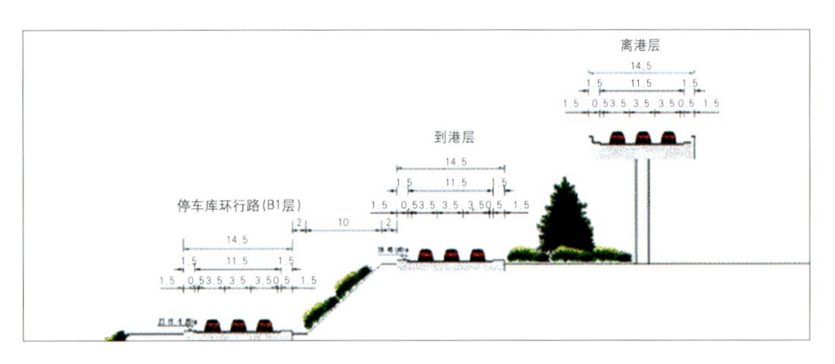

2-33 主进场路逐级分流道路横断面图

（5×3.5m+2×0.5m），与机场南线相接；随后逐级分流为离港层、停车楼和到港层道路，各道路路面宽度为11.5m，均布置为单向三车道（3×3.5m+2×0.5m）。

离港层：离港层车道边可供各种车辆落客，由北向南依次顺序第一组车道边供社会车辆停放，采用最外侧两条车道作为落客车道，第二组车道边供大巴车停放，最内侧车道为落客车道，第三组车道边供出租车停放，最内侧车道为落客车道。横断面为三幅路型式，布置为（3.0+10.5+4.0+7.5+4.0+10.5+15.5=55.0m）。

到港层：到港层车道边只供出租车、大巴迎接旅客停放，西侧为大巴车上客区，东侧为出租车上客区，采用前进式停车前进式发车的停车模式。横断面为四幅路型式，横断面为（2.0+10.5+4.0+7.5+6+7.5+4.0+3.5+1.0+7.0+15.5=68.5m），小汽车单车道宽3.5m、大巴单车道宽3.5m、各停车道边人行步道宽4m，外侧步道宽2m、内侧与大厅相接人行步道宽15.5m。

离港层，到港层横断面及道路实景，见图2—35至图2—37。

3.竖向设计（图2—38和图2—39）

根据航站楼的总体布局，楼前道路交通设施系统在竖向上主要分为三个层面：出港层（17.9m）、到港层（0.0m）、停车场（—5.25 m）。进场道路不仅要与各交通层面分别联系，而且还要实现各层面之间的相互连接。在竖向设计中，为了显现航站楼的景观效果，在主进场道路进入场内段，采用循序渐进的升坡，将航站楼的全貌慢慢地展现在人们的视觉中，更加突出地体现了航站楼的形象。

2-34 主进场路逐级分流道路实景

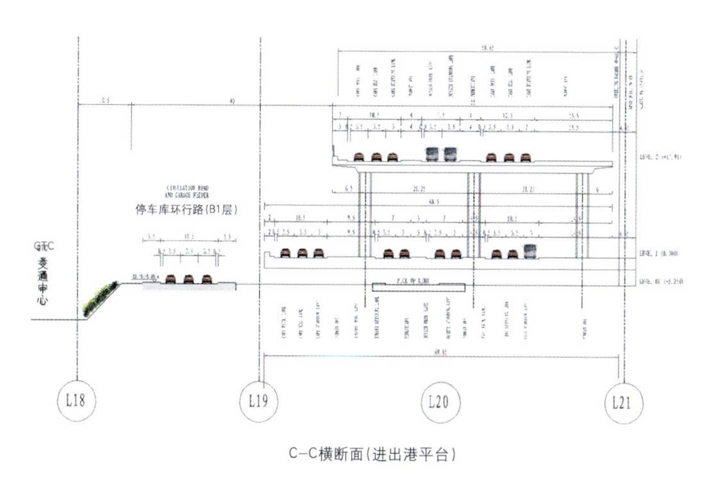

2-35 离港层、到港层横断面图

2-37 到港层实景

2-36 到港层实景

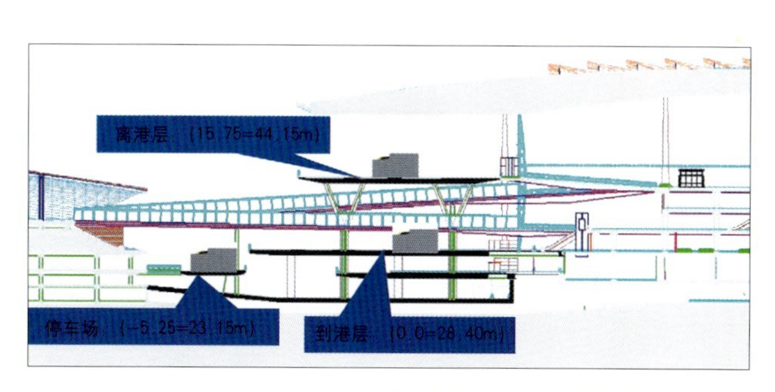

2-38 楼前道路各功能区竖向布置图

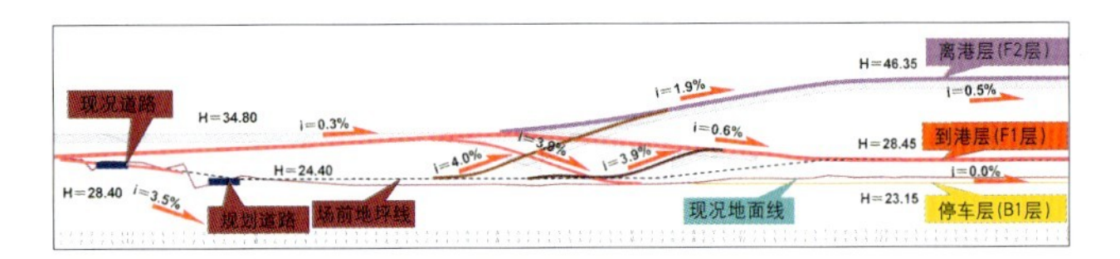

2-39 楼前道路竖向设计图

4.离港平台桥墩布置（图2-40）

由于楼前离港层较宽，设计中，桥梁上部结构采用现浇连续箱梁，下部结构采用三圆柱型：即沿桥梁横向布置三根圆形墩柱，可采用较小尺寸的墩柱，在满足到港层横断面布置的要求下亦能够满足结构的受力要求。同时，由于离港平台下部结构形式与两侧引桥的下部结构形式是统一的，从而使得航站楼前景观效果得到了较好的改善。

三、T3航站楼楼前停车设施

首都机场为旅客服务的道路交通组成主要有：社会车、出租车、机场专线大巴、长途大巴等。停车类型主要有：临时停车、长时停车、车辆调度以及驻车需求等。从不同交通方式分析，社会车较多为临时停车，较少一部分为长时停车，以后随着我国经济的发展，长时停车的需求会越来越多，因此，在设计中要有前瞻性，为远期的发展留有余地。出租车、机场专线大巴、长途大巴停车主要为调度等候和驻车。综合考虑不同交通方式的停车需求以及土地综合利用，将停车场分类、分级设置。社会车设置在航站楼前停车楼内。大巴和出租车的调度分两级设置，一级调度场设置在航站楼东南角，主要供到港层发车站调度车辆使用。二级调度场设置在机场控制用地东南角，主要供一级调度场蓄车、大巴驻车及远期社会车长时停车用。国际和国内VIP停车场布设在航站楼东西两侧。

T3航站楼停车设施，见图2–41至图2–43。

四、东西航站楼联络线工程

（一）工程范围

该工程设计范围东起二纬路，西接机场高速，全长约3.0km，见图2–44。由路段和机场高速立交组成，路段布置在岗山路东侧，基本沿机场现况铁路走向。其功能主要解决T1、T2与T3航站区之间的交通联系。道路面积5.1万m^2；桥梁

2-40 离港平台桥墩设置实景

2-42 停车楼

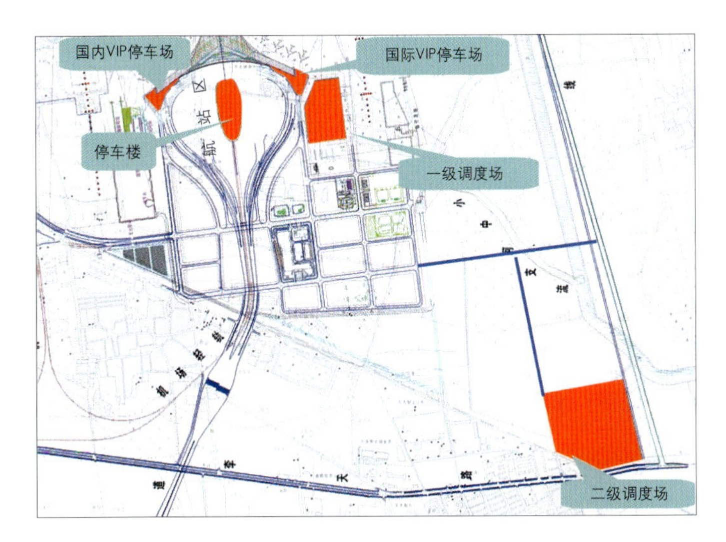

2-41 停车设施分布图

2-43 一级调度场

面积1.8万m²。

（二）联络线功能定位

机场T1、T2航站楼与T3航站楼直线距离相距约4km，根据航站楼规划，各航站楼间办票业务不互通，为解决各航站楼间旅客的沟通，需要建立一条快速的地面连接通道。

主要功能：一是两个航站区之间的交通衔接；二是专机与外部道路网的衔接。

专机进出场交通从专机区直向西直接与机场高速联系；航站楼联络线布置在现况岗山路东侧。

（三）路段横断面布置

专机专用线为专用道路，车道宽16m，机动车两上两下。

联络线布置在现况岗山路东侧，为专用道路标准，单幅路型式，路宽16m，见图2—45。

（四）机场高速立交型式

联络线线位在现况华谊桥附近与专机线、机场高速、机场辅路及机场内部多条地方路相交，在此设置一座三层分离式立交，见图2—46和图2—47。专机专用线、航站楼联络线及地方路各成体系。地方路在现况地面层、专机专用线在第二层、航站楼联络线在第三层。航站楼联络线在跨机场高速路处在现况华谊桥北侧另建新桥，在华谊桥北侧接入机场高速。

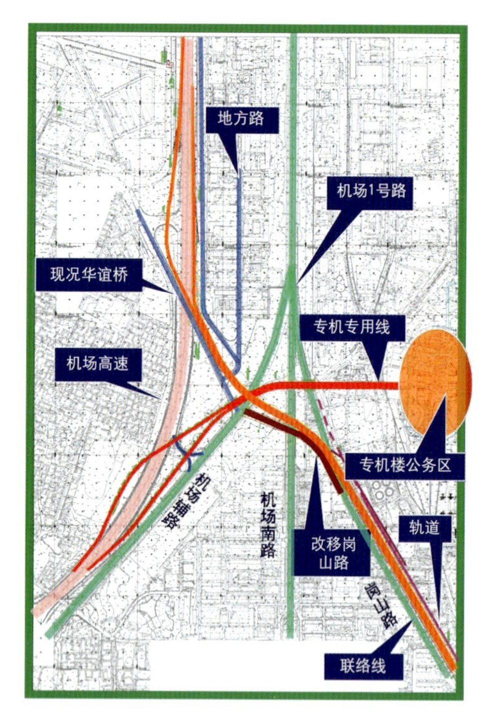

2-46 机场高速立交效果图

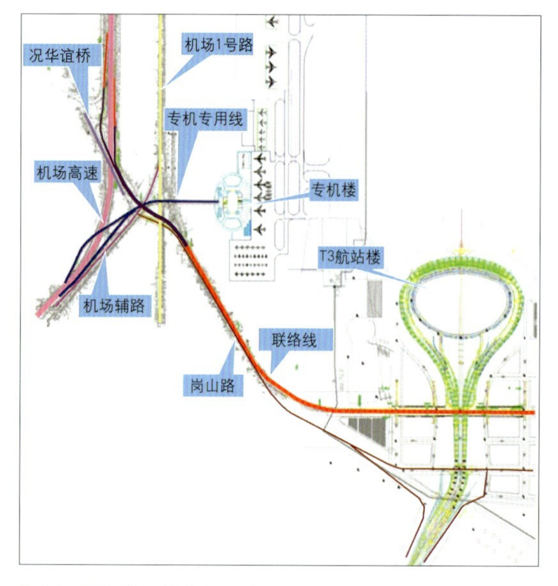

2-44 联络线工程位置示意图

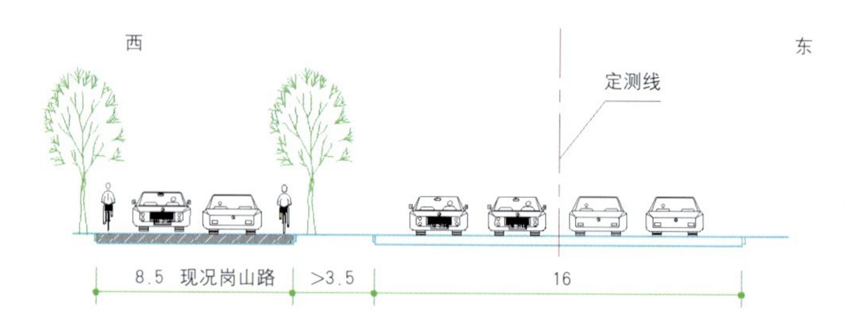

2-45 联络线横断面图

2-47 机场高速立交联络线横断面实景

第五节　奥运“三大理念”在工程中的应用

一、科学策划，精心设计

（一）统筹规划、分步实施，协同处理好机场扩建需求与城市总体规划的关系

首都机场扩建中，时值北京市总体规划的修编，在规划中不仅考虑了机场本期的建设用地，而且为机场远期的发展以及在机场周边临空产业的发展预留了充足的空间；同时对相关的配套设施进行了统筹规划，相继编制了机场总体规划、土地使用规划、总平面规划、场内外综合交通规划等报告，为指导工程的合理化建设提供了科学依据。

（二）科学预测、合理确定各工程设施指标和方案

依据首都机场的远期发展目标及航空客货运吞吐量的预测，合理确定道路交通规划的目标年；采用合理、科学的交通预测方法，确定道路交通量；道路网规划中结合首都机场的总体布局，合理布置客货运交通的进出通道、内外部道路网的衔接方式以及内部交通的连接通道；合理考虑交通设施的配置。该项目中的利用航空客货运吞吐量预测道路交通量的方法，是结合现况机场的交通调查及运行情况确定的，该方法的提出填补了国内该领域中的空白，为以后相关规范的编制打下了良好的基础。综合交通规划满足首都机场的远期发展目标，具有可实施性和前瞻性，目前机场内外部道路均按规划的道路进行实施。

（三）详实严谨地进行基础资料的调查工作

首都机场二通道和机场南线道路是奥运会的重要交通基础设施。工程穿越多个地貌单元，全线分布有软土分布区、砂土液化区等不良地质地段，地质条件十分复杂。北京市勘察设计研究院有限公司通过全线的勘察工作，查明了可液化土层、淤泥质软土层的分布范围、深度和土层工程性质，分析评价了不良地质作用、特殊性土层对道路、挡墙、管线、桥梁的影响，提出了配套的处理方案和关键的岩土技术参数，解决了设计、施工中的岩土工程问题。

（四）精心设计、合理布局，节约土地资源

首都机场外部配套的高等级道路中，线路基本上沿原有规划道路走向，为了节约土地资源、协调处理好过境交通与地方交通的关系，采用高架桥的方式，将两套道路系统布置在不同的层面上，既解决了不同的交通需求，也节约了土地资源。

（五）综合设计、方案最优，减少工程投资、降低成本

机场是空中与地面系统之间既独立又协调的运营体系，分为空侧和陆侧两大系统，涉及专业较多、接口繁杂。在设计中，综合各专业、各部位之间的衔接需求，寻求最优方案。如在楼前高架桥设计中，与桥下停车楼柱子共用；与航站楼人行桥衔接中，为人行桥提供支承条件等，见图2-48。这些细微的处理，减少工程投资、降低成本、提高了景观效果。

2-48　楼前高架桥与人行桥的衔接

二、节能减排，环境友好

（一）人行道使用透水结构，有效利用雨洪

在以往的城市建设中，我国的大多数城市都喜欢选择整齐漂亮的石板材或水泥等地面铺装，包括人行道、自行车道、郊区道路、露天停车场、庭院和街巷的地面以及公共广场等。这些铺装结构都是封水结构，存在阻水、热岛效应、环境和生态负效应等诸多不利因素。设计中，采取了新型透水的人行道结构，不仅有利于雨水渗透，而且有利于营造良好的城市环境。

（二）照明工程节能措施

1.绿色照明

道路照明系统光源采用高光效高压钠灯，照明灯具均选用绿色、节能、高效、长寿命、环保灯具。高光效高压钠灯

2-49 T3航站楼前照明布置

光效比普通高压钠灯提高20%，光源寿命延长30%。T3航站楼前照明布置，见图2-49。

2.节能措施

在照明供电系统中采用照明智能节能装置，其工作方式是：软起动开启路灯，然后稳压照明，后半夜降压照明。自动完成路灯的照明软启动－全压照明－降压照明－关灯过程，既达到节能的目的，也延长灯具的使用寿命，减少路灯的维护工作量，见图2-50。设置照明智能节能装置后可以节约电能30%左右， 同时由于软起及稳压功能，灯具的寿命也相应延长，维护工作量也相应减少。

3.智能监控

在箱式变电站中设置自动化管理系统，实现远程监控道路照明供电系统，可以实时监测并记录各出线回路的工作状态、电压、电流、电度、运行时间等参数，在监控管理中心，通过工业控制计算机就可以监测每座箱式变电站的供电情况，可以做到控制每座箱式变电站的照明总出线回路的开关。当有的路段后半夜车流量极少的时候，可以通过道路照明控制网络关掉相关路段箱式变电站内照明总出线回路的开关，达到节能的目的。

2-50 节能照明灯具

（三）雨水的收集利用

在T3航站区排水设计中，将通过雨水管道收集的雨水先接入雨水调节池中，进行调蓄，可用于绿化浇灌，也可以回渗地下水；在节约资源的同时也给T3航站楼前创造了良好的景观环境，并且降低了排水设施的投资，见图2—51。

三、以人为本，完善设施

（一）完善的人行和无障碍设施

在所有的道路系统设计中，考虑了完善的人行和无障碍设施。

（二）合理组织各种交通流线及停车设施

在T3航站楼的交通组织及停车设施中，针对T1、T2航站楼存在的问题，结合运营管理的需求，合理组织交通，并分交通类型、分不同停车方式设置停车场。

2-51 雨水调节池

（三）人性化的道路指路系统

交通标志是道路交通的语言，完善的指路系统可以有效地诱导交通，提高道路的通行能力。根据机场航站区交通设施繁杂、交通转化需求较多的特点，为了给道路使用者提供明确的指路信息，在标志的设置上采用多级、多层次的布设方式，体现了人性化设计，见图2—52。

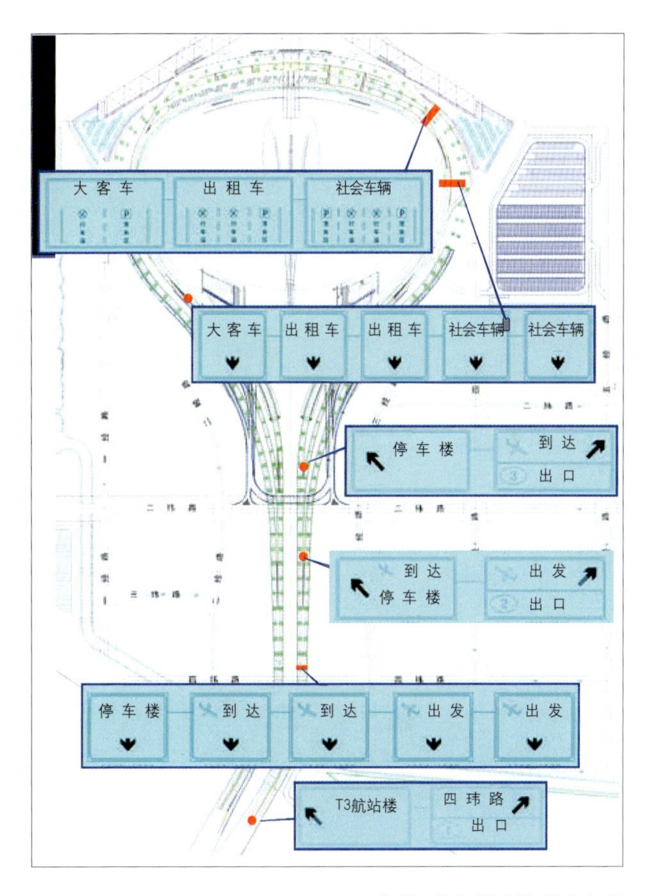

2-52 指路标志设置示意图

第三章 公共交通——快速公共汽车交通及枢纽场站

第一节 建设概况

北京市市政府在《关于优先发展公共交通的意见》中，确定优先发展公共交通的总体思路是"两定四优先"。"两定"即确定发展公共交通在城市可持续发展中的重要战略地位，确定公共交通的社会公益性定位；"四优先"即公共交通设施用地优先、投资安排优先、路权分配优先、财税扶持优先。

一、"十一五"发展目标

按照北京市委市政府确定的优先发展公共交通的总体思路，坚持双管齐下，地下加快轨道交通建设，地上对公交系统全面提级改造，提升运营效率和服务质量。

"十一五"期间，地面公共电汽车发展的主要任务是：

(1)全面推进IC卡，改革公交票制票价。

(2)增加运力，更新车辆，改善乘车条件。到2010年公共电汽车车辆总数达到19000～21000辆，其中空调车比例达到63%以上，新增和更新的车辆全部达到欧Ⅲ以上尾气排放标准。

(3)建设智能化区域调度及乘客信息服务系统。

(4)完善中心城线网结构，优化调整线路，扩大中心城边缘地区公交线网覆盖率，提高中心地区支线网密度；建设郊区新城公交线网，初步形成市中心区、边缘集团、郊区新城和中心镇三级公共电汽车运营网络。

(5)加速推进农村客运网络化建设，实现全部行政村通公共汽车。

(6)改善换乘条件，建设一批综合交通枢纽。

(7)加快大容量快速公交系统（BRT）建设，继南中轴BRT通车之后，继续完成安立路、阜石路和朝阳路的BRT建设，营运里程达到40km以上。公交优先车道总里程扩大到300km以上。

二、奥运公交基础设施建设

自2001年奥运会申办成功以来，市政府紧紧抓住奥运发展契机，突出"绿色、人文、科技"的奥运理念，大力推进奥运公交基础设施建设。

公交枢纽和快速公交建设是全市交通基础设施建设的重点。2001年以来，市政府在公交枢纽和快速公交规划、建设上加大人力和财力投入。在北京市委市政府的高度重视、市有关部门的大力支持和公交战线基建人员的不懈努力下，枢纽站和快速公交的规划、建设工作取得了重大进展和显著成效。建成了南中轴路快速公交和动物园公交枢纽，开工建设了东直门交通枢纽、西直门交通枢纽、西客站南广场公交枢纽，完成朝阳路、安立路快速公交立项工作，启动了阜石路、广渠路、白颐路和三环路快速公交的调研和方案设计工作，并对一亩园公交枢纽、四惠、宋家庄、菜户营枢纽项目做了大量的前期工作。

（一）南中轴路快速公交

南中轴路快速公交北起市中心区的前门，紧连地铁2号线，向南穿过二环、三环、四环、五环至大兴区的德茂庄，全长16km，设17处中途站，19座站台，总投资约2.38亿元（不含道路、桥梁及人行天桥），见图3-1和图3-2。单向运力每小时1.2万人次；日客运能力近期10万人次、中期15万人次、远期20万人次。

2004年12月25日一期工程（前门至木樨园段5公里）建成试运营，2005年12月30日全线贯通并正式运营。

南中轴路快速公交车辆全线采用欧Ⅲ排放柴油发动机，低地板，实现了水平蹬降，减少了蹬降时间，从而缩短了出行时间；车内设有残疾人专座和儿童专用座椅，体现了以人为本的理念。南中轴路快速公交采用有物理隔离的专用道

3-1 南中轴路快速公交专用车道

3-2 南中轴路快速公交站台售检票亭

路，部分平交路口配备了交通信号优先系统，采用车下售检票方式和智能化调度系统，保证了快速公交的准点率，展现了新公交先进、周到的服务和公交优先的特点。为配合南中轴路快速公交开通运营，公交集团调整、撤销了与其并行的普通公交线路14条，在该路段撤减公交运营车辆260部，节约了能源，减少了排放，缓解了道路交通拥堵，充分体现了北京奥运会“绿色奥运、科技奥运、人文奥运”的理念。

（二）朝阳路、安立路快速公交

随着城市交通效率不断下降和能源消耗日益增加，要实现城市的可持续发展，必须大力发展公共交通。南中轴路快速公交实施后，快速公交系统作为投资少、见效快的公共交通方式，逐渐被北京市民和各级政府所认可。在北京市委市政府和有关部门的支持和配合下，经过近三年的现场调研、可行性分析和方案论证，确定了在2008年奥运会前再建成朝阳路、安立路2条快速公交系统的目标，见图3–3。

朝阳路快速公交西起朝阳区东大桥，东至朝阳区杨闸环岛，全长约16km。安立路快速公交南起东城区安定门，北至昌平区平西王府，全长约21km。朝阳路、安立路快速公交分别作为市区东部和北部的公共交通客运走廊，可服务于道路两侧居住、办公、商业的集散交通；优化道路沿线的出行结构，提高公交出行比例，改善道路交通环境；可加快实现快速公交线网规划，形成快速公交骨架；吸引潜在客源，减少机动车上路，节约能源。

（三）动物园公交枢纽

动物园公交枢纽位于西直门外大街南侧，京鼎大厦西侧，占地1.4hm²，建筑面积10万m²，建设内容包括地下公交

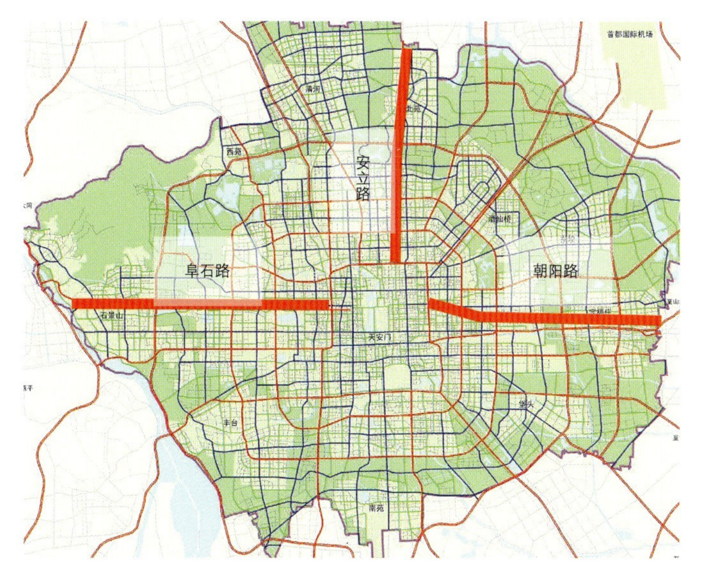

3-3 正在实施的朝阳路、安立路快速公交和规划中的阜石路快速公交

3-4 动物园交通枢纽

3-5 动物园交通枢纽智能调度

换乘大厅、疏导通道、人防、社会停车场和地上公交车辆到发站台、车队管理用房、智能化运营指挥系统、抢修中心、公交派出所，总投资约8亿元，可解决12～15条公交线路的到发功能，见图3–4和图3–5。该项目于2001年12月开工建设，2004年7月建成投入使用。

动物园公交枢纽首次实现了对多条公交运营线路的实时监控和智能调度，提升了公交调度管理水平，提高了运营管理效率，为进一步实现较大范围内的公交智能调度提供了数据支持。

（四）西客站南广场公交枢纽

西客站南广场公交枢纽位于北京西客站南广场东侧，大方饭店西侧，占地1.02hm²，建筑面积3060m²，建设内容包括

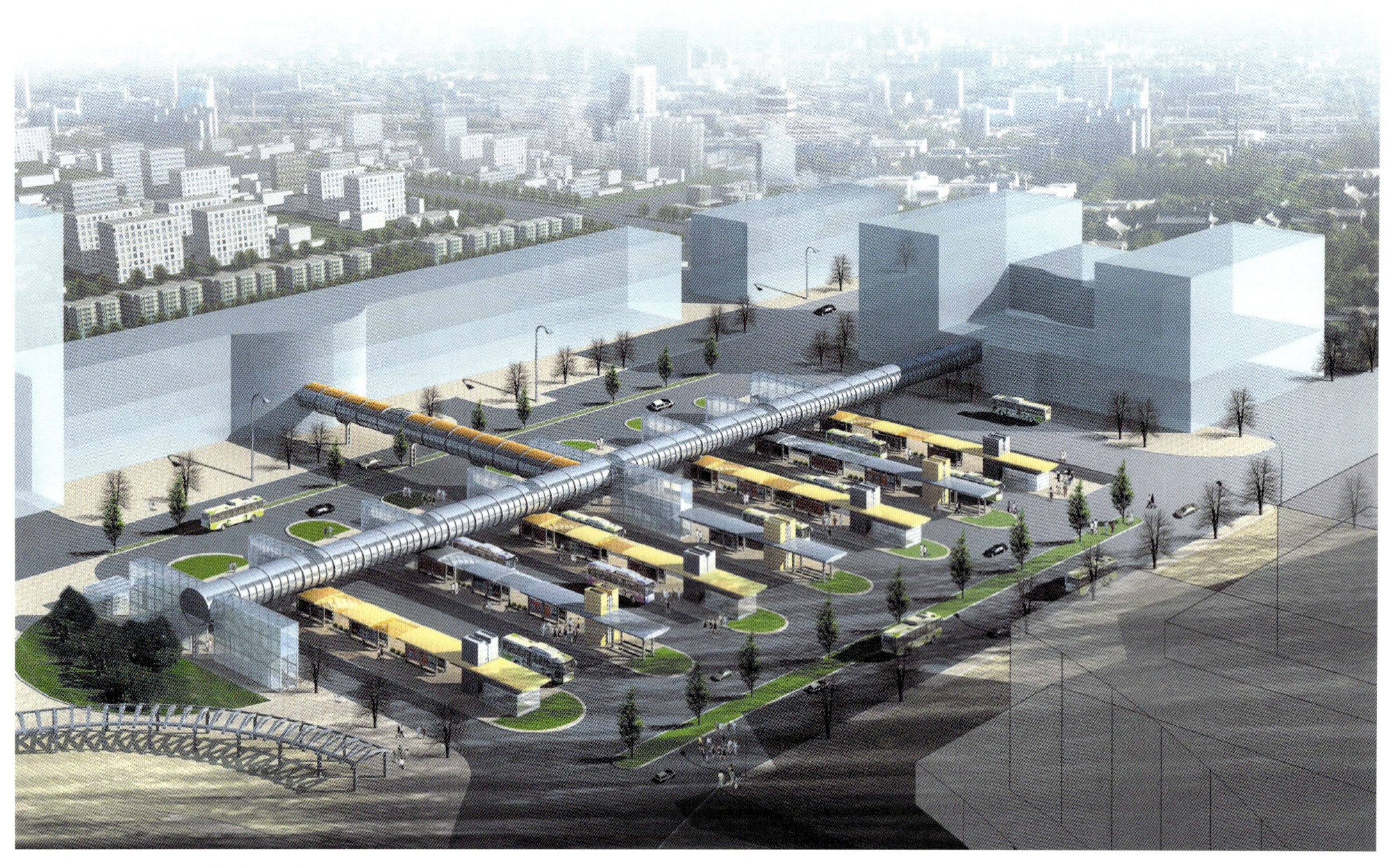

3-6 西客站南广场交通枢纽效果图

调度业务用房、乘客换乘站台、停车场及配套设施等，总投资约1亿元，可解决12条公交线路的到发功能见图3-6。该项目于2006年12月开工建设，计划2008年6月建成投入使用。

南广场公交枢纽建成后可快速高效地集散西客站旅客客流，为西客站进出站旅客提供更好的公交换乘服务设施，节约换乘时间；与北广场形成地区性运营调度管理体系，改善北广场的交通状况，大大提高莲花池东路的通行能力；改善乘客换乘环境，改变南广场零散杂乱的现状，创造优美的整体环境；提高公交车辆和相关设施设备的管理水平和落后的公交调度管理方式，为公交车辆安全运营提供可靠的保障；为2008年奥运会期间提供优良的公交运输服务创造条件。

（五）一亩园、四惠、宋家庄、菜户营枢纽

2001年以来，公交集团公司克服重重困难，对一亩园、四惠、宋家庄和菜户营等枢纽站项目开展了大量的前期工作，见图3-7至图3-9；公交集团公司先后完成一亩园、宋家庄的规划方案批复及相关手续和四惠公交枢纽的规划设计条件批复，完成一亩园立项、规划、用地及一期拆迁等工作。为枢纽的后期建设打下了良好基础。

（六）地面公交换乘场站建设

依据“十一五”的基本建设规划，全面优化公交线网，提升公交服务水平，重点是完善换乘设施，缩短换乘距离，改善换乘条件。其中公交换乘站改造建设的原则是：开放公交场站、停车到发分离、方便乘客换乘、健全服务体系、解决扰民问题、改善场站环境。

换乘站改造建设的主要内容包括：(1)交通组织设计，主要是场站内部交通组织设计和场站外部交通组织设计。(2)新建站台，并配有站棚、护栏、座椅、盲道等附属设施。(3)新建导向标识，主要包括服务乘客的分级导向标识和指示车辆的交通标识。(4)新建乘客服务设施，主要包括公共厕所，公交IC卡充值点等，新建为乘客服务的人行步道，实现与社会步

3-7 四惠公交枢纽鸟瞰图

3-8 宋家庄交通枢纽效果图

3-9 一亩园交通枢纽效果图

道、站台的链接。(5)新建为乘客服务的电子信息服务，视频监控系统。(6)新建为乘客服务的场站照明系统。(7)新建调度室和职工休息室。(8)调整场站功能，进行环境整治。

2008年重点工作是继完成木樨园、安定门、北官厅、积水潭等30处换乘站改造建设后，加快338路丰北等10处换乘站的改造建设。

为方便小汽车与地面公交、地铁换乘，沿中心城周边轨道和大容量快速公交场站规划了26处驻车换乘场站，吸引小汽车换乘公共交通，减少小汽车长距离出行，缓解中心城内的交通压力。目前已建成天通苑北、北苑等2处，随后将与轨道线和大容量快速公交线路的建设同期修建驻车换乘场站。

第二节 东直门交通枢纽

一、项目建设背景

东直门交通枢纽地处北京市东直门立交桥东北角，东起东察慈小区西侧路，西至二环路东辅路，南起东直门外大街北侧，是北京市城市客运系统的重要组成部分，是全市一级综合交通客运枢纽，见图3-10。作为2008年奥运会配套工程、北京市重点基础工程，是奥运会前需投入使用的交通枢纽之一。

东直门交通枢纽是一个以交通为主导的多功能综合项目，集交通枢纽、公寓、零售及酒店功能于一体，是市区东北部重要的门户，是市区与空港之间快速客运走廊的端点，也是市区与东北郊（望京、顺义、怀柔、密云、平谷）公路客运的起讫点，同时还担负着京津冀地区公路长途客运发送任务。

该枢纽是集地铁2号线、13号线、机场快速轨道线及地面公交换乘为一体的综合大型客运枢纽站，见图3-11。

东直门交通枢纽的实施，是适应北京城市交通发展的需要，是完成《北京城市总体规划（2004～2020年）》提出综合交通系统发展目标与战略任务的需要；有利于提升北京市城市总体形象，建设现代国际城市，保证城市建设可持续发展，它能完善北京市现代化综合交通体系，优化城市空间结构调整和功能布局，促进区域交通协调发展。随着东直门交通枢纽建设，完善区域基础路网、改善区域交通环境，使周边居民及单位出行更加便捷，对外联系更加紧密，增强了城市的服务功能，促进区域国民经济发展和社会事业的

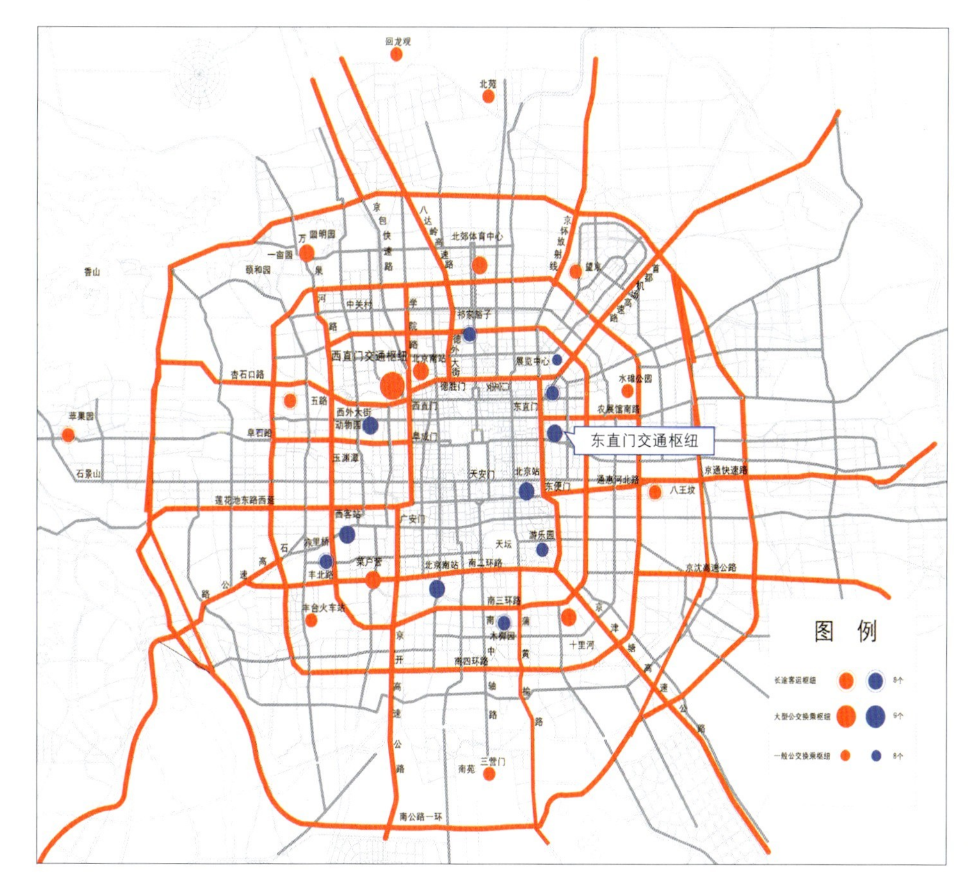

3-10 东直门交通枢纽位置示意图

3-11 东直门交通枢纽交通方式汇集示意图

全面进步。

二、设计理念

(1)体现“以人为本，人车分流，换乘便捷、进出有序、便于管理”的设计理念；

(2)建筑功能布局满足枢纽内部各种交通方式的使用功能要求；

(3)各种交通方式之间换乘关系明确、流线清晰，出入口通行能力及服务水平满足使用要求；

(4)注重内部与外部交通衔接，减少相互干扰；

(5)以枢纽建设为契机，同步改造相关道路，使枢纽区域形成均衡、匹配，功能合理的路网系统。

三、枢纽规划

东直门交通枢纽规划总占地15.44hm^2，其中建筑用地10.06hm^2，代征城市公共用地为5.38hm^2，分为南北两个区域。总建筑面积59.08万m^2，南区为交通枢纽及公建建设用地5.1hm^2，其中交通枢纽建筑面积7.8万m^2，航空服务楼位于东华广场西南角。北区为商务区建设用地4.7hm^2，见图3—12。

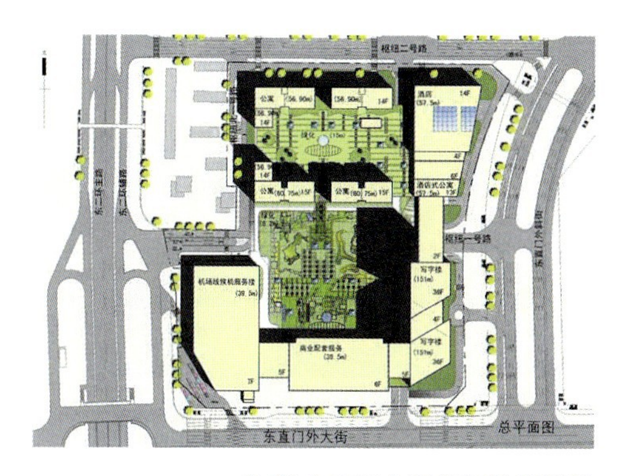

3-12 东直门交通枢纽总平面图

根据《东直门综合交通枢纽规划设计条件》，枢纽规划客运总量75.6万人/d，经东直门枢纽至东北地区、城区客运量，见图3-13和图3-14。

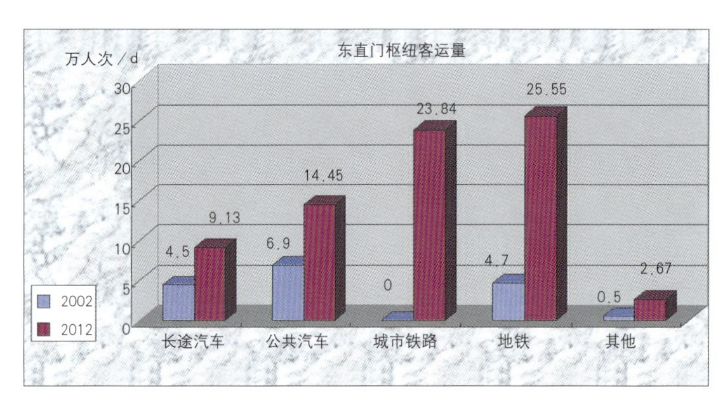

3-13 东直门枢纽规划客运量（单位：万人次/d）

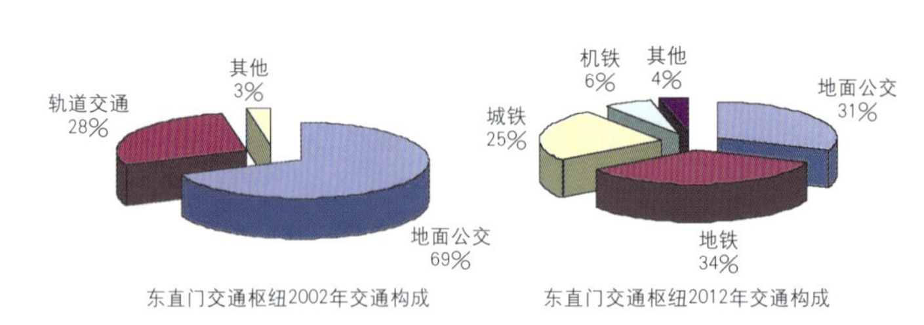

3-14 东直门枢纽交通构成示意图

四、枢纽外部交通组织

（一）枢纽周边交通状况

枢纽周边现况道路修建年代较早，道路网络不健全，宽度窄，路况差，通行能力低，路网处于饱和状态。机动车、非机动车、行人混杂，交通秩序十分混乱，该地区公交场站布局散乱，严重制约着居民的出行和城市交通内、外的衔接，随着东直门交通枢纽的建设，区域交通需求大幅度增加，原有的交通设施等级更无法满足枢纽交通出行的需求。

枢纽地区规划路网密度为6.34km/km²，已实施部分为5.12 km/km²，完成率为80.75%。快速路尚缺22%，主干路尚缺18%。

（二）枢纽外部交通组织及路网改造方案

要组织好枢纽外部交通，首先要建立和完善快速路系统处理好过境交通疏导问题，其次是明确道路服务对象，发挥枢纽周边路网系统的整体功能，解决好枢纽交通、社会交通、公共交通问题；再次是辅以交通管理措施，充分利用和组织好道路资源，见图3-15。

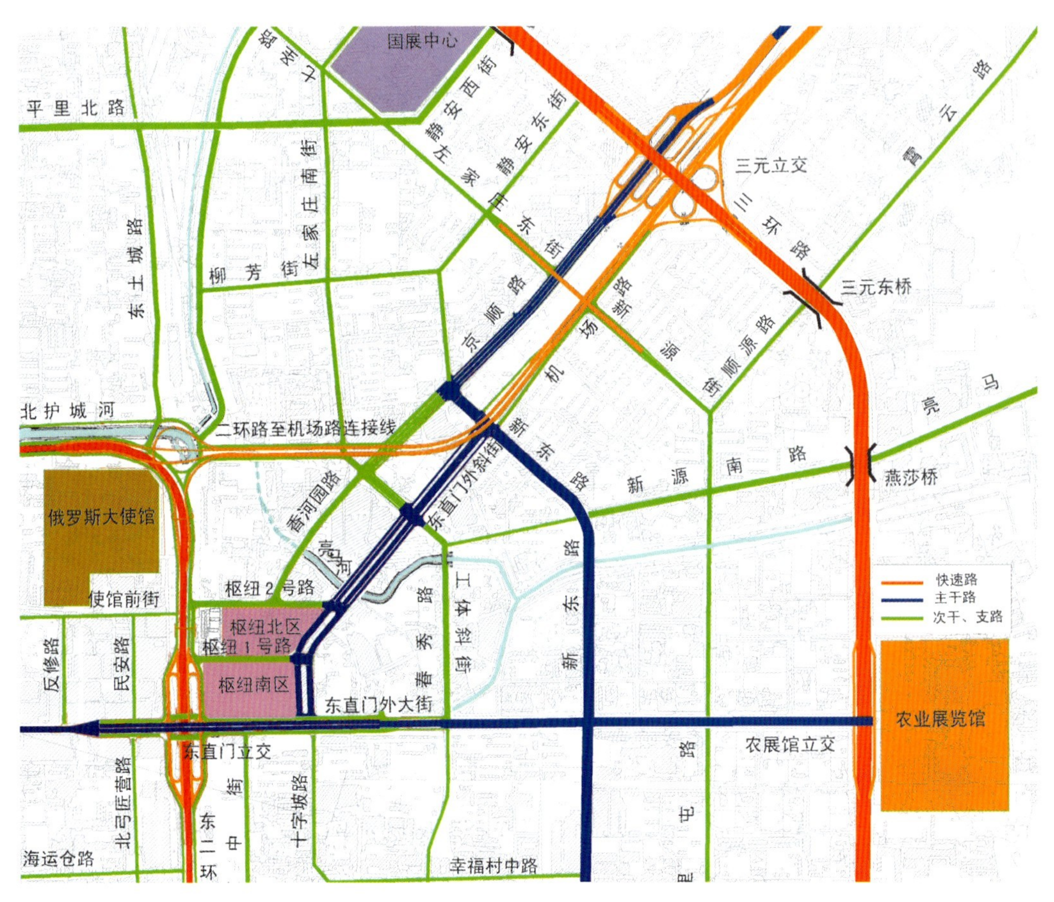

3-15 枢纽周边路网改造方案

（1）打通二环路至机场路连接线

以“快出慢进”交通组织模式为主导思想，形成了二环路至机场路连接线两进三出的车道布局；将二环路至新东路范围主线高架，保证周边区域交通的正常出行；在新东路路口东侧设置半菱形立交便捷出城交通；在新东路西侧预留了由二环至京顺路出城及至地方路网的匝道，京顺路与联络线在三环内不设置往二环方向的连接匝道减缓进京车辆对二环的交通压力；考虑沿线区域及京顺路交通与二环的连接，在高架桥下设置了二环辅路与区域次干路系统连接的辅路系统。

二环路至机场路连接线实施后，确实担负起二环路至机场路的快速联络通道功能，极大地减少过境交通对东直门立交及周边路网的交通压力。

（2）完成与枢纽交通集散相关的主干路规划

东直门外大街、东直门外斜街与东直门立交，是东直门枢纽对外衔接的直接通道，须尽快实施以保证枢纽交通的顺利进出。

（3）完成枢纽周边相关的次干路、支路规划

改建与枢纽交通出行直接相关的香河园路、工体斜街、枢纽1号路、枢纽2号路等次干路、支路。

（4）加强交通管理，提高路网效率

路网实施后，应及时对路网的组织和管理进行监测，结合实际交通流量流向情况进行动态管理，实现资源的效益最大化。

五、枢纽内部交通组织

（一）交通枢纽平面布局

用地中央规划枢纽二号路将用地分为南北两个区：南区以交通枢纽和写字楼为主；北区以公寓式办公和酒店为主。

地上区域由以下几个功能区组成：航空服务楼与首层交通集散大厅、南区沿街商业楼、写字楼、地面公交场站、北区商业及公寓楼、酒店及酒店商业。东直门交通枢纽，见图3-16。

3-16 东直门交通枢纽效果图

东直门交通枢纽地下共两层，地下空间将上述各功能部分连成一个整体。地下楼层由以下几个功能区组成：地下一层为交通集散大厅（位于航空服务楼的地下一层）；地下商业区，位于南区商业楼、北区商业楼与地面公交场站的地下一层；酒店服务区，位于酒店位置的地下一层；设备用房区，位于双塔写字楼的地下一层；地下停车区，主要位于本工程各区域的地下二层空间。

（二）交通枢纽交通组织

枢纽内部交通组织设计主要解决包含地面公交车辆、社会车辆、出租车、自行车、人流交通的出行问题。

(1)公交车辆

枢纽用地布局在整个用地的南侧，根据周边道路的衔接条件，围绕枢纽场站布设了东、南、西三处公交出入口，见图3-17。西侧出入口位于东直门立交内，作为公交车辆检修调度及安全的备用出口。远郊公交布设于场站的北部，北邻枢纽1号路，近郊及市内公交布设于场站的中南部，南邻东直门外大街。

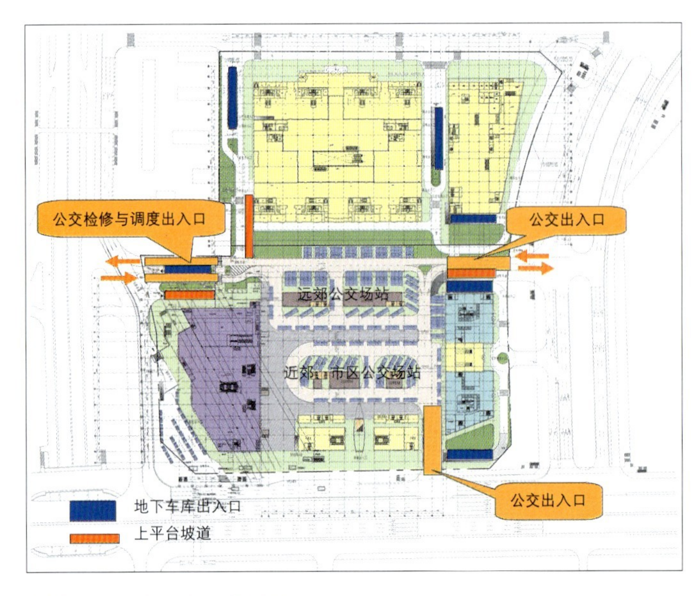

3-17 枢纽公交出入口布置图

a.远郊公交

远郊公交车出行方向为枢纽的东北部，其进出枢纽依靠东外斜街进出枢纽，即利用枢纽东侧出入口；

b.近郊公交

近郊公交进枢纽利用东直门外大街（即南侧出入口），出枢纽利用东外斜街（即东侧出入口）。

c.市内公交

市内公交车辆利用东直门外大街进出，北来的公交车辆经东直门外斜街，在东直门外大街路口右转进入公交场站；西来公交车辆经东直门外大街，在东直门外斜街路口左转，北行至枢纽1号路口掉头，经南侧出入口进入枢纽；市内公交利用东直门外大街右转离开枢纽。

枢纽公交车辆交通流线，见图3-18。

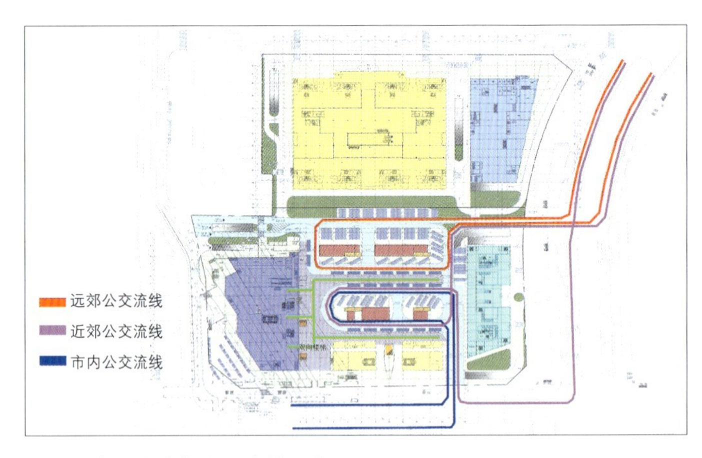

3-18 枢纽公交车辆交通流线示意图

(2)社会车辆

枢纽交通机动车出入流线，见图3-19。

社会车辆进出枢纽均利用枢纽地下停车库系统，枢纽配套设置的地下停车库，主要布置在枢纽地下二层，总面积81903m^2。

(3)自行车

现况在东二环东侧、东直门外大街北侧，停靠大量自行车辆，东直门枢纽实施后，设置专用自行车停放区，可缓解枢纽周边自行车停放的混乱状况。

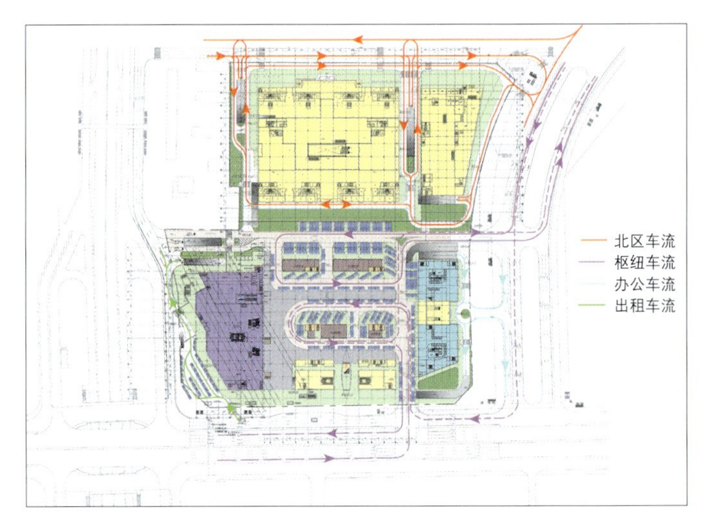

3-19 枢纽交通机动车出入流线示意图

(4)行人

东直门枢纽交通系统行人导向标识设计突出“以人为本”，体现枢纽内部公共汽车、轨道交通等交通方式换乘的安全性、连续性、便捷性、舒适性，保证各交通方式交通之间的衔接协调，见图3-20～图3-22。

枢纽内部各种交通方式换乘，详见第四章。

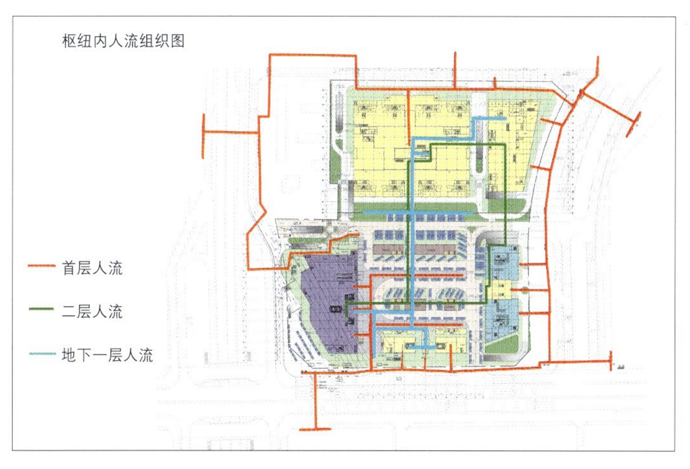

3-20 枢纽内人流组织图

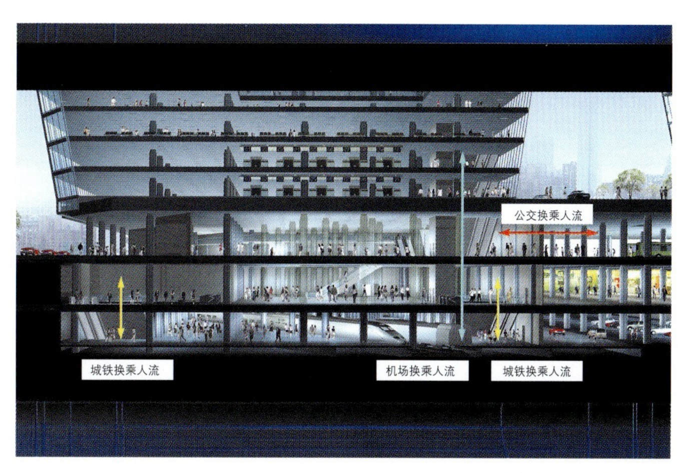

3-21 枢纽内人流换乘图(一)

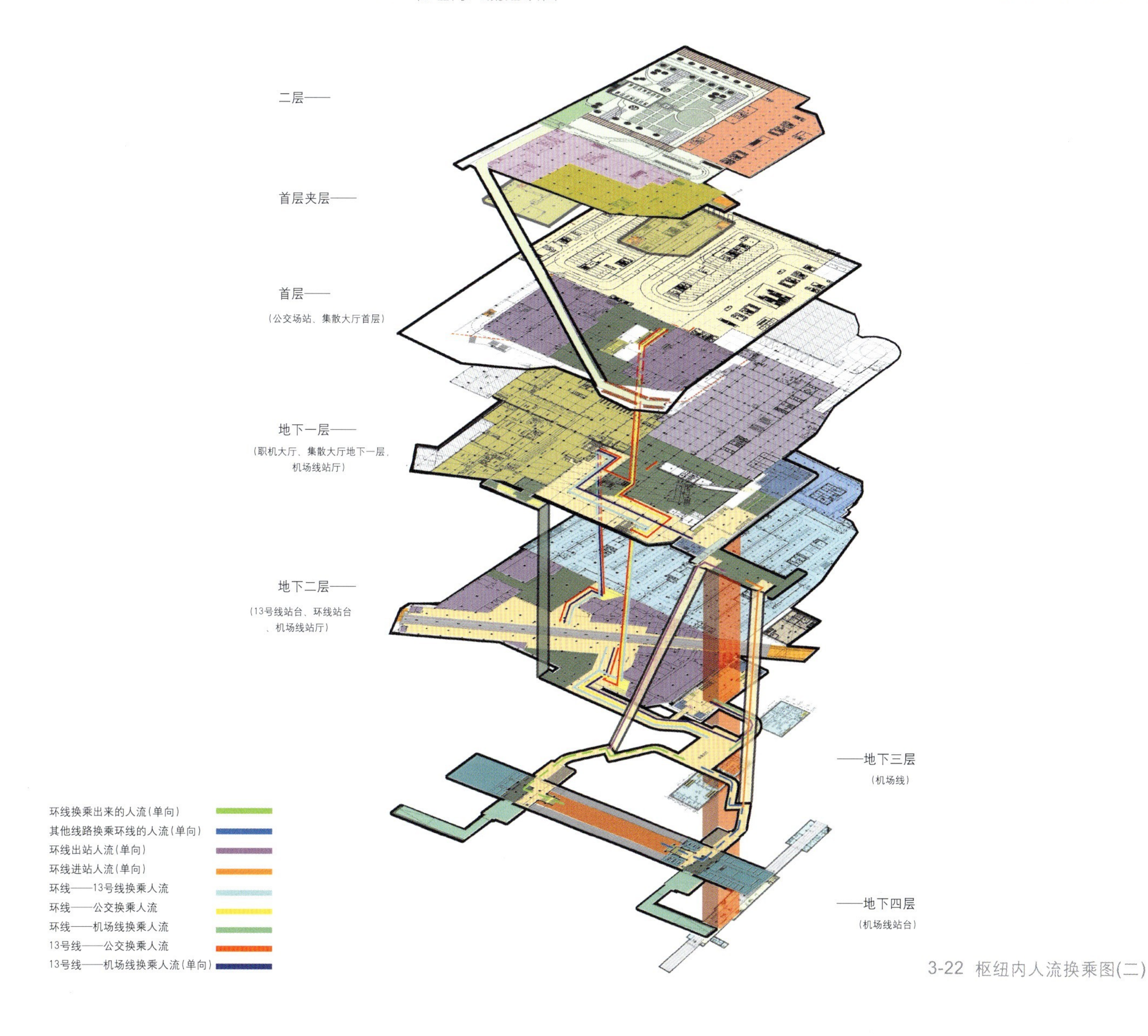

3-22 枢纽内人流换乘图(二)

第三节　四惠交通枢纽

一、项目建设背景

四惠交通枢纽的建设用地位于北京市东四环路与京通快速路相交的四惠立交桥的东南侧。规划用地西起东四环四惠立交桥、东至化工东侧路、南邻通惠河、北接京通快速路，面积约为10.4hm²；其中枢纽用地位于西部，面积约为7hm²；东部为预留用地，面积约为3.4hm²。现况用地包含两个公交总站及一个长途客运站，见图3-23和图3-24。

四惠交通枢纽用地北侧为京通快速路主路，辅路有过境公交线路。与枢纽隔京通快速路相望的是东西走向地铁1号线与八通线换乘的四惠站，以及现状地铁车辆段，车辆段北侧为总建筑面积60万m²的通惠家园居住小区。化工东侧路以东、通惠河以北至枢纽用地规划为城市绿化带，通惠河以南规划为铁路用地。

四惠交通枢纽项目集地面公交、轨道交通、长途汽车、出租车等多种运输方式于一体，是北京城市客运交通系统的重要组成部分，见图3-25。它的建设将对加强城市中心地区与东部地区、通州的交通联系，整合该地区长途汽车站资源起着极为重要的作用。

四惠交通枢纽预计2010年全日客运量将达到36.81万人次，高峰小时客运量将达到5.06万人次。各种交通方式的换乘集散比例分别为公交65.17%、地铁17.45%、自行车6.75%、步行4.39%、长途4.35%、出租1.46%、小汽车0.43%，见图3-26。主要的换乘量在公交、地铁和自行车三者之间完成，约占总换乘量的63%。其中公交线路之间约为总换乘量的45%；公交线路与地铁之间约为总换乘量的11%；公交线路与自行车之间约为总换乘量的4.4%；地铁与自行车之间约为总换乘量的2.4%。

规划安排公交线路共15条，其中西向主路8条、西向辅路2条、东向辅路4条、预留CBD方向1条。夜间驻车276辆。除此之外，四惠交通枢纽还将承担北京发往东部方向的长途客运任务，共有线路74条，日客运量目前7679人次，预计2010年将达到16000人次，其中发送量将达到8046人次/d，要求发车位8～10个、到车位4～5个，夜间驻车60辆。长途各向日发送量，见图3-27。

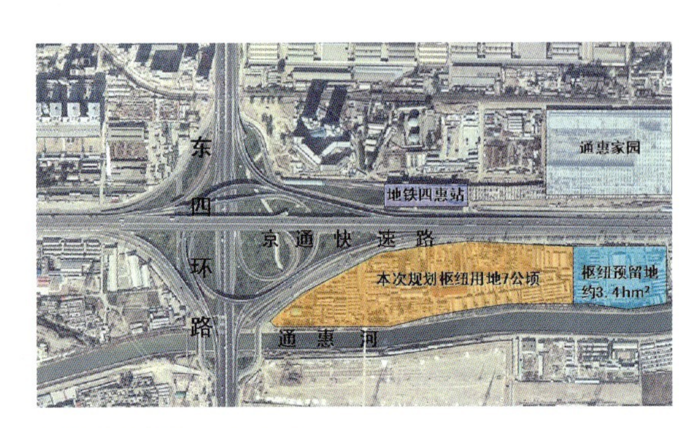

3-23 枢纽用地规划分析

3-24 枢纽用地现状

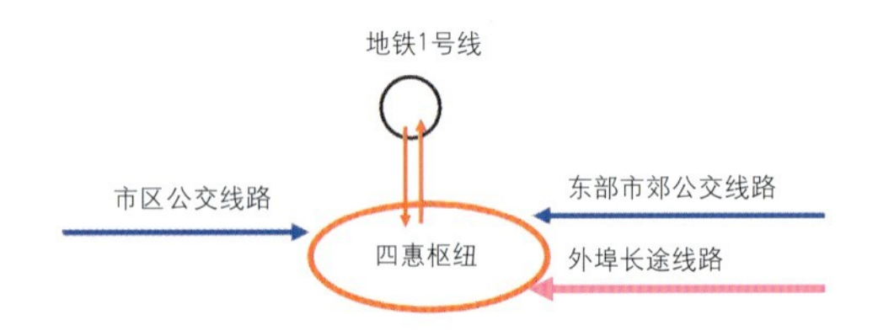

3-25 四惠交通枢纽集多种运输方式于一体

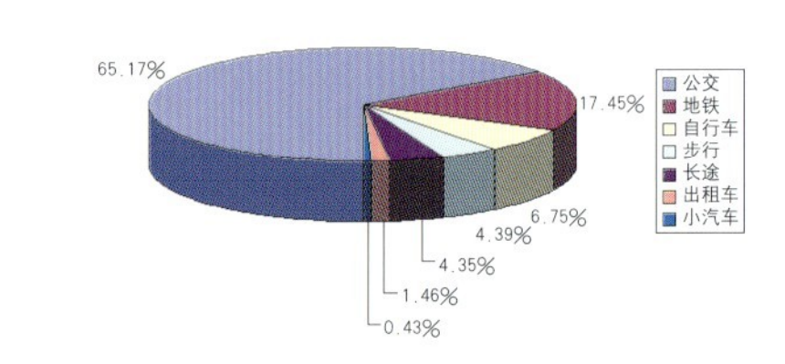

3-26 各种交通方式的换乘集散比例

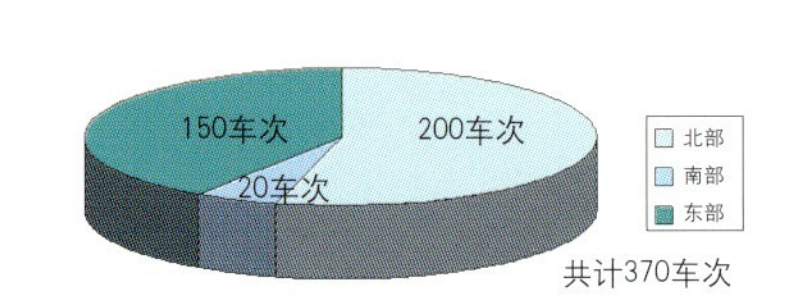

3-27 长途各向日发送量

二、设计理念

四惠交通枢纽在规划设计中秉承快捷换乘、视线直达、环境舒适这三个重要理念。

1.快捷换乘

方便乘客、快捷换乘是交通建筑设计的根本。四惠公交枢纽的建筑平面设计力求减小乘客的换乘距离，达到"零换乘"。当然，所谓"零"是个概数，指快速，短距离的到达。换乘距离与枢纽的布局方式息息相关，主要有两种形式：立体换乘和平面换乘。

在四惠交通枢纽的设计中通过对不同交通方式换乘集散量的分析，合理布置各功能要素，采用分清主次，平面、立体换乘相结合的手法，保证主要换乘流线便捷、次要换乘流线合理，以缩短乘客换乘距离，合理设置换乘空间，为驻车场和绿化保留用地。依据客运量预测分析进行内部交通组织，四惠公交枢纽各交通方式的换乘集散量由高到低依次为公交、地铁、自行车、步行、长途、出租车和小汽车。而且四惠交通枢纽的地理位置使其成为一个连接城市中心区和外部新兴区的重要节点，具有大量客流早高峰时由东向西进城、晚高峰时由西向东出城的潮汐特点。设计依据客流高、平峰及客流换乘方向，灵活组织到发车站台，整体布局为首层集中到发、首层及二层结合换乘，以保证最高换乘量、最集中换乘方向的客流平面快捷换乘，其他方向换乘客流保持垂直换乘。分区设置有利于将过于集中的乘客自然分流，平衡换乘空间。

2.视线直达

四惠交通枢纽在标志标牌设计中尽力做到标识清晰、明确，以减少乘客因问讯不清或判断错误导致走错路的可能。首先，乘客到站时，除部分在首层解决换乘问题外，相当一部分人流经由集中的自动扶梯运送到二层换乘大厅，自动扶梯设置在到站区域中央，中央是一个共享空间，在首层就可以看到二层的换乘人流。集中人流到达二层后，寻找自己要换乘的流线，设计保证每个站台的扶梯口在视线40m范围内，这也是正常人的最远视线距离。而通透的站台使人们在二层大厅就可以看到自己要换乘的站台和等待发站的车辆。这种以直接目击为主，标牌设置为辅的方式真正体现了以人为本的理念。

3. 环境舒适

注重细节设计，为乘客创造了舒适的换乘环境，是交通枢纽建设的现代理念。无障碍设计体现了对弱势群体的关怀，自动扶梯的设置减轻了乘客垂直交通所产生的疲劳，适中的卫生间设置位置可方便乘客的不时之需，受控的换乘空间避免了恶劣天气对乘客交通行为的影响，通透开敞并与通惠河景观相呼应的换乘大厅使乘客心情轻松和愉悦。

三、枢纽交通组织方案

（一）四惠交通枢纽外部路网改造方案

通过四惠交通枢纽交通需求分析发现，目前枢纽周边道路的运载能力已经饱和，因此设计考虑枢纽建设需结合周边路网改造，以满足四惠交通枢纽的使用需要。

通过对枢纽建设用地的分析，发现该用地较为狭长，目前车流、人流进出较为混乱，未充分考虑各种运输方式换乘的有机结合。因此如何结合外部路网改造在此狭长的用地内解决公交、长途到发、维修驻车及人流进出、换乘，成为四惠交通枢纽需首先解决的问题。

为满足枢纽使用需要，我们结合规划提出了对外部路网改造的措施：

(1)新建仓储西路北延工程，近期与京通南辅路连接（跨通惠河新建2座跨河桥）。

(2)京通快速路南侧主路开辟一出口，同时京通南辅路局部拓宽成三车道。

(3)新建通惠河北侧路（双向两车道），并新建进京方向公交专用匝道，对京通快速北辅路进行局部调线、拓宽。

(4)为方便枢纽内部交通组织，在枢纽用地与规划预留用地地块之间新建南北联系通道（双向两车道）。

(5)为方便公共交通和地铁站之间行人通行，减少行人和车辆的相互干扰，在公交枢纽和地铁站之间新建人行天桥一座。

通过采取以上措施，基本上可满足枢纽车辆进出及正常运营需要。新改建道路及交通组织方案，见图3-28。

（二）枢纽总平面布局及内部交通组织

四惠交通枢纽具有客流集中，车流复杂，用地狭长的特点，合理有序的布局有助于解决换乘、疏散、驻车等问题，不仅能使来往乘客方便快捷地达到换乘的目的，还对缓解场

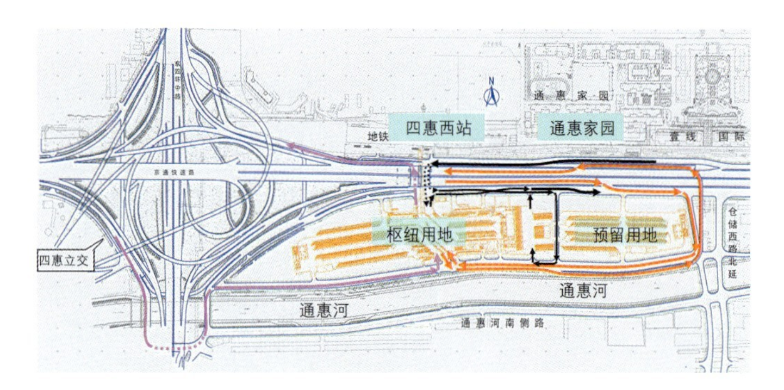

3-28 新改建道路及交通组织方案

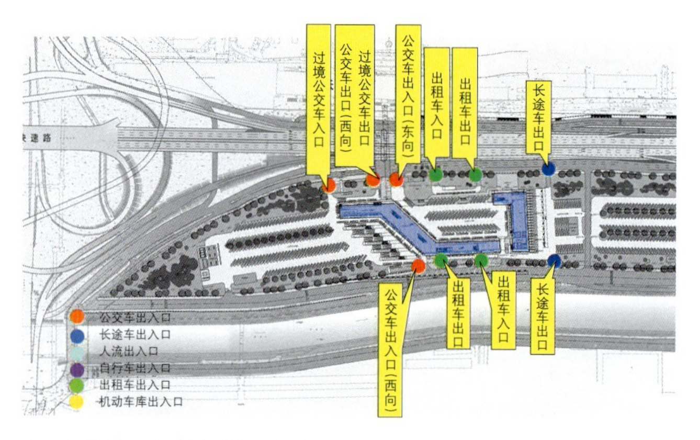

3-30 枢纽出入口布置图（一）

地内外交通压力有着重要的意义。

设计将建筑主体置于建设用地中部，主体西侧及主体围合的中部为公交驻车场，东部为长途到发及驻车区，相对独立，见图3-29。

枢纽出入口布置，见图3-30和图3-31。交通组织设计是交通建筑设计中一个非常重要的部分，四惠枢纽交通设计为公交车辆、长途车辆、人流、自行车、出租车、小汽车分别设置出入口，并合理有效的组织车流，尽量避免了人车混行以及各向车流的交叉；其中公交的车流进出流向最为复杂，分为三组。西向辅路上的2条线路经南侧中部出入口进入、由北侧与京通快速路现状南北车行通道对应的中部出入口驶出；西向主路上的8条线路经新建仓储西路北延工程引到通惠河北侧路，由南侧中部出入口进出；东向辅路上的4条线路经由北侧中部出入口进出，见图3-32。

长途车辆经南侧东部出入口进入、由北侧东部出口驶出，见图3-33。

出租车在用地中部北侧结合长途发车区及公交二层换乘大厅、南侧结合长途到车区及公交首层换乘大厅各设置了10个等候车位，并设置出入口。

行人进出结合公交首层换乘大厅和长途到发区在北侧设置两个、南侧设置一个出入口，并设置站前广场。枢纽北侧设置天桥与地铁四惠站的二层站厅连通。枢纽的客流可通过新建的人行天桥与地铁四惠车站进行沟通、换乘。

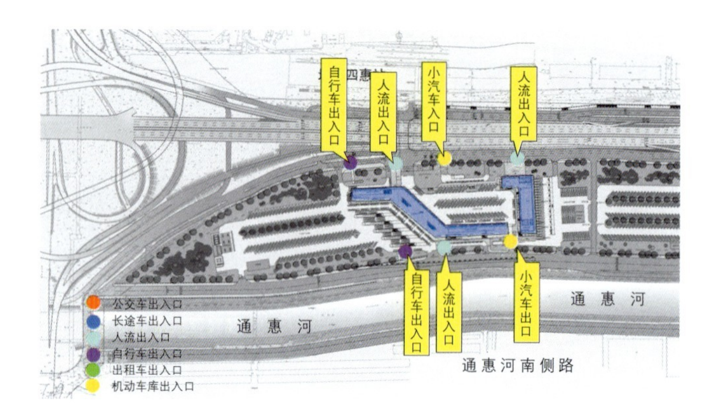

3-31 枢纽出入口布置图（二）

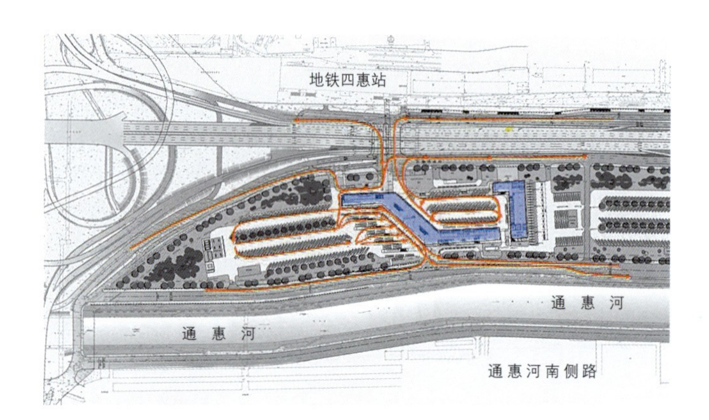

3-32 公交车辆流线图

3-29 枢纽总平面图

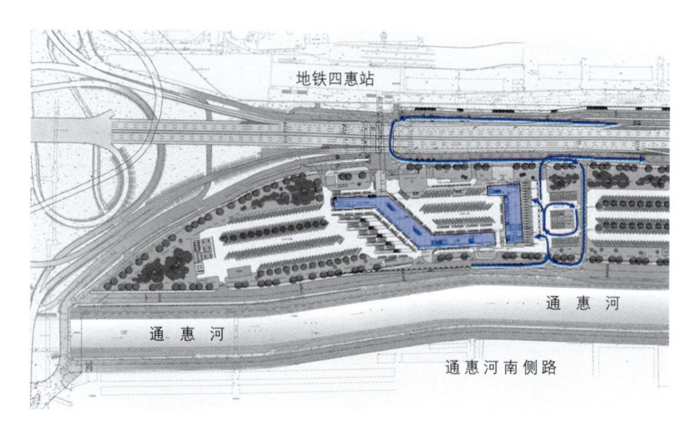

3-33 长途车辆流线图

四、枢纽建筑方案

（一）枢纽建筑平面布局

四惠枢纽首层西部和中部设置为公交的到发车区及换乘大厅，东部为长途候车厅、到发车区及调度站务用房，见图3-34。

枢纽二层西部为连接各公交发车岛的换乘大厅，换乘大厅可方便地与地铁和长途区连接；西北部为公安管理用房；东北部为长途办公区；南部安排了既与客运大厅联系便利、又相对独立的公交办公区，见图3-35。

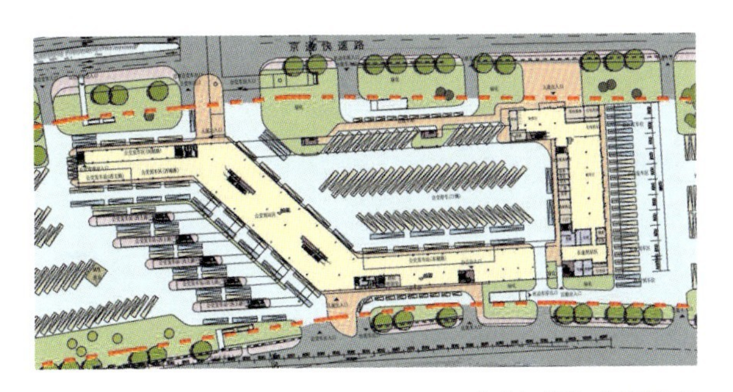

3-34 枢纽首层平面

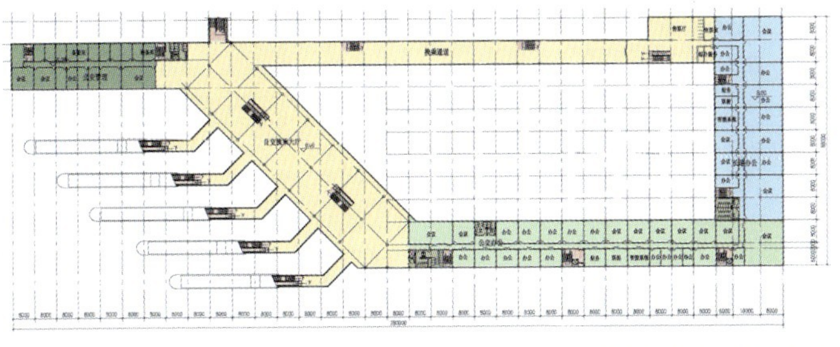

3-35 枢纽二层平面

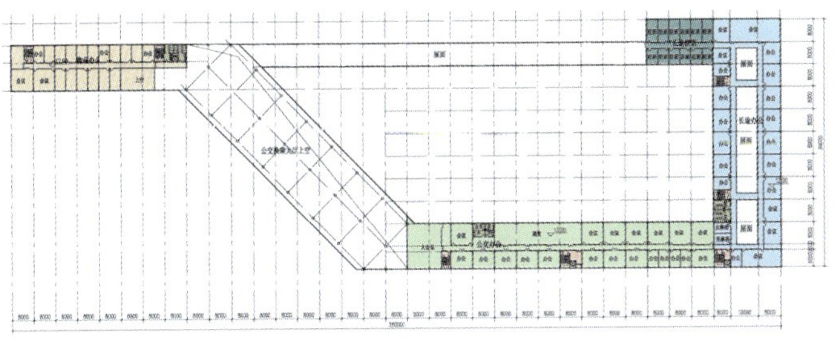

3-36 枢纽三层平面

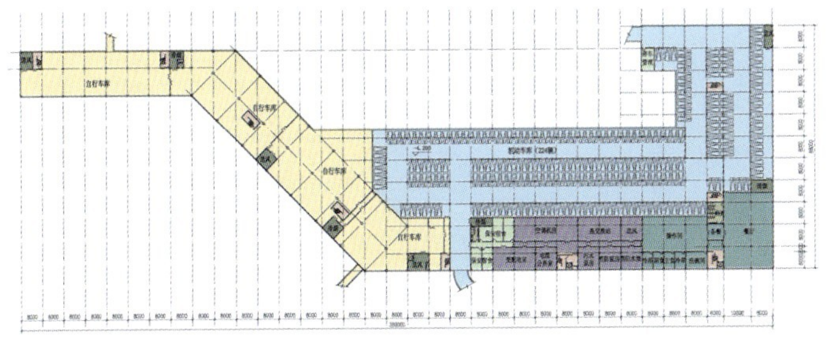

3-37 枢纽地下层平面

设于枢纽东南部的三层为公交办公区、长途办公区及物业管理用房，采用水平分区的方式方便使用，见图3-36。

枢纽地下层的西部为自行车库，可方便的与首层换乘大厅连接；东北部为机动车库，见图3-37。

（二）动感流畅的建筑形态

四惠交通枢纽建筑造型突出交通建筑动感、现代的特色。顺应交通动线走向，由两个主次分明的条形体块相互穿插构成枢纽建筑主体形象；依据功能要求，首层局部架空以形成开敞式到发区；结合5条由高到低渐变的站台连廊及与主体造型风格相呼应的天桥，共同构成了造型丰富又融合于一体的、有品味的格调建筑。

结合功能和体型，建筑外立面整体以横向分格为主、强化水平线条，通透轻盈的隐框玻璃幕墙与从屋面一直延伸到体块端部侧墙的金属板屋面结合，突出了交通建筑简洁流畅的动感。

跳色设计的金属板屋面丰富了建筑物的第五立面，强化了建筑的动线走向，给四惠立交桥及路北高层建筑物上俯视的人群带来了强烈的视觉感受。现代材料和工艺与建筑功能及形体的结合，成就了精炼、沉稳、大气的现代交通建筑形象，见图3-38至图3-42。

随着国内在综合客运交通换乘枢纽方面越来越多的探索实践，枢纽的重要性也越来越受到各个城市和地区的重视，相信不久的将来，四惠交通枢纽也将随着北京城市空间的立体化、网络化，成为城市脉络中不可或缺的一部分。

3-38 四惠交通枢纽鸟瞰图

3-39 北侧立面图

3-40 入口广场局部透视图

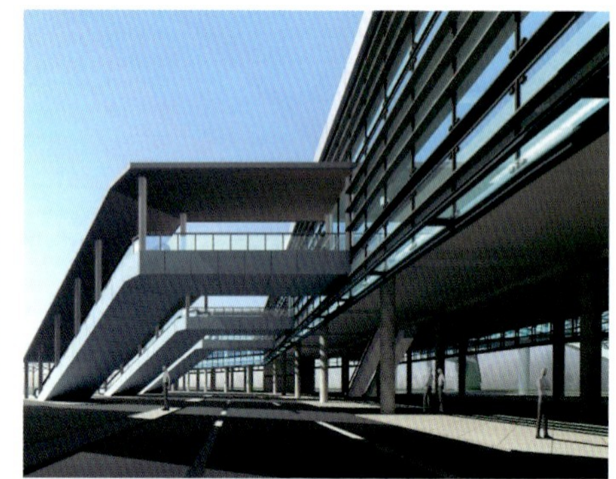

3-41 到车站台局部透视图

3-42 发车站台局部透视图

第四节 奥运临时公交场站工程

一、工程概况

（一）项目背景

为给北京2008奥运会提供优质的公共交通服务，赛时开通了34条奥运公交专线，以连接奥林匹克中心区、外围奥运场馆及重要的城市交通节点。奥运临时公交场站工程作为给奥运公交专线提供保障支持的基础设施，运行于北京2008奥运会及残奥会期间。

为保证该工程建设的顺利进行，北京市交通委员会组织编制了《奥运公园赛时公交场站规划》及《外围奥运场馆赛时用地方案（公交场站）》，并由北京市路政局组织编制了《奥运公交临时场站建设标准》，对奥运临时公交场站的建设内容、指标等提出具体规定。

（二）总体情况

根据相关规划，奥运公园及外围奥运场馆周边共设置19个奥运临时公交场站（其中奥运公园周边共7个），总用地约31.79hm²（其中奥运公园周边用地约18.27hm²）。

奥运公园临时公交场站分布，见图3-43。外围比赛场馆临时公交场站分布，见图3-44。

奥运临时公交场站从功能上分为两种，一种为设到发站台及驻车功能的公交场站；另一种为功能单一的驻车场站。所有场站均设置驻车场地、管理调度设施及卫生设施，公交场站设置乘客乘降站台。奥运临时公交场站，见表3-1。

二、建设标准

为保证奥运临时公交场站的建设既满足功能需求，体现环保与节俭理念，统一建设标准，受北京市路政局的委托，北京市市政工程设计研究总院依据我国现行的相关设计规范和规定、北京市运输管理局提出的《关于奥运会临时公共交通设施需求的报告》，结合项目功能和特点，编制了《奥运

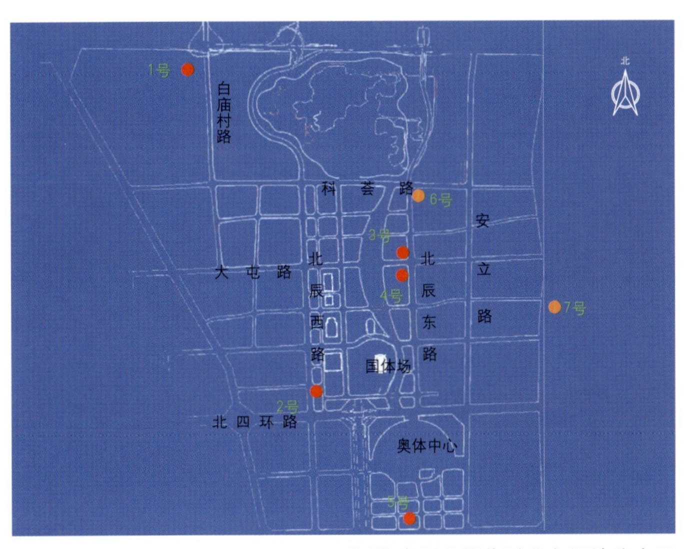

3-43 奥运公园临时公交场站分布图

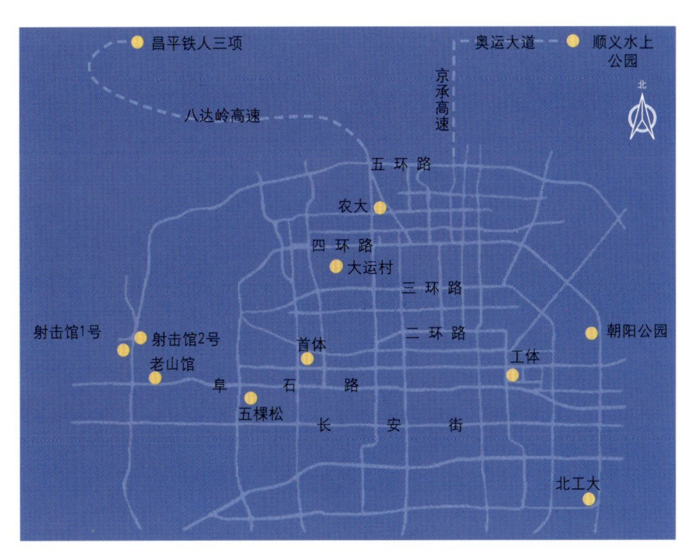

3-44 外围比赛场馆临时公交场站分布图

奥运临时公交场站 表3-1

序号	场站名称	位置	服务对象	用地面积	功能
1	奥运公园1号公交场站	林萃路西侧	北区（网球、曲棍球、射箭）	2.20hm^2	到发及驻车
2	奥运公园2号公交场站	北辰西路南端	中心区西部	1.49hm^2	到发及驻车
3	奥运公园3号公交场站	北辰东路西侧	中心区东部	4.03hm^2	到发及驻车
4	奥运公园4号公交场站	北辰东路西侧	中心区东部	3.02hm^2	到发及驻车
5	奥运公园5号公交场站	奥体中心南	南区（手球、水球、现代五项）	5.27hm^2	到发及驻车
6	奥运公园6号公交场站	北辰东路与科荟路路口东南	中心区备用驻车场	1.01hm^2	驻车
7	奥运公园7号公交场站	北苑路与小营北路路口东南	中心区与地铁接驳线驻车	1.25hm^2	驻车
8	射击馆1号公交场站	射击馆南侧	射击、飞碟射击	0.30hm^2	驻车
9	射击馆2号公交场站	福田公墓停车场	射击、飞碟射击	1.26hm^2	驻车
10	老山自行车馆公交场站	山地自行车场东	自行车、山地自行车、小轮车	1.50hm^2	到发及驻车
11	工人体育馆公交场站	工体西侧	拳击、足球	0.56hm^2	驻车
12	首都体育馆公交场站	首体南侧	排球	0.32hm^2	驻车
13	北京工业大学公交场站	工大桥西南角	羽毛球、艺术体操	0.61hm^2	到发及驻车
14	中国农业大学公交场站	农大体育馆北侧	摔跤	0.51hm^2	驻车
15	大运村公交场站	大运村停车场	柔道、跆拳道	0.57hm^2	到发及驻车
16	五棵松体育馆公交场站	朱阁庄	篮球、棒球	0.69hm^2	驻车
17	顺义水上公园公交场站	白马路与左堤路路口东南角	赛艇、皮划艇	3.29hm^2(2.166+1.126)	驻车
18	昌平铁人三项公交场站	军都度假村南侧	铁人三项	1.54hm^2	到发及驻车
19	朝阳公园公交场站	朝阳公园内	沙滩排球	2.37hm^2	驻车

公交临时场站建设标准》，并通过了专家评审。

（一）总体原则

1.功能设计

(1)根据各场站的建设用地及周边交通、建筑、市政等现状及规划条件，合理设置乘客乘降站台、车行区、附属用房及其他相关设施。保证人车分流，严格各行其道。

(2)车辆的出入口应分开设置，宽度应不小于7.5m。当受现场条件限制出入口必须合用时，其宽度应不小于12m，同时应有备用进出口。当停车数小于50辆且受现场条件限制时，可不设置备用出入口。

(3)场站内的车行交通流线应采用与出入口行驶方向相一致的单向行驶路线，避免互相交叉。场站内应划定足够的回车道，道宽应不小于7m。驻车场设计应保证公交车辆在停放饱和的情况下，保证车辆调度的通道。

(4)乘客乘降站台宽度不小于3m，长度根据到发车位的数量确定，高度应满足车辆无障碍设施的要求。到发车位应满足奥组委提出的高峰时段公交最大运能需求。

(5)场站设计应满足现行《建筑设计防火规范》、《汽车库、修车库、停车场设计防火规范》及《城市道路和建筑物无障碍设计规范》的相关要求。

2.景观设计

(1)景观设计应与奥组委下发的相关标准相统一，保持与整体环境的协调。

(2)可能对环境产生影响的各建设元素（如围栏、栏杆、附属建筑、交通标志等）均应统一采用简约形式、明快色彩，形成标识性。

3.恢复及利用

场站在保证奥运赛期使用功能的同时，应尽量选择易拆除、易恢复场地原貌的工程做法，利于建设和还原，节约投资。

（二）建设内容

1.土建工程：A.地面铺装、B.围栏及站台栏杆、C.附属建筑、D.候车站棚；

2.给排水工程：A.给水系统、B.排水系统、C.消防系统；

3.设备工程：附属建筑的空调；

4.电气工程：A.供配电系统、B.场站照明；

5.交通标识：A.交通标志、B.交通标线、C.交通信号灯；

6.用地红线外工程：根据各用地边界、地形及市政资料，完成场站与周边市政、道路的连接工程。

（三）工程设计

1.土建工程

(1)地面铺装：分为人行区（站台）、车行区两种结构形式，不同结构之间及场地周边采用立道牙分隔。人行区（站台）采用易拆除地面或人行步道铺装，荷载按5kN/m^{2}设计；车行区采用沥青混凝土面层，上下车位及载客行车道按140kN单轴双轮组轴载设计，空载行车道及停车场按100kN单轴双轮组轴载设计。

(2)围栏及站台栏杆：围栏及车辆进出口大门设于除站台区的用地周边；站台区周边设置1.2m高固定钢栏杆，栏杆水平荷载按1kN/m设计。

(3)附属建筑及卫生间：各场站根据用地规模设置附属建筑如下表，其结构采用轻钢结构轻体房屋；卫生间采用可移动环保卫生间，按每30人设置一个的标准配置。

(4)候车站棚：采用轻钢结构、阳光板顶棚，统一单元化设置。

2.给水排水工程

(1)给水系统：场站设置给水系统及洗车泵，水源均采用市政给水管网供水。

(2)排水系统：场站设置雨水排放系统，通过管道排除场站内的地面雨水，设计降雨重现期2年、径流系数0.95。雨水均排至市政排水系统，设计标准应与周边设施相匹配。

(3)消防系统：场站均设置室外消火栓系统和建筑灭火器。消防水源接自市政给水管道，沿停车场周边设置室外地下式消火栓井，间距≤120m，最不利点消火栓水压≥0.1MPa。停车场按中危险级B类火灾配置磷酸铵盐干粉灭火器。

3.设备工程

附属建筑不考虑冬季采暖，仅设置分体空调器。

4.电气工程

场站供配电系统的供电负荷等级为三级；供电电压等级根据场站用电负荷大小及周边电网具体情况确定。场站设置照明系统，站台照度标准≥50lx、停车场照度标准为15～20lx，照明设施采用高压钠灯、12～15m灯杆。

5.交通工程

(1)设置原则：交通工程的设置须符合现行规范以及奥组委的相关标准的要求，在保证安全的同时易于拆改，应满足夜视要求。

(2)设置内容：在公交场站内、场站机动车出入口与市政道路的连接路段设置服务于公交车司机的公交车辆引导系统，包括引导标志，以及禁、限类标志；在公交场站内、场站人行出入口与场馆的连接路段设置服务于观众及车场工作人员的行人引导系统。

三、场站设计

（一）奥运公园周边临时公交场站

在奥运公园及周边共设置了7个奥运临时公交场站，其中5个为设到发站台及驻车功能的公交场站、1个备用驻车场站、1个供奥运公园与地铁5号线之间公交转接线线路使用的驻车场站。

1.奥运公园1号公交场站（北部赛区公交场站）

(1)功能及客流：该场站主要服务于奥运公园北部赛区的网球中心、曲棍球场和射箭场三个场馆，入场高峰最大公交能力需求为6000人/h、退场高峰最大公交能力需求为9300人/h。

(2)建设用地：位于奥运公园北部赛区的西侧、北五环路与林萃路相交路口的西南角，东侧隔林萃路与奥运公园北部赛区的观众出入口相对、西临北京市水源九厂、南侧为奥组委停车场用地（距南侧九厂南路北红线195m）、北靠北五环绿化带，用地面积2.20hm^2。

(3)工程规模：二类公交场站，设置16个到发车位、134个公交驻车位(10.8×3)m^{2}候车棚16组、附属建筑120m^2。

(4)平面设计：为保证赛时交通和安全、实现人车分流，规划公交场站东侧、连接场站与观众主出入口之间的林萃路局部路段在比赛期间将提供为观众人行交通专用，在公交场站的西、北两侧建设25m宽的临时车行道路连接北五环辅路和九厂南路，疏导车行交通。

公交场站西侧为车行区，在西南角设置进口、西北角设置出口，通过临时车行道路连接至南部九厂南路及林萃路；到发站台以东部为主，环状设于东、南、北三个方向，与林萃路人行步道相连；利用停车带间隔和场地边角地带设置绿化，附属建筑及环保卫生间设于西北角车行出口南侧，见图3-45。

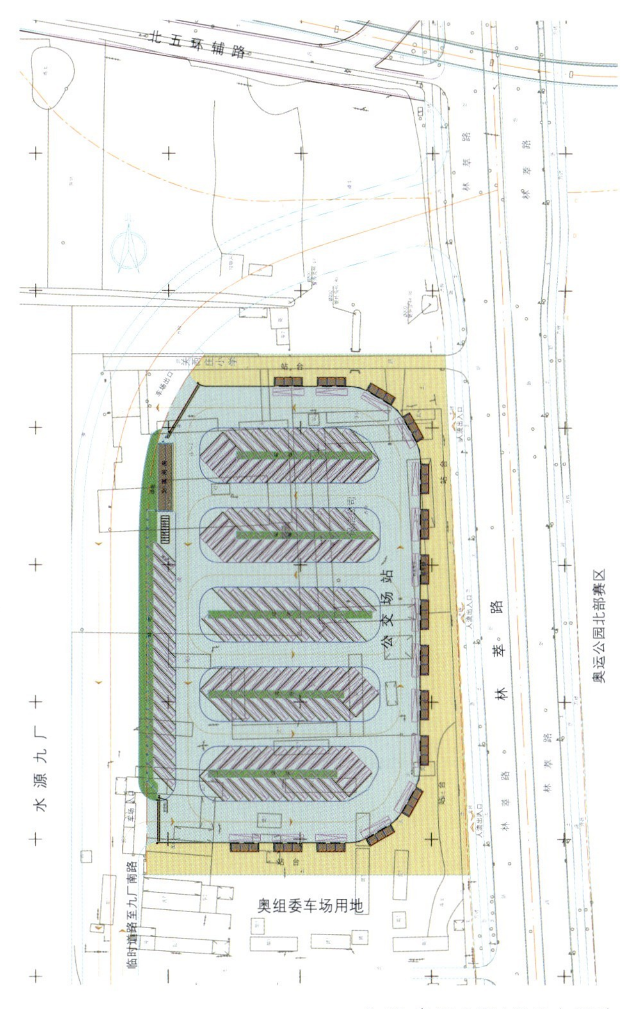

3-45 奥运公园1号公交场站

2.奥运公园2号公交场站（中心区西部公交场站）

(1)功能及客流：该场站主要服务于奥运公园中心区的国家体育场、国家体育馆、游泳中心和击剑馆。入场高峰最大公交能力需求为8000人/h，退场高峰最大公交能力需求为14000人/h。受建设用地规模限制，该场站以满足乘客登降功能为主，部分驻车功能安排于奥运公园5号公交场站（奥体南区公交场站）。

(2)建设用地：位于奥运公园中心区的西部，东靠景观西路、西临北辰西路、南侧与北四环路之间被奥运公园中心区的西部观众出入口广场用地分隔、北临规划一路，用地面积1.49hm^2。

(3)工程规模：二类公交场站，设置14个到发车位、92个公交驻车位(10.8×3)m^{2}候车棚14组、附属建筑120m^2。

(4)平面设计：公交场站西侧为车行区，在西南角设置进口、西北角设置进出口，公交车辆由北辰西路主路（连接奥体南区公交场站）及北辰西路辅路（连接北四环北辅路）进入场站，由北辰西路向北驶离；到发站台以东部为主，环状设于东、南、北三个方向，与景观西路及规划一路的人行步道以及南侧的观众出入口广场相连；利用场地边角地带设置绿化，附属建筑及环保卫生间设于西南角车行进口南侧，见图3-46和图3-47。

3.奥运公园3号、4号公交场站（中心区东部公交场站）

(1)功能及客流：该场站主要服务于奥运公园中心区国家体育场、国家体育馆、游泳中心和击剑馆，以及连接奥运公园中心区与地铁5号线之间的穿梭巴士。入场高峰最大公交能力需求为24000人/h，退场高峰最大公交能力需求为32000人/h。在通常情况下，3号公交场站作为到车场站、4号公交场站作为发车场站使用，在高峰时段两个场站可均作为到车场站或均作为发车场站使用。

(2)建设用地：位于奥运公园中心区的东部、北辰东路与大屯路相交路口的西侧。其中3号公交场站位于路口西北角，东临北辰东路、南临大屯路、北靠北二路、西边界退北辰东路西红线160m，用地面积4.03hm^2；4号公交场站位于路口西南角，东临北辰东路、北临大屯路、南侧与奥运规划六路之间被约59m宽的奥组委停车场用地分隔、西边界退北辰东路西

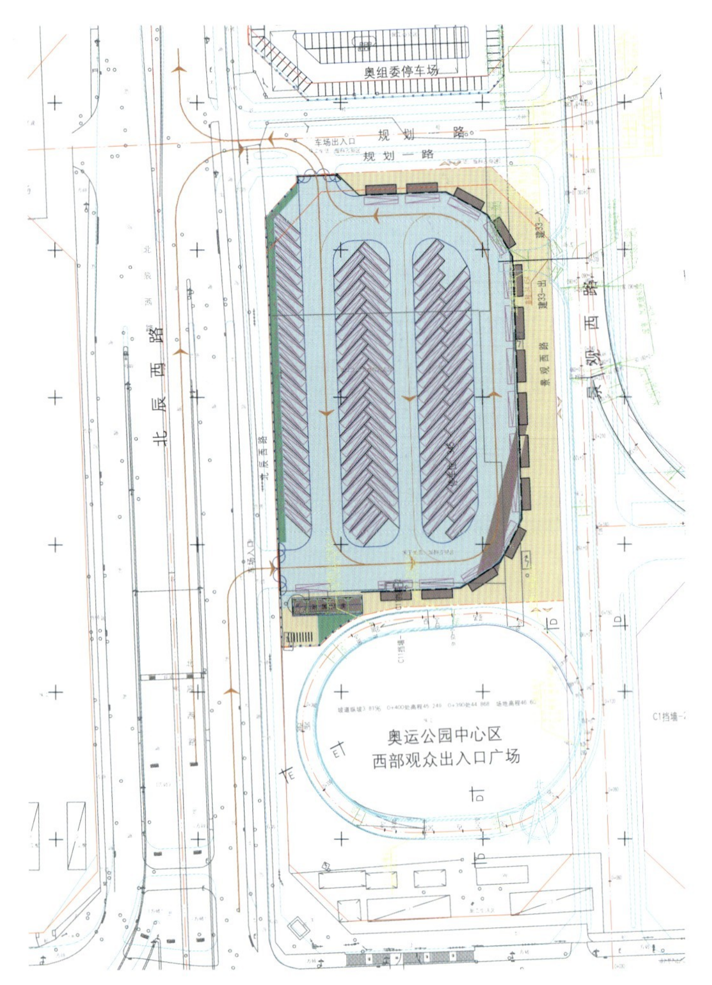

3-46 奥运公园2号公交场站

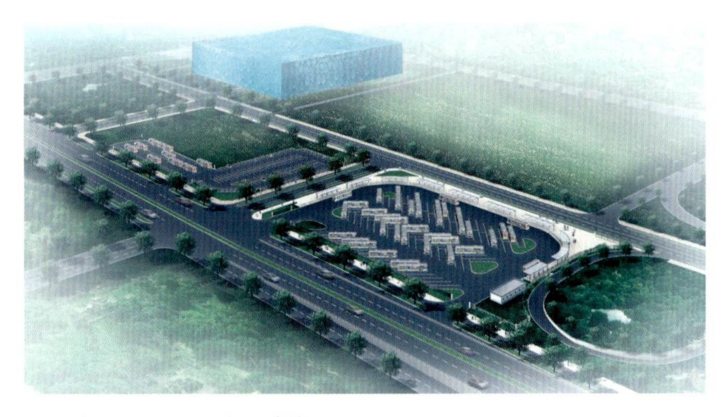

3-47 奥运公园2号公交场站效果图

红线160m，用地面积3.02hm^2。

3号、4号公交场站的西侧、与湖边东路之间为95～110m宽的奥运公园中心区的东部观众出入口广场。

（3）工程规模：3号公交场站为一类公交场站，设置19个到发车位、296个公交驻车位（10.8×3）m^{2}候车棚19组、附属建筑200m^2、指挥中心100m^2；4号公交场站为二类公交场站，设置19个到发车位、205个公交驻车位（10.8×3）m^{2}候车棚19组、附属建筑120m^2、指挥中心100m^2。

（4）平面设计：公交场站东侧为车行区，利用北辰东路、大屯路和北二路组织场站车行进出交通，并充分利用规划路口解决车辆转向问题。3号公交场站在北部设置出入口连接北二路、南部设置出入口连接大屯路以及南侧的4号公交场站、东部设置两个备用出入口连接北辰东路西辅路；4号公交场站在北部设置出入口连接大屯路以及北侧的3号公交场站、东南部设置出口连接北辰东路西辅路、东北部设置备用出入口。

两个场站的到发站台均以西部为主，环状设于西、南、北三个方向，与大屯路及北二路的人行步道，以及西侧的观众出入口广场相连；利用停车带间隔和场地边角地带设置绿化，附属建筑及环保卫生间设于各车行进出口附近，见图3–48和图3–49。

4.奥运公园5号公交场站（奥体南区公交场站）

（1）功能及客流：该公交站主要服务于奥体中心体育场、奥体中心体育馆和英东游泳中心，并提供奥运公园2号公交场站（中心区西部公交场站）的部分驻车用地。入场高峰最大公交能力需求为7700人/h，退场高峰最大公交能力需求为16000人/h。

（2）建设用地：位于奥体中心的南部、熊猫环岛以东、北辰东路南延线与北土城东路相交路口的西北角，东临北辰东路南延线、南靠北土城东路、西侧隔30m宽临时道路与地铁10号线与奥运支线间观众换乘广场相望、北部边界退北土城东路北红线200m、通过东西两侧道路与奥体中心南部观众出入口广场相连，用地面积5.27hm^2。在其西北角为占地0.50hm^{2}的奥运电动车充电场站。

（3）工程规模：一类公交场站，设置19个到发车位、368个公交驻车位（10.8×3）m^{2}候车棚14组、附属建筑200m^2、指挥中心100m^2、公交总队驻地450m^2。

（4）平面设计：公交场站南侧为车行区，在东部设置进口、南部设置出口、西部设置进出口，均连接至北土城东路。到发站台以北部为主，环状设于北、东、西三个方向，与东西两侧新建临时道路的人行步道相连、向北至奥体中心南部观众出入口广场；结合现状乔木、利用停车带间隔和场地边角地带设置绿化，附属建筑设于东部车行进口及西部车行进出口附近、指挥中心设于站台西部、公交总队驻地设于用地西南角，见图3–50和图3–51。

5.奥运公园6号公交场站（公交备用停车场）

该场站是针对奥运公园中心区东部赛时交通压力较大、

3-48 奥运公园3号、4号公交场站实景

3-49 奥运公园3号、4号公交场站效果图

并有连接地铁5号线的穿梭巴士运营，为应对可能的突发人流和应急状况而设置的公交备用停车场。

建设用地位于奥运公园中心区的东北侧、科荟路与北辰东路相交路口的东南角，西临北辰东路、北靠科荟路，用地面积1.01hm^2。为二类驻车场站，设置105个公交驻车位、附属建筑120m^2。在场站西部设置进口、北部设置出口，见图3–52。

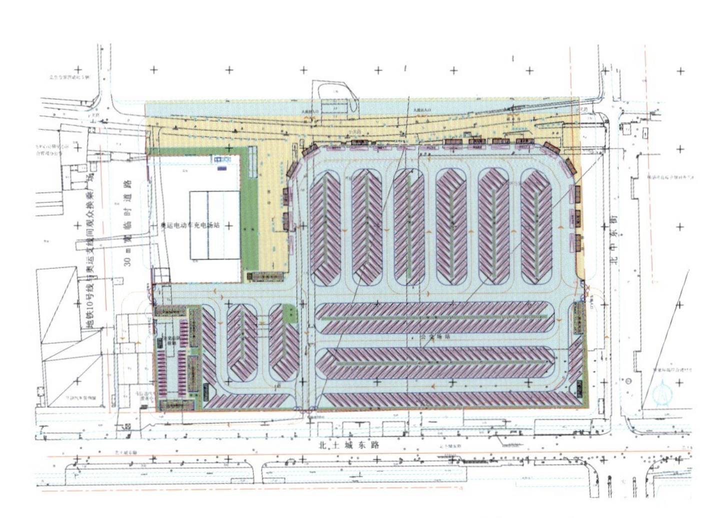

3-50奥运公园5号公交场站

3-51 奥运公园5号公交场站效果图

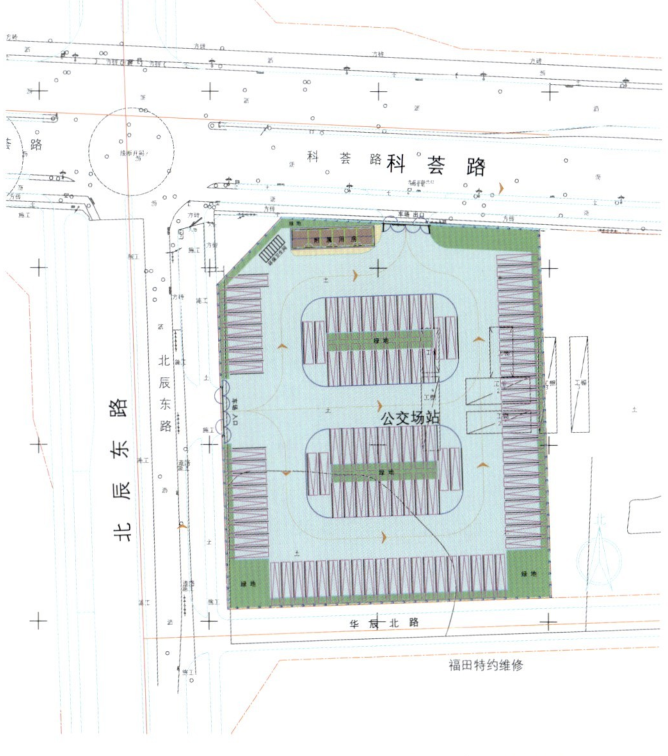

3-52 奥运公园6号公交场站

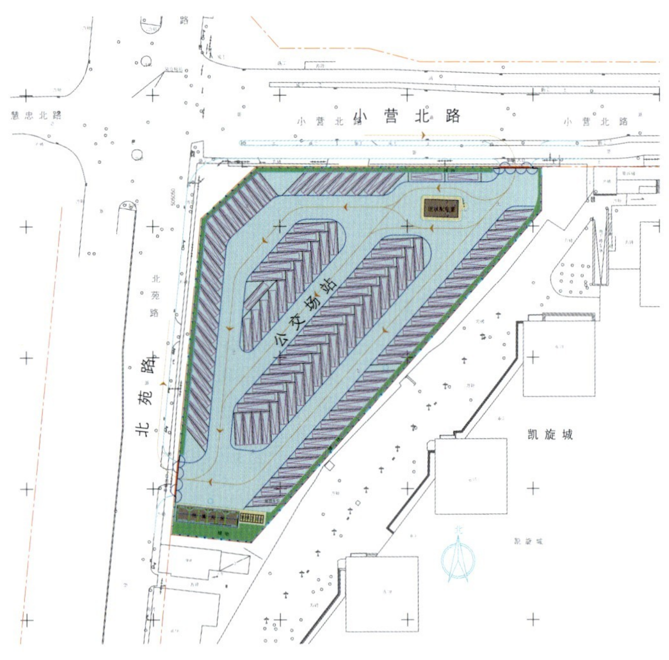

3-53 奥运公园7号公交场站

6.奥运公园7号公交场站（大屯转接站）

本场站是为连接奥运公园中心区与地铁5号线之间公交转接线路使用的、在5号线大屯站周边布置的场站设施。

建设用地位于奥运公园东侧、北苑路与小营北路相交路口的东南角，西临北苑路、北靠小营北路，用地面积1.25hm²。为二类驻车场站，设置122个公交驻车位、附属建筑120m²。在场站东北角设置进口、西南角设置出口，见图3—53。

（二）外围比赛场馆临时公交场站

1.北京射击馆公交场站

北京射击馆周边共设有两个公交驻车场站。

(1)北京射击馆1号公交场站：位于北京射击馆南侧，建设用地南临永定河引水渠南路、西接现状道路，东、北两向为绿地，用地面积0.30hm²。为三类驻车场站，设置29个公交驻车位、附属建筑50m²。在场站南侧设置进口、西侧设置出口。

(2)北京射击馆2号公交场站：位于北京射击馆东侧、西五环路路东，建设用地西北临西五环路、东靠福田公墓西围墙、南临福田公墓西向道路，用地面积1.26hm²。为二类驻车场站，设置91个公交驻车位、附属建筑120m²。在场站南部设置进出口，利用现有福田公墓西门为备用出口。

2.老山自行车馆公交场站

建设用地位于山地自行车场东侧，东临上庄东路、南临新建山地车联络线，用地面积1.50hm²。为二类公交场站，设置4个到发车位、106个公交驻车位、50个小汽车驻车位、(10.8×3)m²候车棚4组、附属建筑120m²。公交场站东侧为车行区，在北部设置进口、南部设置出口，连接至上庄东路；到发站台设于场站西南角，与新建山地车联络线人行步道相连、向西接至观众出入口广场。

3.工人体育馆公交场站

建设用地位于北京工人体育馆西侧，东靠新中街、南临新建工人体育馆南侧路，用地面积0.56hm²。为三类驻车场站，设置40个公交驻车位、附属建筑50m²。在场站南部设置进口、东北角设置出口。对场地现状乔木尽量予以保留。

4.首都体育馆公交场站

建设用地位于首都体育馆南、西直门外大街路南，场地北临西直门外大街、南靠西苑饭店北围墙，西侧与腾达大厦隔现状道路（路宽约8m）相望、东向为地铁风亭施工工地，建设用地0.32hm²，为设置27个公交驻车位的三类驻车场站。在场站西部设置进口、东北角设置出口，均通往西直门外大街。考虑该场站在奥运会后将作为电车首末站使用、在地铁风亭建设完成后将统一整改，本次建设尽量简化，附属建筑利用现有公交用房。

5.北京工业大学公交场站

建设用地位于东四环工大桥西南角、北京工业大学体育馆北侧校园内，北临北工大路，用地面积0.61hm²。为三类公交场站，设置2个到发车位、48个公交驻车位(10.8×3)m²候车棚2组、附属用房50m²。公交场站西北部为车行区，在场站西北角设置进口、东北角设置出口，均通往北工大路；到发站台设于场站东南角，与校内道路相连、向南接至比赛场馆。

6.中国农业大学公交场站

建设用地位于小月河西侧路路西、中国农业大学体育馆北侧校园内，场地西、北、南侧有校内道路，东侧为现状学生公寓，用地面积0.51hm²。为三类驻车场站，设置49个公交驻车位、附属用房50m²。在场站北部设置进口、南部设置出口与校内道路相连。对场地中部的现状乔木予以保留。

7.大运村公交场站

建设用地位于北京科技大学体育馆西侧、京包铁路与知春路交汇处的东北角，西临京包铁路、南靠知春路、北侧为网球场、东侧为自行车场，用地面积0.57hm²。本场站是利用现有停车场进行改造，为三类公交场站，设置2个到发车位、46个公交驻车位(10.8×3)m²候车棚2组、附属用房50m²。公交场站西侧为车行区，在东南角设置进口接至知春路、东北角设置出口；到发站台设于场地东侧，与知春路人行步道相连、向东接至比赛场馆。

8.五棵松体育馆公交场站

建设用地位于五棵松体育馆北侧、永定河引水渠与西翠路相交处西北角，场地东临西翠路、南靠永定河引水渠北堤岸、北侧为规划永定河引水渠北侧路，用地面积0.69hm^2。为三类驻车场站，设置49个公交驻车位、附属建筑50m^2。在场站东部设置出入口连接西翠路、西北角设置备用口连接永定河引水渠北堤岸现状道路。

9.顺义水上公园公交场站

建设用地位于顺义水上公园东南侧，场地西临左堤路、北靠白马路、东为高压走廊，用地面积3.29hm^2。为二类公交驻车场站，包括南部的公交车场及北部的社会车场，设置220个公交驻车位、488个小汽车驻车位、附属建筑120m^2。公交车场在西南角设置进口、西北角设置出口，均连至左堤路；社会车场在东北角设置进口连接白马路、西南角设置出口连至左堤路。

10.铁人三项公交场站

建设用地位于昌平军都度假村南侧、水库南路与京密铁路交汇处北侧，西临水库南路、北靠现状道路，用地面积1.54hm^2。本场站是利用现有停车场进行改造，附属用房及卫生间均利用现有建筑。为二类公交场站，设置3个到发车位、115个公交驻车位(0.8×3)m^{2}候车棚3组。公交场站南部为车行区，在场站西南角设置进口、西北角设置出口，均经现状车场通往水库南路。到发站台设于东北角，与北部现状道路相连接至赛区。

第五节　北京南站

2006年5月9日23时零9分，承载着无数美好回忆、经历了48年风雨的北京南站，在送走了开往乌海的 2141 次列车后，封站停用进行扩建，暂时从人们的视线中消失。至此揭开了作为京沪高速铁路起始点——新北京南站建设的序幕。

一、项目建设背景

北京是全国铁路客运中心，按照北京城市总体规划（2004～2020年），铁路客运站总体布局为“四主两辅”形式。四个主要客运站为：北京站、北京西站、北京南站、北京北站；两个辅助客运站为：北京东站、丰台站。

北京南站原为北京站、北京西站的辅助客运站。根据规划调整为主要客运站，车场初步按13台24线布置，主要承担京津城际大部分旅客列车、京沪高速铁路旅客列车、部分普速列车及市郊铁路旅客列车的到发任务，城市轨道交通线网在该站附近规划有地铁14号线和地铁4号线。北京南站是集国有铁路、地铁、市郊铁路和公交、出租、私家车等多种交通组织方式为一体的大型综合交通枢纽。

北京南站位于崇文区及丰台区交界处，南二环路南侧、马家堡东路西侧，东庄公园绿地东侧，见图3–54。

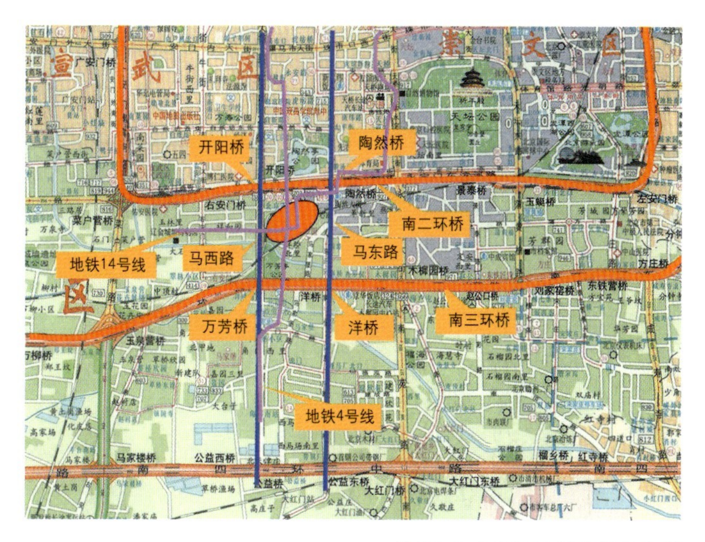

3-54 北京南站地理位置示意图

1958年初，为缓解修建北京站带来的客运压力，在京山线下行9km处新建永定门临时客运站，这就是北京南站客运站的前身。1988年，永定门火车站正式更名北京南站，担当京山、京广、京九、京原、京包、丰沙、京秦等线的部分始发、终到及通过客车。年发送旅客400万人，为贯通式站型。经过常年运行，设备陈旧老化，不能适应运输发展、旅客增加和提高服务水平的要求。北京南站扩建后2030年预计发送旅客约10439万人，运力提高24倍多。北京南站旅客列车对数，见表3–2。

北京南站预测2030年高峰小时到达客流量3.08万人次，其中京沪高速1.1万人次，京津城际0.9万人次，普速列车0.06万人次，市郊列车1.02万人次。

受周边环境及外部路网交通影响，北京南站的客流疏

北京南站旅客列车对数表 表3-2

线路	2020年（对）	2030年（对）
京沪客运专线始发终到车	88	118
京津城际客运专线始发终到车	150	189
普速通过车	6	6

散倡导公共交通为主体，其他疏散方式为补充的原则。北京南站常规公交集疏散比例为30%，轨道交通集疏散比例为50%，出租车为12%，小汽车为8%（自行车及其他忽略不计），见图3—55。

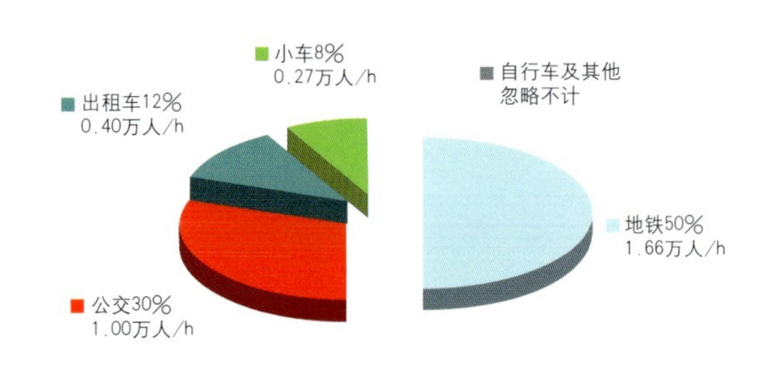

3-55 北京南站客运交通组成比例

二、设计理念

（一）以人为本

坚持以人为本的设计理念，尽量减少旅客在站内的行走距离，为各种旅客提供便利的换乘条件，使地铁、公交、铁路、小汽车和出租车各种交通运输方式间实现“零”距离及“短”距离换乘，使北京南站成为一个功能强大的铁路交通—公共交通集散换乘枢纽。

为减小铁路对区域路网的分隔，在凉水河南侧新建地下隧道，以连接铁路东西两侧的社会交通，方便居民的出行。

（二）集成和整合

北京南站的设计中体现了集成和整合的理念，使之成为一个高效、有机、和谐的系统。

首先，北京南站是由铁路、市郊、地铁等轨道交通与公交、小汽车等城市交通体系综合而成的交通枢纽。

对于铁路而言，南站又把普速列车、京津城际和京沪客运专线三种不同的运输标准组合在同一个车场里面，形成整体的建设内容。

同时，内外部交通的设计使车站与城市路网紧密地联系在一起，在车站的四个方向上，都有道路和匝道通向城市道路，同时地下一层的换乘空间也为南北广场提供了便捷的联系，从而形成在各方向上都面向城市的开放的车站。车站自然地融入城市之中，为北京增添一座永远开敞的城市大门。

（三）倡导公共交通

受周边环境及目前外部路网交通现况影响，北京南站的客流疏散倡导公共交通为主体，其他疏散方式为补充的原则。公共交通承担客流疏散比例为80%，主要为公交、地铁4号线及地铁14号线。

（四）可持续发展

北京南站是一座先进的、面向未来的火车站。屋顶下开阔的空间，为人们提供了宏大的场景，使车站的各种功能得以实现，适应高速铁路和客运专线的发展方向。

大空间的设计中追求自然的采光和通风，有利于节能与环保，并使人们能够在室内感受到自然界的阳光与空气。

按照可持续发展的战略目标，站房的建设远近期结合。近期将实现京津城际和地铁4号线的运营，远期启动京沪客运专线和地铁14号线。近期的建设为远期预留好充分的条件，包括地铁14号线车站土建预埋工程与远期工程的衔接以及市政道路的远期增容扩建。

合理地开发利用地下空间，节约城市用地。

市郊铁路利用铁路普速车场做远期引入的预留条件，体现了各交通系统间的资源共享。

外部路网的设计考虑京津城际、京沪高铁的不同引入时间而采取分期实施，避免对周边已建成区的影响。

（五）平衡理念

北京南站的设计在充分满足节能、环保的前提下，对车站的功能性、系统性、先进性、文化性与其本身的经济性进行综合的考虑，以达到五个方面的最佳平衡。

考虑项目所处位置，尽量压缩规模，减少征地拆迁，减少对城市空间的侵占与破坏。优化站场布置，压缩建筑的规模和体量。在不影响交通的前提下，优化外部路网方案，达到经济、拆迁、功能的平衡。

三、功能布局

新北京南站由铁路站房、铁路站场、站前广场、连接立交匝道和外部道路系统组成。

（一）铁路站房

1．旅客进出站模式

北京南站的进出旅客采用“上进下出”的运行模式。根据车站建筑的功能布局，进站旅客需要到二层落客区候车；出站旅客需要从站台步行到地下一层的大厅进行换乘。

2．建筑功能布局

新南站站房共分5层，由地上两层、地下三层以及高架环形车道组成。地上为高架层和地面层，高架层主要通行的是出租车和社会车辆，地面层主要通行公交车辆，以及旅客进站。地下一层是换乘大厅、停车场以及旅客出站系统，并且预留了与城市铁路连接的车站。地下二层是地铁4号线车站，地下三层是地铁14号线车站，见图3—56。

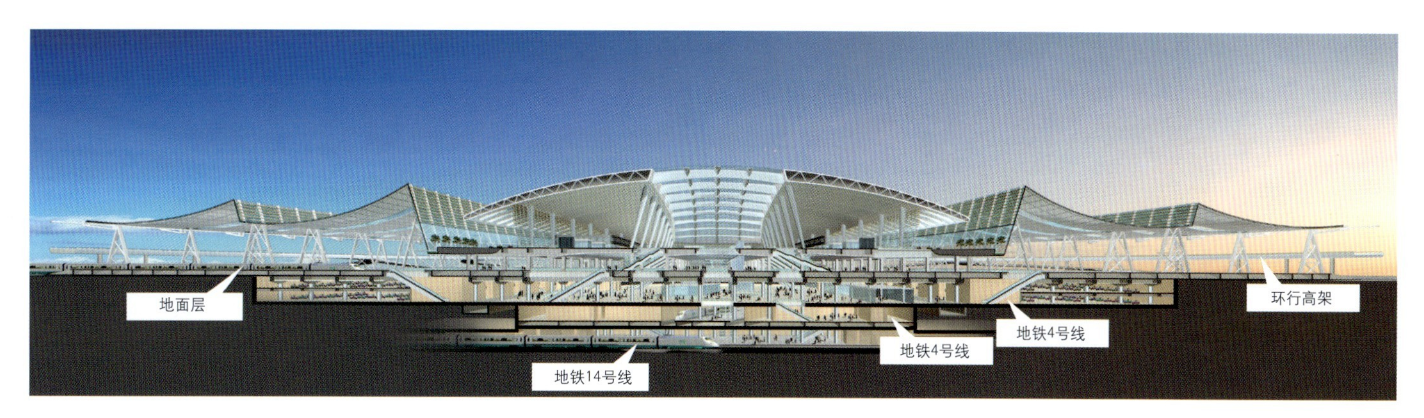

3-56 北京南站剖面透视图

3.建筑规模

新南站总建筑面积30.94万m^2，包括站房综合楼、铁路综合站房、地下换乘大厅、地下小汽车库、高架桥和雨篷。

（二）铁路站场

铁路站场横列布置，从北往南依次为普速车场（3台5线）、京沪客运专线车场（6台12线）、京津城际轨道交通专场（4台7线）。在各站台中部设有通往高架通廊的旅客进站通道，并设有通往地下出站厅的旅客通道，以方便旅客换乘地铁、公交，见图3-57。

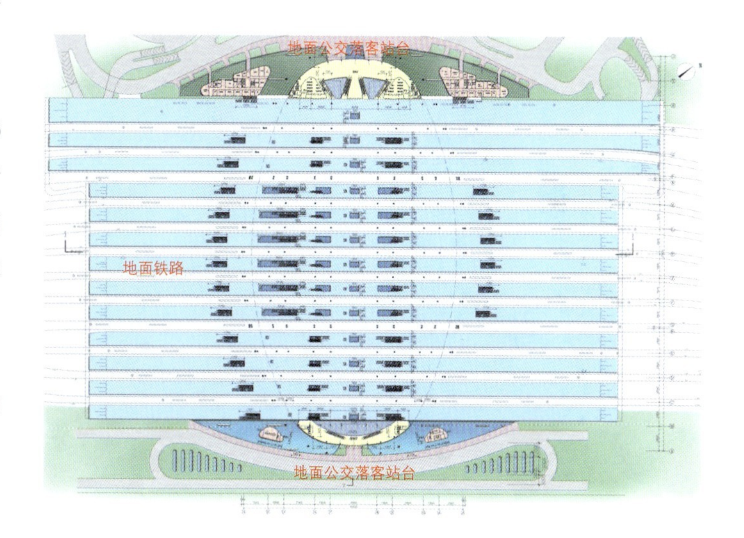

3-57 铁路站场示意图

（三）站前广场

南站站前广场按位置分为南、北两处广场，均与车站站房的地面、地下层相接，满足人行系统的交通换乘。

1.北广场

北广场位于北京南站与站前街之间，中间为集散广场，东西侧分别为阶梯状景观绿化广场，在集散广场南侧的东西两边分别有为地铁4号线风厅出口预留的用地，见图3-58。

3-58 北广场示意图

围绕着集散广场和东西侧绿化广场的是北广场进站路。在阶梯绿化广场的东西侧为进入主站房的匝道。广场北侧为自行车停车场，乘客停车后可由停车场经楼梯直接进入广场地面层。广场东侧是为广场服务的雨水泵房。

设计将广场共分三层，从上至下依次为地面广场层、公交站台及阶梯状景观绿化广场层、乘客出站站厅层。三个层面互相穿插，打破了传统上地面和地下的概念，形成景观视觉的整体性，见图3－59～图3－61。

北广场设计特点为：充分利用坡地地形，形成广场的层次感和完整性；保持上落客，下接客的主站客流设计原则；公交车避免地下停驻，减少爬坡；旅客出站直接出室外，避免暗通道；人车分流。

2.南广场

南广场为一狭长地段，站房前为公交落客、接客站台；靠近马家堡东路为公交车驻车场，见图3－62和图3－63。

（四）连接立交匝道

北京南站的进出旅客采用“上进下出”的运行模式，根据车站建筑的功能布局，乘社会车及出租车出发的旅客需要由地面上到二层落客区候车、接客社会车及出租车需进入

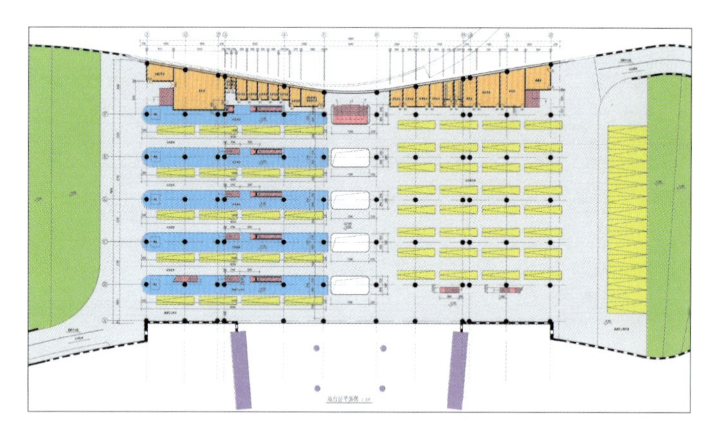

3-60　公交站台层示意图

3-59　地面广场层示意图

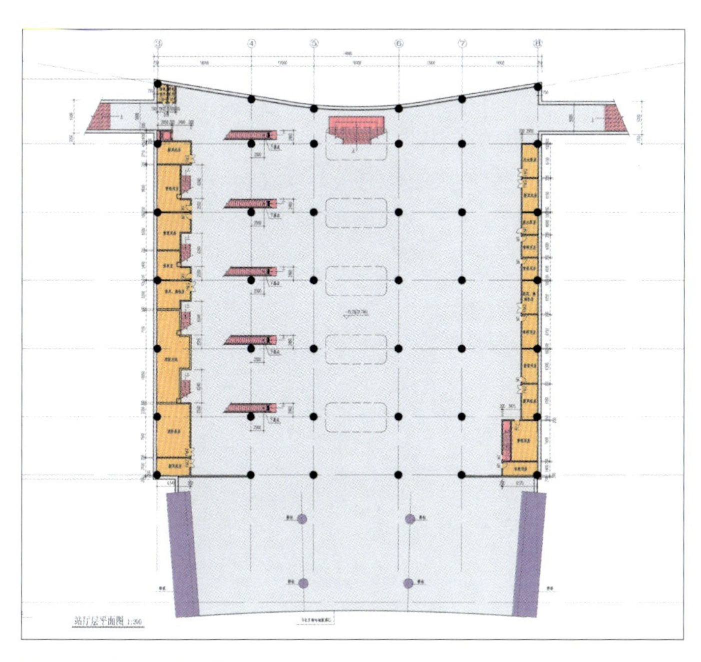
3-61 公交站台层示意图

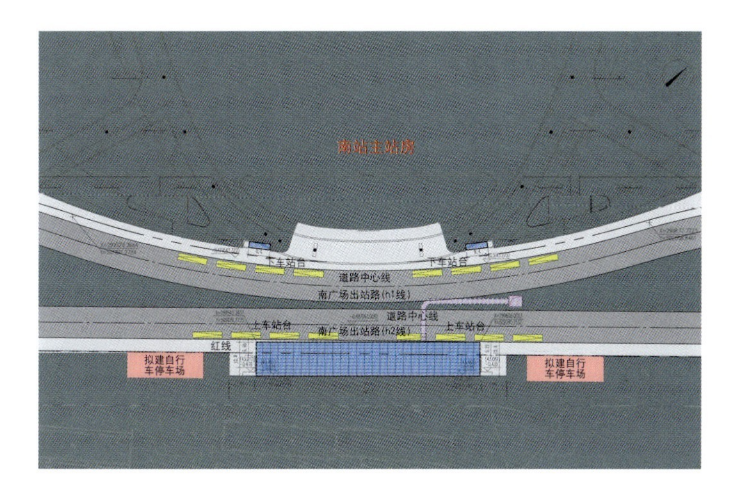

3-62 南广场公交站台示意图

3-63 公交驻车场示意图

地下东西两侧停车库等候。由于车站建筑站房将车站一分为二，地上地下以及地下车库东西两侧之间没有联通功能，因此需要由外部道路实现由东、西、南、北四个方向与高架桥出入口及地下停车库之间的衔接，并且还要实现高架与地下停车库之间的交通转化。站前街与马家堡东路相交立交、南三环立交主要是解决南站与外部路网的衔接。

1.高架桥西侧立交

实现马家堡西路交通进入高架桥和地下停车库。通过环行匝道将地面与高架桥相接，车辆二层落客后也可经专用道路进入西侧地下停车库接客。地面道路与马家堡西路相交路口为灯控路口。

2.高架桥北侧立交

实现南二环及马家堡东路北侧交通进入高架桥和地下停车库。通过南向东、东向南两条定向匝道将站前街与高架桥相接，如有车辆落客后需要去地下停车库接客，也可通过站前街与永定门车站路相交灯控路口调头，经地下通道进入。

3.高架桥东侧立交

实现马家堡东路南侧交通进入高架桥和地下停车库。从马家堡东路引出一条高架匝道东向北接入南站二层的高架桥，进入落客区；落客后由高架桥经北向东定向匝道到地面出广场进入马家堡东路。

4.高架桥南侧立交

实现南三环交通进入高架桥和地下停车库。过西向北、北向西两条定向匝道使地面道路与高架桥相接。

5.站前街与马家堡东路立交

站前街上跨马家堡东路，主要解决北向西右转及西向北左转方向的交通转换，满足二环东、北部车辆进出南站的需要。

6.南三环立交

完善现况马家堡西路与三环路相交处立交功能，增加西向北及南向东功能。同时增加东向北进南站及北向西出南站交通功能。

（五）外部道路

1.新建道路

拟建南站周边没有现况道路直接连通，因此结合原规划用地、建筑拆迁等新建站前街、永定门车站路，以满足南站与外部的连通。

2.完善周边区域路网四条道路

由于南站的建设，加剧了周边现况路网的交通压力（特别是马家堡东路，设计南站进出口占用了现况小区出入口，需新建路口），同时也影响了现况居住区居民的正常出行。为改善居民出行条件，考虑将规划马家堡路北段、四路通路改造拓宽，同时在凉水河南岸新建凉水河南侧路（包括400m长穿铁路站场隧道，联系马家堡西路东西侧交通），在万芳亭公园东侧新建公园东侧路。此四条道路主要服务于地方，与南站建设没有直接联系，远期根据具体情况也可作为进出南站的应急通道。

四、交通组织

根据南站周边南二环、南三环、马家堡西路、马家堡东路四条道路的交通运行情况，合理设置南站的外部进出口，不同车种进出口原则上分离使用，共设6处进出口。将马家堡西路、马家堡东路作为公交的进出口，四条路上均设置了小车的进出口。

马家堡西路站前街、北侧立交2处灯控进出口：小车专用进出口（北侧立交、站前街）、公交专用进出口（站前街）。

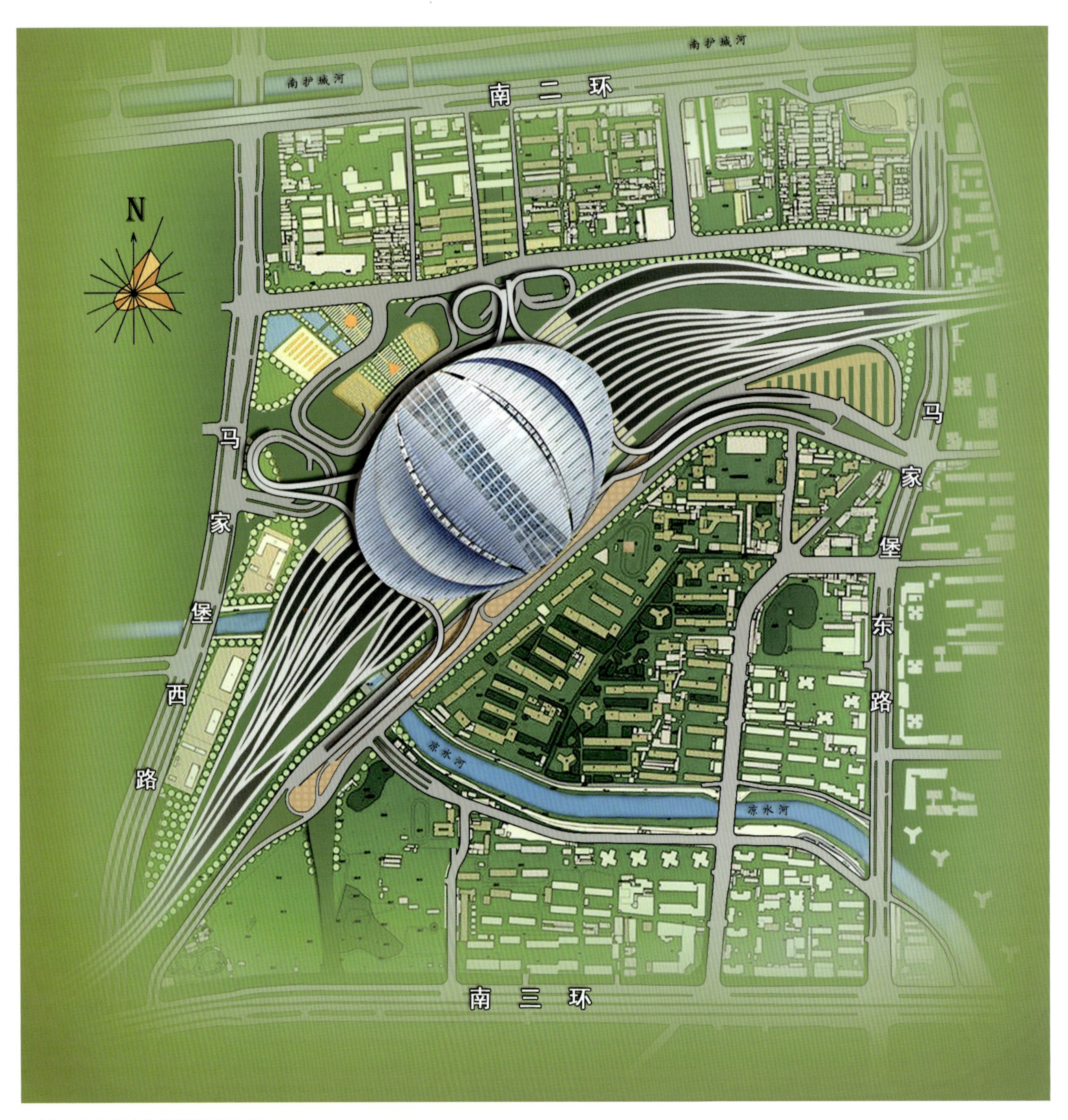

3-64 北京南站外部路网示意图

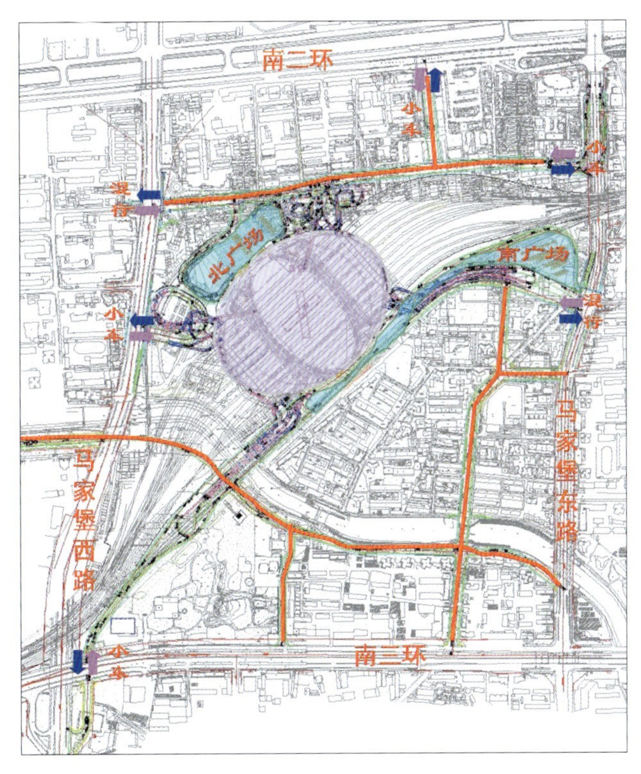

3-65　北京南站外部进出口示意图

南二环南辅路永定门车站路1处进出口：小车右进右出口。

马家堡东路铁路南、北两侧2处进出口：小车专用进出口（马家堡东路立交），混行进出口（四路通路口）。

南三环北辅路1处进出口：小车右进右出口。

北京南站外部路网及进出口，见图3－64和图3－65。改建后的北京南站是目前亚洲规模最大、功能最全、形式最新的火车站，为奥运交通提供强大的运力支持；也将为畅通城市交通运输提供保障和快捷的交通转换，通过北京南站客运线路，沟通市区与亦庄、永乐及黄村等多个边缘集团的联系，疏散中心大团，缓解中心区功能过度集聚的压力。

第六节　地面快速公共汽车交通（BRT）

一、项目建设背景

2003年3月，在北京召开了首次快速公交系统发展战略研讨会。研讨会上北京市交通委领导发言明确了北京市以公共交通优先发展的交通战略，不仅要加快轨道交通建设，同时提出要建立多元化的公共交通客运体系，重视提高地面公交系统的运行效率，特别要研究探讨建立地面快速公交系统。本次研讨会对地面快速公交在国内的建设起到了极大的推动作用。2004年底，北京南中轴BRT一期工程（前门至木樨园段）建成试运营，2005年底，北京南中轴BRT全线贯通并正式运营。

南中轴BRT之所以在北京快速建成，首先是公交优先理念已被广泛接受，其次这种投资少、见效快、效率高、低风险这种模式符合国内实际情况，通过BRT的建设，极大地提升了传统地面公交的品质，带给普通乘客崭新的面貌，见图3－66和图3－67。

二、南中轴BRT设计特点

（一）线路布置及客流分析

北京市南部地区道路网比较稀疏，南中轴路是南部地区居民出行的一条非常重要的通道。BRT线路安排于前门—德茂庄，全长16km，符合现状居民出行规律，并与多条交通主干线相交，包括多条环路和前门东西大街，与东西方向共有五处交叉换乘点，是南部地区交通主干线。线路连通城市中心和东南郊区，将带动北京南部地区的经济发展，并使城市结构布局更加均衡。

南中轴BRT端点到达北京地铁正在运营的二号线前门站，实现与快速轨道客运交通的衔接，提高了线路的运营能力，同时保证客流来源，见图3－68。与二环、三环、四环、五环路相交，使南北方向交通与东西方向交通客流连接起来，有效地扩展了它对城区的覆盖作用。南中轴路作为北京市南北向公共交通的基本主骨架，与其他快速公交线路配合，为实现客运交通快速网络打下坚实的基础。

南中轴路前门—德茂庄沿线途经前门、永定门、木樨

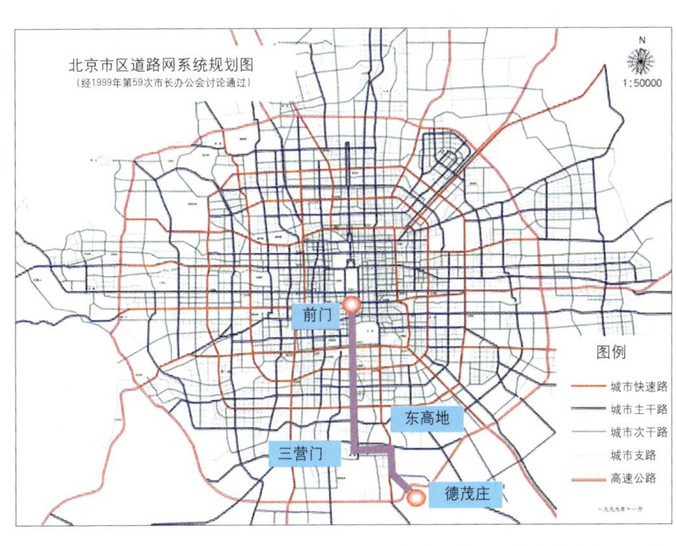

3-66　南中轴BRT线路示意图

3-67 南中轴BRT线路

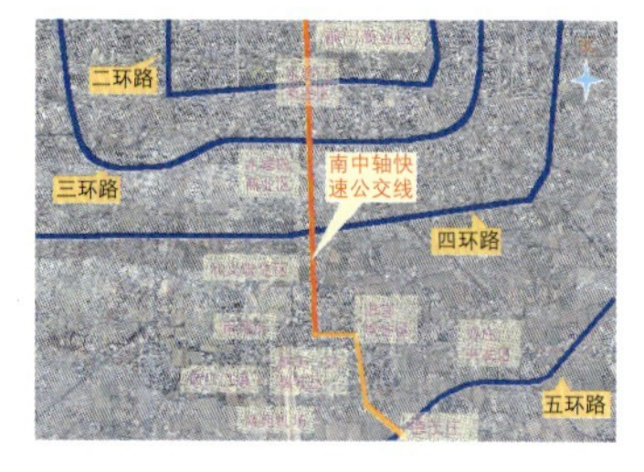

3-68 南中轴BRT主要客流区

园、和义小区、航天一院、东高地等商业和居民小区集中地区，现有公交线路31条，公交站位21个，是居民出行的主要通道，并辐射南苑和亦庄两个边缘集团，现况公交高峰小时最大断面客流量达到8000人次/方向，日客运量31.6万人次，对于大运量的快速公交线路有基本客流保障。

（二）专用道路

专有路权是快速公交的基本特征，是保持公共交通服务水平不受其他机动车干扰，维持城市居民出行的可靠性和机动性，保持公共交通可持续发展的根本措施。对于公交车道在道路中的设置位置通常为两种，最内侧车道和最外侧车道。对于外侧车道，公交车由于与小区或单位进出主路车辆、及路口右转车辆相干扰，影响了公交服务水平；最内侧车道避免了这些干扰，保证了公交服务水平。

南中轴BRT在路段范围采用全封闭的公交专用车道，位于道路中央隔离带的两侧（最内侧车道），通过物体隔离形式与社会车辆完全隔离。路段采用单车道，车道宽度4m，站台地方有空间条件采用双车道，保留站台超车的可能性，见图3-69。南中轴路在主要交叉点（二环、三环、四环、五环），已形成立体交叉，快速公交线路亦为立体交叉，为线路提供了自然的优越条件，通过其他平交路口在信号方面有优先权，保证线路快速、通畅。

南中轴BRT在前门至三营门段规划有地铁8号线路，在该段线路中，快速公交可以作为今后建设地铁或轻轨的过渡交通方式，并利用现况南中轴路中央隔离带宽18～20m，修建大容量快速公交专用车道，三营门至德茂庄可以作为地铁或轻轨的延伸，实现快速公交与地铁或轻轨混合使用。

（三）车辆

公交车辆是大容量快速公交系统的重要组成部分，是确保系统安全、快速、高效运行的关键因素。国际上快速公交系统通常采用改良型的公交车辆，色彩鲜艳及统一形式，以体现其品牌效应。它的技术性能对系统功能、运营效益也会产生很大的影响，一般采用大型铰接车提高系统运输能力并降低运营成本、采用低地板车辆方便乘客上下车并减少上下车时间，见图3-70。

南中轴BRT车辆选型考虑城市公交的大型化、低底板化、造型现代化、服务电子化及低排放的公交车辆技术发展主要趋势，确定18m长单铰接的车辆，根据系统布设车辆设计为左侧开门，应用低地板技术，降低了整车的重心，增强了城市客车的行驶稳定性和舒适性，方便乘车，尤其是方便儿童、老人和有行动障碍乘客的上、下车，增强了公交服务的功能。同时充分应用现代汽车电子技术，实现乘客服务的电子化，提高车辆自动化、智能化程度。车辆载客量180人，发动机排放标准为欧Ⅲ。

南中轴BRT车辆造型现代化，直接体现现代都市风貌，成为现代都市亮丽的风景线。

（四）车站及主要换乘点

BRT车站，其交通功能是为乘客提供上下车，集中换乘以减少乘客的换乘距离和时间。南中轴大容量快速公交线结合现有公交车站，共设有车站17座，平均站距940m。结合沿线客流分布情况，最小站距300m，最大站距2400m。站位设计尽可能靠近路口，便于相交道路换乘。站台设计为岛式站台，上下行共用。配合低地板的公交车辆，站台抬高保证乘客水平登降减少上下车时间。

南中轴快速公交线系统是一条以南北方向为主的公交线路，与东西方向公交的换乘主要设置在相交的环路上。根据现况道路条件，考虑方便乘客的换乘设施，主要换乘站设计以无缝隙换乘为目标。

四环站：该站位于南四环大红门立交桥桥区。现况大红门立交分为上、中、下三层，东、西方向的南四环路位于第二层，南、北方向主路桥位于第三层，立交第一层为转向环岛。考虑在主路南、北方向新建大容量公交专用桥并在桥上设置快速公交车站一处。新建梯道桥实现位于桥区的大容量公交与位于第一层的现况社会公交的换乘，预留与第二层四环路公交换乘的条件。由于该处立交高差较大，考虑新建电动梯道以方便乘客换乘。该处公交站基本实现各方向垂直换乘。

3-69 南中轴BRT专用车道

3-70 南中轴BRT专用车辆

木樨园站：该站位于新建木樨园立交桥区，以交通枢纽特征为主，客流量较大。南三环路位于立交下层，南中轴路位于立交上层。社会公交车分布在南三环路上。站台附近有10余条公交线路，大容量公交与社会普通公交之间的换乘可以通过主路新建梯道实现。该站采用岛式站台形式，车站位于中间，两侧设置大容量车道。实施新建梯道均考虑无障碍设计以方便残疾人通行。

（五）收费系统

收费系统是大容量快速公交系统区别于普通公交的重要特性。南中轴BRT线路为了实现快速、高效、大运量的运营目标，采用封闭式售验票系统，车下售验票的方式，消除售验票造成的通行能力瓶颈，配合公交铰接车辆，可以保证乘客在所有车门同时上下，提高整个系统的运营能力与效率，同时减少逃票的发生，保证运营效益。收费系统结合现有条件近期设置人工售票和IC卡形式，预留远期自动售验票(AFC)系统，见图3—71和图3—72。

3-71 南中轴BRT车下收费处

3-72 南中轴BRT车站水平登乘

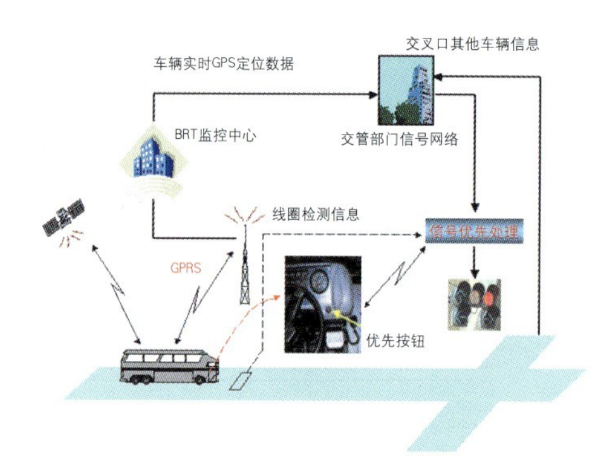

3-73 南中轴BRT路口优先系统

（六）路口公交优先

南中轴BRT线路在路段上实施封闭公交车道，对于公交车辆在空间和时间上均得到保障。只有在平面交叉的路口，由于受到相交道路行车及转弯车辆的影响以及行人过街的威胁，使得路口公交优先措施显得尤为重要。

南中轴BRT信号优先系统的构建，基于车辆自动定位信息的实时公交优先信号控制方案，以形成专用道绿波和高优先级作为优先策略的基本出发点，优化交叉口的公交信号控制系统，提高公交车辆运行速度，充分发挥BRT系统的快速优势，提高公交服务水平，见图3—73。

三、快速公交建设

南中轴BRT线开通后社会效益显著，已成为南城居民出行首选。快速公交以其运量大，快捷、灵活、经济、建设周期短以及减少城市污染等特点，赢得决策者和广大市民认可。南中轴1线自2005年12月30日全线贯通到2006年8月底累计运送乘客2017.1万人次，平均日客运量为9万人次，南中轴沿线35%的客流都吸引至快速公交。

南中轴BRT线开通后经济效益突出。由于享有专用路权，运营速度提高了50%，车辆周转快，运营成本降低。在南中轴BRT线开通时，整合了7条传统重叠的公交线路，撤掉了260余辆公交车辆，有效地降低了能源消耗和尾气排放，缓解了道路拥堵，充分体现了北京奥运会“绿色奥运、科技奥运、人文奥运”的理念，道路资源得到了科学合理的利用。

南中轴BRT线开通后改善了北京南中轴地区的公共交通环境，实现了公共交通系统质的飞跃。同时缩小了北京地区差别，带动了城南的持续发展，提升了地区形象。

北京市在奥运会前除已建成的南中轴BRT外，还开通了安立路、朝阳路两条BRT线路，使BRT线总长最少约60km。

快速公交将与地面常规公交、轨道交通形成几条主要放射线路的不同层级的客运网络，为奥运会提供优质的交通服务。

（一）安立路快速公交项目

线路走向：线路南起安定门桥，向北穿过安定门地区、奥体公园地区、北苑及回龙观地区，北至昌平区平西王府；涉及东城区、朝阳区及昌平区三个行政区。全长约为21km，见图3-74。

车道：安定门外大街及其延长线是市区北部主要的辐射性交通走廊，规划为主干道功能，红线宽60m。现况既是机动车交通走廊，同时又是服务于北部新城及边缘集团地区及周边区域的公交线路密布的走廊，两者作用下形成了一条复合型客流走廊。

安立路在规划路网中为城市主干道。安立路的功能以疏导沿线交通为主，并作为以公共交通为主的交通集散通道。汤立路是市区通往昌平的主要干路，且中央隔离带7～22m，根据道路条件安立路BRT车道放在道路主路内侧，中央车道形式，见图3-75。

车站：快速公交站位设置，尤其起讫点设置对该系统的成功运营至关重要。起点车站安定门为二级客流集散中心，

3-74 安立路BRT线路示意图

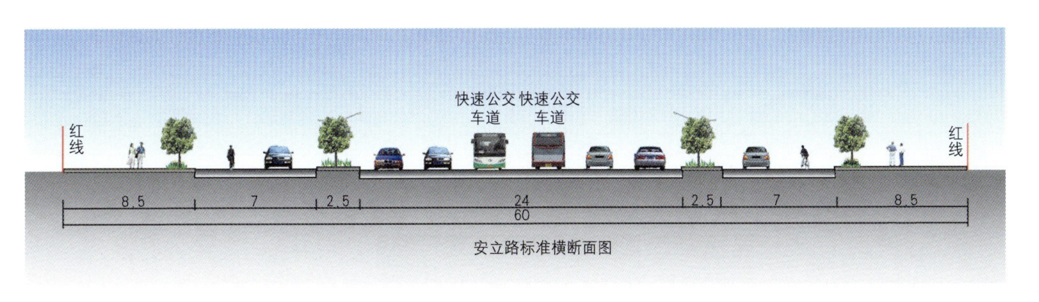

3-75 安立路标准横断面示意图

现况客流流量大，具有较好的客源保证和系统优势，与2号线地铁和环线公交线网结合良好；讫点车站王府街邻近大型居民区回龙观，通过支线公交"饲喂"关系满足回龙观小区东南向出行需要以及北部新建小区南行的需要。线路其余各站贯穿了北部地区主要客流集散点，符合居民的出行特点，并且可以整合现况沿线部分普通公交线路。

安立路BRT线结合现有公交车站，共设有车站25座，其中起终点站2座，换乘站3座，中间站20座。平均站距约910m，采用侧式站台，公交车辆右侧开门。

（二）朝阳路BRT项目

路线走向：线路西起朝阳门桥，向东穿过朝阳门、东大桥、呼家楼、红庙客流较大区域，CBD、定福庄边缘集团、北二外等大型社区，东至杨闸环岛；涉及东城区、朝阳区两个行政区。全长约为16km，见图3-76。

车道：朝阳路沿线道路条件复杂，不同断面交通需求特征不同。朝阳路标准横断面，见图3-77。朝阳门至东大桥段道路功能定位应属机动车主要通道，交通需求以普通机动车为主，BRT车道设置在主路最外侧，与普通公交车混行。东大

3-76 朝阳路BRT线路示意图

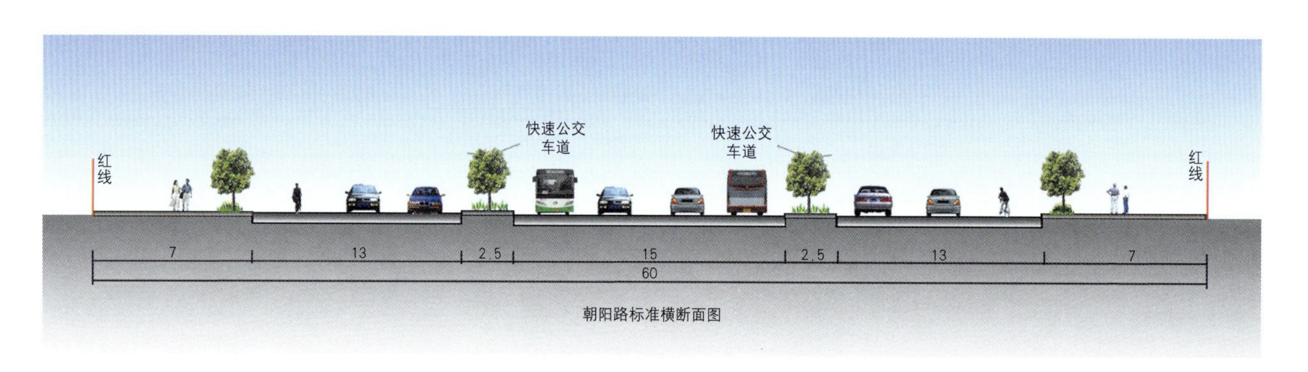

3-77 朝阳路标准横断面示意图

桥至杨闸环岛段，BRT车道放在道路主路外侧，专用车道。为了提高系统稳定性，朝阳路BRT运营线路分两条，线路1起点定在东大桥，车辆在东大桥绕行朝阳北路掉头，与地铁10号线相接，沿东三环桥下空间经呼家楼折向东，沿朝阳路至杨闸环岛。线路2车辆西延至朝阳门环岛，实现BRT与环线地铁转接，车辆绕行朝阳门环岛后经朝阳路至杨闸。

车站：BRT站位设置，尤其起讫点设置对该系统的成功运营至关重要。此次朝阳路快速公交拟采用朝阳门至杨闸与东大桥至杨闸的两条线路平衡客流。线路一起点设置在东大桥，与地铁10号线转接；线路二起点设置在朝阳门与地铁2号线转接，终点均设置在杨闸，杨闸环岛能有较好的客源保证和系统优势，且与轻轨八通线转接，同时线路其他站点贯穿了东部地区主要客流集散点，符合居民的出行特点。

朝阳路快速公交线结合现有公交车站，共设有车站21座，其中含起点站1座，线路起终点站2座，换乘站2座，中间站16座。平均站距约720m。采用侧式站台，车辆右侧开门。安立路、朝阳路BRT车站效果图，见图3-78。

3-78 安立路、朝阳路BRT车站实景及效果图

第四章 公共交通——轨道交通

第一节 北京奥运与轨道交通建设规划

一、北京市轨道交通建设规划背景

（一）城市发展迅速，城市化进程加快

社会经济现代化、城市化与机动化同时步入快速发展期的北京市人口迅速增长。2005年末，全市常住人口（在京居住半年以上人口）1538万人，比2000年末增加174.4万人。经济迅速增长，2005年全市实现地区生产总值6814.5亿元，比上年增长11.1%。按常住人口计算，当年人均GDP达到44969元（折合5457美元），比上年增长8.1%。城市化进程加快，城镇建设用地迅速扩展，中心城建设规模不断扩大，全市每年完成建筑面积在3000万m^2以上，其中85%以上集中在中心城。

（二）交通需求空前增长，交通发展面临严峻挑战

人口的增加、城市化、机动化水平的不断提高以及经济的高速发展，客观上刺激了交通需求的增长，居民出行总量大幅度提高。“十五”期间，全市居民日出行量迅速增长，平均年递增4%，2005年底已达到2830万人次/d（不含步行出行量）；中心城地区道路全日交通量近3年增长更为迅猛，由2002年的353.9万辆/d增加到2005年的507.9万辆/d，累计增加43.5%，平均年递增12.8%，市区机动车出行总量已达到415万车次/d。而且机动车使用率亦较高，私人小客车年均行驶2万km，公车年均行驶3万km，是国外大城市的两倍以上。

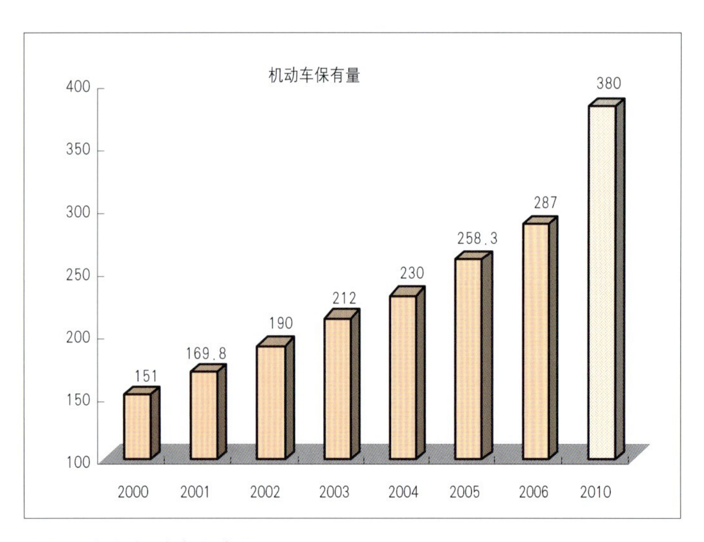

4-1 北京市机动车保有量

（三）机动车保有量迅速增长，私人机动车快速进入家庭

随着居民生活水平的提高，北京市机动车保有量迅速增长，见图4-1。截至2006年12月25日机动车总量达到287万辆，比去年同期增长28.7万辆，增幅11%，其中私人小客车达到160.6万辆，增加26.3万辆，增幅20%。“十五”期间，私人机动车年均增长16.0%，年增量达到中等城市平均保有总量的水平。2007年底，北京市机动车保有量已达到312.8万辆。预计2010年机动车总量将达到380万辆左右。

（四）路网车辆运行速度下降，城市交通拥堵形势依然严峻

2005年北京市路网车辆运行速度比2004年有所下降，其中次干路下降较快，而主干路由于一直处于近饱和状态下降程度相对较低。就环路而言，2005年二环主路全年平均速度51.3km/h，比2004年下降4.4km/h；三环主路全年平均速度57.75km/h，比2004年略有下降。另外，根据2005年浮动车系统车速调查结果，北京市五环范围内快速路日均速度为50.5km/h；城市主干道日均速度为36.4km/h。早高峰（7：00～9：00）调查结果显示：快速路平均速度为46.3km/h；主干道平均速度为32.3km/h。北京市2006年一周拥堵情况变化曲线，见图4-2。

（五）公共客运交通系统基础薄弱，难以应对小汽车交通的强劲挑战

北京已处于小汽车进入家庭的快速发展期，市区全日小汽车出行方式比重已经由1986年的5%上升到2003年的26%，这种出行方式的需求与道路交通基础设施供给的矛盾日益加剧，是导致城市交通拥堵的首要因素。与国外同类城市交

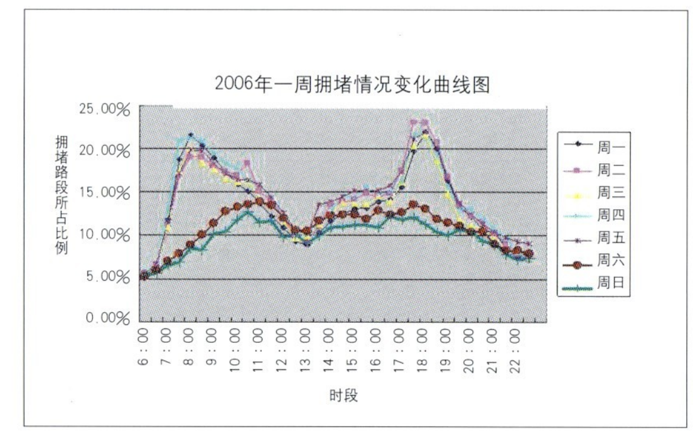

4-2 北京市2006年一周拥堵情况变化曲线图

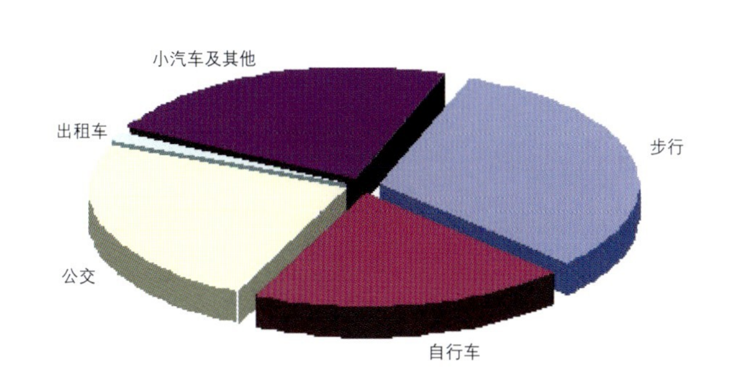

4-3 2005年居民出行交通结构图

通发展状况相对照，北京目前公共交通仅承担出行总量的30%，其中轨道交通占出行总量的6%，日均客运量220万人次，难以发挥骨干作用，地面公交系统结构单一，难以充分满足日常出行的多样性要求。根据2005年交通调查，居民出行的交通方式，见图4-3。

因此，在推行合理使用小汽车，改善城市交通出行结构策略计划上，北京比其他大城市更困难，加快发展城市轨道交通才是解决问题的根本出路。

二、北京市快速轨道交通近期建设规划

根据《北京城市总体规划（2004年—2020年）》提出的北京“国家首都、国际城市、文化名城、宜居城市”的发展目标、“两轴－两带－多中心”的城市空间结构调整战略、“中心城－新城－镇”的市域城镇体系、“要采取切实措施，建设以公共交通为主导的高标准、现代化的综合交通体系”的要求，北京市政府对北京市轨道交通建设规划重新进行了研究和调整，并提出《北京市轨道交通近期建设规划》。

（一）轨道交通建设规划的指导思想和基本原则

1.建设规划的指导思想

(1)总体思想：先骨干，后辅助；先四环以内，后四环以外；先疏解交通，后引导发展。

(2)中心城：根据中心城总体规划、城市建设和交通发展情况，完善中心城的轨道交通网络骨架，缓解交通压力。

(3)新城：根据新城发展规划和建设情况，加强新城与中心城的轨道交通联系，引导和带动新城的发展，支持城市总体规划的实现。

(4)路由和时序：根据目前城市建设的实际情况和轨道交通最新研究成果，调整部分线路的路由走向和部分线路的建设时序。

2.建设规划的基本原则

(1)支持和服务城市功能区建设的原则

符合城市空间结构调整优化方向，按照“两轴－两带－多中心”城市空间结构布局，发挥轨道交通对城市空间调整的带动和引导作用，保障中心城与新城之间、重要功能区之间、重大交通枢纽之间有便捷紧密的交通联系，促进中心城优化升级，保障新城良性发展。

(2)轨道交通建设与土地开发相协同的原则

积极推广以轨道交通为骨干的公共交通导向的城市开发模式（TOD），建立以公共交通为纽带的城市布局与土地利用模式，合理确定线路走向和站点布局，促进沿线土地高效集约利用，提高土地和轨道交通系统的综合效益。

(3)实施差别化的区域交通发展策略的原则

根据中心城、新城不同的发展策略，合理确定中心城和新城轨道交通建设的功能定位。中心城的轨道交通建设，主要以缓解交通拥堵和强化功能区之间的联系为主；新城的轨道交通建设，充分发挥轨道交通对城市发展的引导作用，使新城土地开发与轨道交通设施建设相互协同。轨道交通设施特别是站点的设置，应按照不同区域的发展要求合理配置。

(4)加强和改善轨道交通服务水平的原则

应按照构筑以公共交通为主体、轨道交通为骨干、多种运输方式相协调综合客运交通体系的要求，加强轨道交通与其他运输方式之间的顺畅衔接，改善换乘环境和效率。加强建设模式和运营方式的研究，真正实现快速大容量的建设目标，同时增强出行的选择性。

(5)建设时序符合城市重点建设方向的原则

轨道交通的建设时序要与中心城人口职能疏解、交通改善以及新城建设时序相衔接。近期建设采取支持东部、加强南部、控制北部、关注西部、优化中心的策略。

（二）轨道交通建设规划主要建设项目及目标

1.至2015年实现的轨道交通网络

至2015年，北京将形成三环、四横、五纵、七放射，总长达到561.5km的轨道交通网络，见图4-4。

2.至2015年轨道交通线网密度

至2015年，北京市中心城内轨道交通网络基本形成，轨道交通吸引范围将覆盖所有建设用地，能方便较多乘客乘坐轨道交通。中心城范围的轨道交通线网密度，见表4-1。

从表4-1可以看出，中心城内的线网密度在核心区内最高，外围随着距离的增加而降低；长安街以北的线网密度高于长安街以南，中轴线以东的线网密度高于中轴线以西；这一特征与城市土地开发强度以及城市发展方向相吻合。

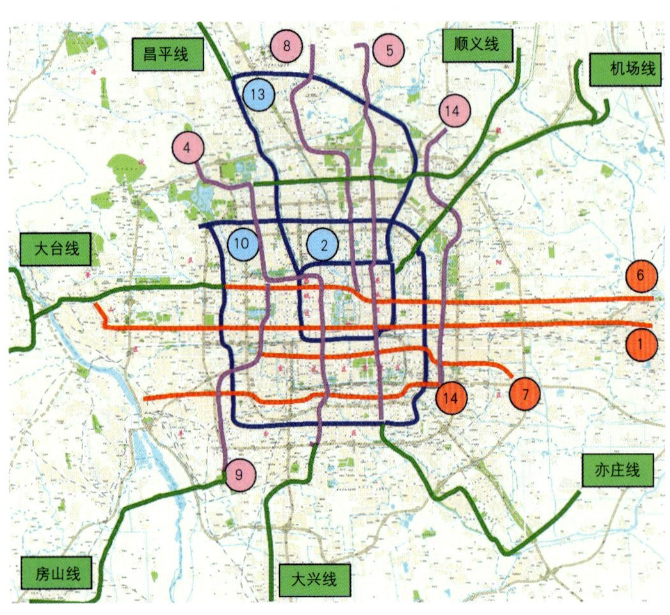

4-4 2015年轨道交通网络规划

中心城范围（五环内）的轨道交通线网密度 表4-1

序号	统计范围	线网长度(km)	地域面积(km^2)	线网密度(km/km^2)
1	二环内	67	62	1.08
2	三环内	138	158	0.87
3	四环内	239	300	0.80
4	五环内	331	651	0.51
5	长安街以北	192	318	0.60
6	长安街以南	139	333	0.42
7	中轴线以东	154	274	0.56
8	中轴线以西	177	377	0.47

第二节 北京奥运与轨道交通建设

城市轨道交通，既能够满足奥运会期间巨大客流量的需求，有效缓解交通拥挤，又符合绿色奥运的要求，是奥运会顺利进行的重要保证。根据北京市轨道交通近期建设规划，在2008年奥运会前北京将在原来1号线、2号线、13号线、八通线，共计里程114km轨道交通线路基础上，再建成通车3条线路：5号线、10号线一期(含奥运支线)、机场线，累计运营总里程将达200km。本节将简要介绍5号线、10号线和奥运支线，机场线将在本章第三节中单独介绍。

一、5号线简介

（一）工程概况

地铁5号线南起宋家庄，北至天通苑。线路全长约27.8km，地下线17km，地面和高架线10.8km。贯穿城市中心，连接丰台、崇文、东城、朝阳、昌平五个城区，见图4-5。

全线共设23座车站，其中地下站16座，高架站6座，地面站1座。设太平庄车辆段、宋家庄停车场以及指挥中心。

列车车型为B型车。地铁5号线工程设计主要技术指标为正线平曲线最小曲线半径：$r \geqslant 400$m；车站平曲线最小半径：$r \geqslant 800$m；线路最大纵坡：区间正线24‰，辅助线40‰。

（二）工程特色

为不断提高北京地铁运营安全管理水平，完善地铁新线服务功能，体现轨道交通“以人文本、科技创新”的理念，在5号线建设中除常规的设计外，有多项新技术、新措施的应用。

1.施工特色

(1)在北京地铁建设中首先采用了盾构法施工区间隧道，见图4-6和图4-7。

2002年，地铁5号线雍和宫站至北新桥站区间盾构试验段开始施工。北京地铁5号线就成为北京首条用上盾构机的地铁线，为暗挖技术拓展了更为广阔的空间。

2005年11月9日，盾构首次穿越我国现存最大且有着500年历史的“祭地”之坛——方泽坛，且上方还有数十棵几百年树龄的古柏，均未受影响。

(2)首座铁路斜拉桥一次性跨过清河，见图4-8。

2005年11月底，地铁5号线高架桥部分，国内首座弧形的

4-5 地铁5号线线路示意图

4-6 盾构机整体模型

4-7 盾构隧道实景

4-8 斜拉桥实景

4-9 悬挑梁实景

4-10 装饰设计

4-11 文化空间

铁路斜拉桥建成。铁路界第一次采用的反向平曲线与竖曲线重叠设置的斜拉桥。它位于昌平区，上跨清河、清河北滨河路，桥体全长210m。它避免了采用小跨连续梁式桥在河道内建桥墩施工难度大，以及干扰清河河道正常蓄洪能力的问题。

(3)地铁高架车站重载大悬挑复合预应力开型框架结构（大屯路东站、北苑路北站悬挑大于5m的悬挑梁），见图4–9。

2.车站特色

地铁5号线装饰的总体定位是建立在对国内外地铁装饰发展趋势的横向比较，对地铁装饰涉及的各项因素进行系统的纵向调研及专题研究，结合北京当地的地铁装饰现状和轨道交通发展规划的基础上完成的。

(1)装饰设计手法中的人性化设计，见图4–10。

采用简约的设计手法，使地铁的乘客在繁复的空间感受到有序，从而达到舒适度的要求；

在地铁空间中引入地铁文化的概念，用装饰设计和现代艺术的表现反映北京国际历史文化名城和中国首都特色，注重了人性的情感需求。

(2)文化空间，见图4–11。

北京文化：通过对北京传统的市井风俗的提炼，用写意的手法表达了老北京市井文化。

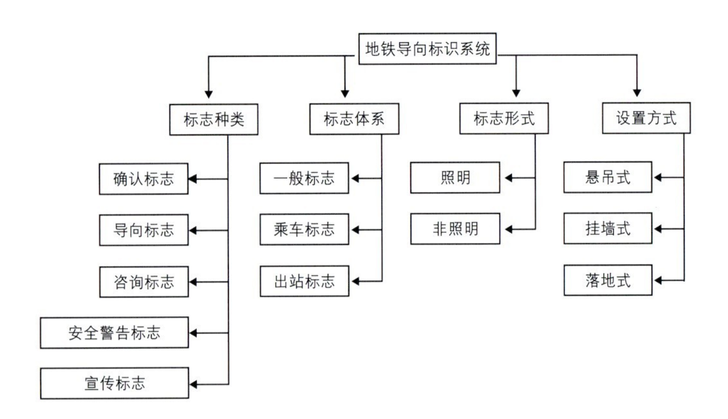

4-12 地铁导向标识系统图

4-13 残疾人轮椅升降平台实景

4-14 残疾人坡道实景

中国文化：用中国传统图案四方连续的手法处理空间，突出车站装饰雍容大气、持续和现代的文化空间。

(3)导向标识的系统性，见图4-12。

包括引导出入站人流方向、紧急疏散方向的——导向类标识；标明目的地、辨别位置——确认标识；信息咨询类的——咨讯标识；提示或禁止某种行为的——安全警告标识；线路标志色的——体现在车体、闸机、座椅、垃圾桶等处。

(4)特殊人群的细节处理，见图4-13和图4-14。

全线车站全程无障碍设计主要体现在以下方面：

a.出入口、通道、站厅及站台的公共区设置盲道（分为指引视残者向前行走的为条形的行进盲道；在行进盲道的起点、终点及拐弯处设置的圆点形盲道为提示盲道）；栏杆扶手端头用盲文显示图形；

b.站厅至站台设置了残疾人垂直电梯；

c.地下及路中高架车站下列出入口设置了残疾人轮椅升降平台（共21个出入口）；与之对应的出入口设置残疾人坡道，并非所有出入口设置残疾人坡道及残疾人轮椅升降平台，但保证上述每站至少有一个出入口设置残疾人坡道及残疾人轮椅升降平台。立水桥北、天通苑南、天通西苑、天通苑北仅设残疾人坡道。

d.全线设置残疾人公共卫生间。

全程无障碍设计细部设计：体现对残疾人的关怀，在整个地铁的建筑设计中体现得比较深入，设置盲道以及对楼梯和坡道防滑的设计都体现了对残障人的关怀，对楼梯和坡道防滑的设计，用机割面石材进行处理。

(5)科技化程度逐渐提高。

轨道交通随着城市公交、空港、铁港等接驳功能的形成，其多元化的功能需求必然提出其系统优化的概念，地铁科技化的提高必然提供了多功能需求的完善。地铁的导向、自助机械查询、广告咨询、客服体系的建设为地铁将面临的8大功能提供平台。在地铁的运营管理和建设中更充分体现了高科技的含量：

(6)交通衔接及出入口设置，见图4-15和图4-16。

大部分采用“都市回廊”的标准形式，以虚实结合的手法来表现，集标志性、美观性、采光和绿色节能等功能于一体，或点睛式地表现了当地的历史环境。

大部分出入口考虑了与地面公交的衔接，一些出入口考虑了出租车临时上下客的需求；并在绝大部分车站的一些出入口设置了自行车停放场地；在有条件的太平庄北站还设置了小汽车停放场地。全线设置了约2.4万辆自行车、259辆小汽车停放场地。还在车站周边的500m范围内设置了5号线的导向标志。

4-15 出入口与历史环境结合

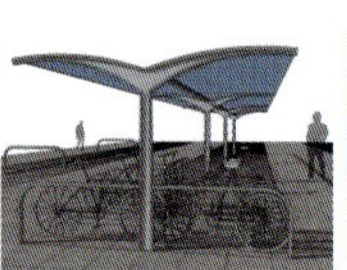

4-16 出入口与公共交通的衔接

3.设备系统的特色

(1) 车辆

5号线车辆采用贯通式车辆，内设东暖夏凉空调系统，车内可全程无阻碍地接打手机，可在车内观看奥运会盛况，见图4-17。

4-17 地铁5号线贯通式车辆

4-18 地铁5号线安全门系统

(2)综合监控系统

北京地铁5号线集成电力监控系统、环境与设备监控系统、安全门系统、互连信号系统（ATS）、自动售检票系统（AFC）、广播系统（PA）、闭路电视系统（CCTV）、乘客信息系统（PIS）、时钟（CLK）、无线通信系统、传输系统。

(3)安全门系统

北京地铁5号线是北京首条采用安全门系统的地铁线路，见图4—18。

(4)乘客信息系统（PIS）

地铁运营区域内安装等离子显示屏PDP、高亮全彩LED屏、列车LCD液晶显示屏。

为乘客乘坐地铁提供全面的导向信息服务，使乘客安全、高效地在地铁中行走，使地铁车辆高效、安全地运营。同时与2008年奥运会的数字化北京接轨，提供全面的数字化信息服务，见图4—19。

(5)钢铝复合接触轨

重量轻、导电性能好、电损耗低等。

(6)再升电能吸收装置

随着社会环保节能意识的增强和科技的进步，在轨道交通变电所设置再生电能吸收设备，以减少轨道交通用电和环境污染（机械制动粉尘污染或车载电阻发热）已经成为轨道交通牵引供电技术发展的方向。

(7)新型轨道隔振器减振技术

有利于改善车辆对轨道的振动，降低轮轨冲击噪声。

(8)电动可开启表冷器

为了解决表冷器通风季节耗能的问题，在集成系统中引入了可开启表冷器，见图4—20。该设备设计为平开门式，两侧设轴，可以在通风季节电控延轴开启，降低系统的通风阻力，节约通风能耗。通过表冷开启，在通风季节能耗可以降低28%左右。对于北京地铁长达8个月的通风季节来说，节能意义非常重大。

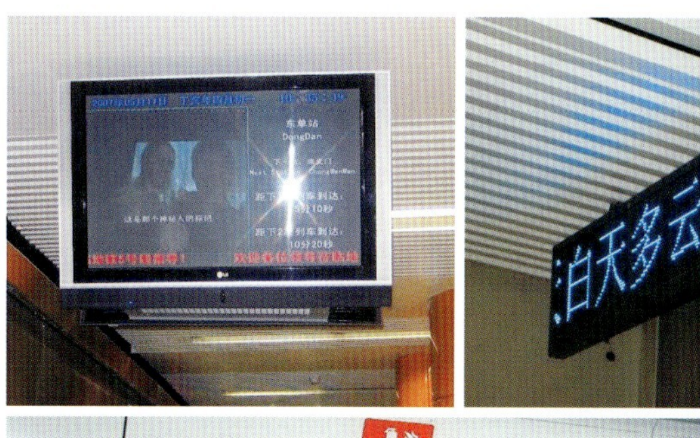

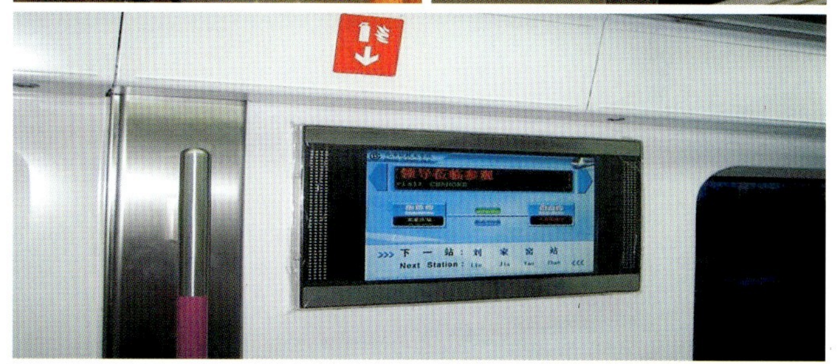

4-19 乘车信息系统

4-20 电动可开启表冷器

二、10号线简介

(一) 工程概况

地铁10号线一期线路全长24.65km，全部为地下线。共设车站22座车站，开通时有6座换乘站分别与13号线、奥运支线、5号线、机场线、1号线换乘，另外安定路站是运营初期10号线与奥运支线的接轨站。

10号线列车采用国标B1型车，六辆编组，10号线预测的远期日运量为121.6万人次，高峰小时最大断面4万人次，说明10号线是北京轨道交通网中重要的一条线路，必将发挥北京交通的重要作用。

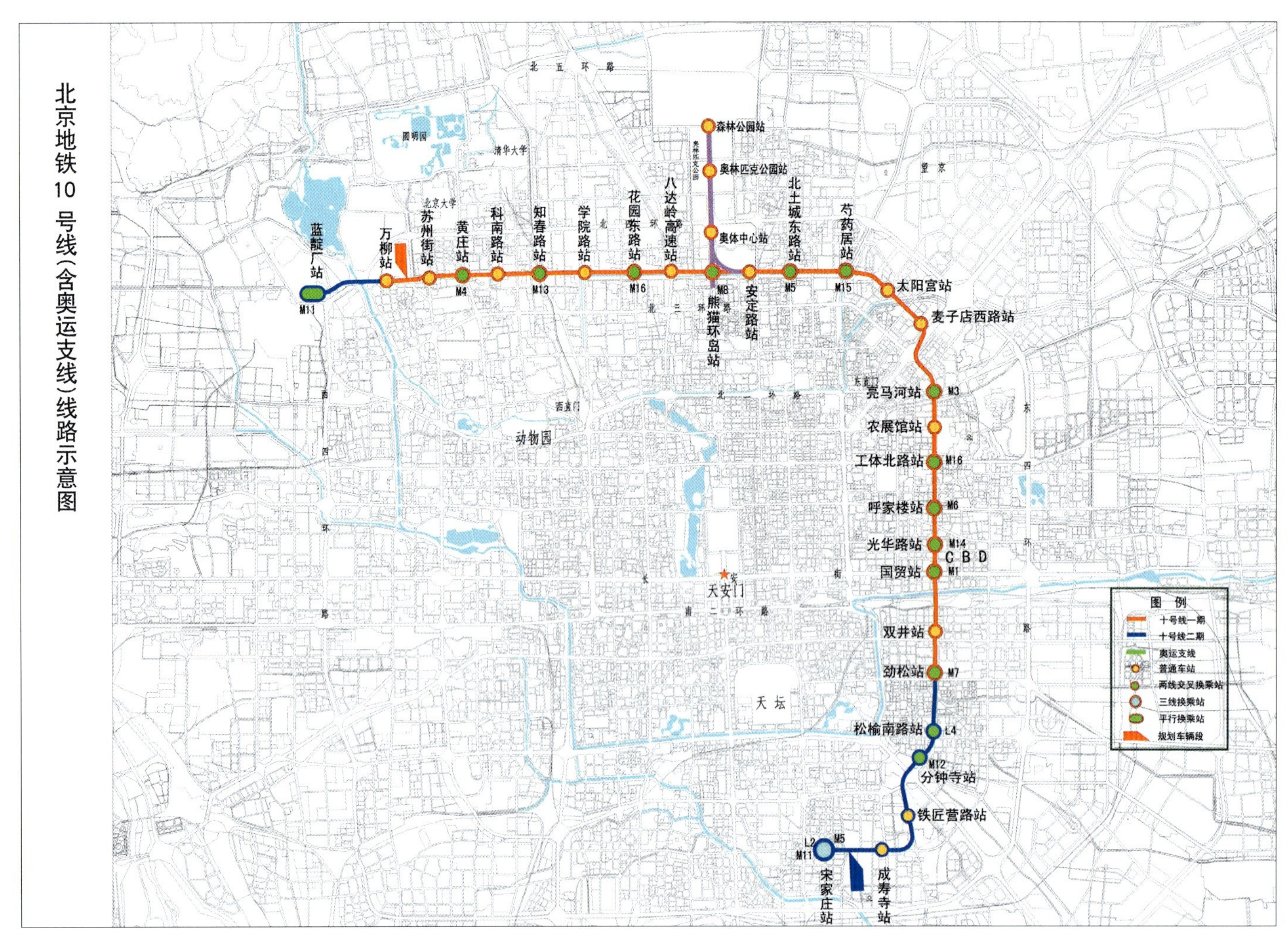

4-21 地铁10号线一期工程线路图

10号线一期是继继北京地铁2号线之后的有一条半环线，与大部分已建成地铁线和规划地铁线形成交叉换乘，不仅能减轻环线压力，同时可以完善轨道交通网络，改善城市交通结构，便于市民出行。

10号线一期连通了北京市最重点发展的中关村地区、奥运公园区、（CBD）北京商务中心区，并在中关村与地铁4号线、在奥运公园与奥运支线、在CBD与地铁1号线换乘，形成三个轨道交通金十字，将极大改善上述地区的交通状况，也缓解了北京北部三环与四环、东部三环的四面交通压力。

10号线位于奥林匹克公园南端，是连接奥运支线与既有线网的唯一线路，观众可以通过非常方便的换乘从城市各个方向到达奥运公园，十号线将对完善奥运交通起到关键作用。

（二）工程特色

1.10号线工程沿线建设条件复杂，风险点多，施工难度极大

10号线多次下穿已运营的地铁线路（13号线知春路站、芍药居站、1号线国双区间等）、多次穿越重要桥梁（稻香园桥、学院桥、建德门桥、燕莎桥、长虹桥、京广桥、国贸桥、双井桥、劲松桥等）、近距离穿越多出建筑物（国管局宿舍楼、南小街8号楼等）、下穿四条河流（小月河、西坝河、亮马河、通惠河）、下穿各类管线（燃气、热力、雨污水等）等。为适应东三环等桥间地下建设空间狭小的条件，十号线产生的5座各有特色的分离岛式车站，即把车站出体分解成两个或三个相对较小的部分，再利用通道互相连通。

2.推行符合时代要求的建设理念

环保理念：10号线一期在工程选线、施工工艺及工程材料等多方面注重环保理念，整个建设方案最终经专业机构机构进行环境评估后方可实施。万柳车辆段采用大面积屋顶绿化，使之与颐和园南部绿化景观和谐一致；部分线路轨道采用减震技术，以避免对附近敏感建筑的振动影响；站前广场采用透水砖地面，可避免雨水流失的同时降低城市热岛效应。

以人为本理念：完备的无障碍系统，并在北京地铁线路中首次设有直通地面的垂直电梯；所有出入口都设有上行自动扶梯，更加方便进出；在建设中为便于市民出行，注重地铁车站与相邻公共建筑的地下连通，目前已经与17座公共建筑实现地下连通或预留了连通条件。

3.设备技术先进

乘客信息系统通过车站和列车内设置的液晶电视屏，可以向乘客提供各类信息资源和实时的电视节目，同时地铁指挥中心通过此系统实时监控车站和列车运营情况。

通信系统主要由专用通信系统、商用通信系统、公安通信系统、政务通信系统等组成，是地铁运营的指挥控制平台。在安全性方面得到全面提升：通信系统设有备用控制中心，能在主系统发生故障后，整个系统仍可正常运行，通信系统中的政务和调度系统采用双星型组网，保证有线网系统安全可靠运行。此外，10号线换乘车站的通信联络首次实现了换乘的两个站之间图像、信息传输，使地铁指挥中心能完全掌握整个地铁线路使用和运营情况。

信号系统制式的选择采用了基于无线通信的移动闭塞列车自动控制(ATC)系统，在国内属领先技术。

地铁10号线通风空调系统采用风机变频调速技术，实现了变风量运行，降低了运行能耗；集成闭式系统适用于北京四季分明的气候特点，节省土建投资并降低了系统运行费用。

地铁10号线站前广场，部分采用了太阳照明设施，蓄电池为辅的供电电源方式。对车站冷却塔进行了整合优化设计，减小另外占地面积并改善了冷却塔与周边环境协调性。

（三）车站简介

10号线是一期工程联通北京的东部与北部，沿线的区域从城市发展过程看，大多是北京近20年内建设的新城区，集中代表了改革开放后北京的新面貌。因此10号线的地下公共空间以“都市前沿（Metro Frontier）”为整体设计理念，意在打造地铁网络中最具现代感、国际感，体现新北京面貌的系列空间。站内设计近三分之二的标准站以突出天花的带状处理，来形成10号线公共区域明确的线路特征，以区别其他线路，在乘客换乘时，提供一种明确的10号线空间认知符号。

理性的空间基础色：由于地铁10号线所经地区和使用人群的特点是现代、朝气、国际化。所以其内部空间，色彩定位在国际认知度高、比较理性的黑、白、灰色调上，没有采用过多的色彩渲染，为导向标示与广告等提供沉稳的背景，也衬托出每日穿梭与地铁的多彩而生动的都市人群。这与5号线的“多彩”+“暖灰”以及其他线路在色彩上形成了鲜明的对比。

共性为主、个性为辅的线路装修定位：10号线根据其穿梭不同区域的属性，将全线在强烈的科技时尚风格的指导下，分析全线的不同地段，所处特有的人文特征，通过提炼将全线分出几个区段重点站、个性特色站及普通标准站。

1.重点站装修设计特点

国贸站：还原建筑本体结构拱形特点，强调站厅、站台、通道空间天花部分的曲面构成，以弱化空间宽度有限带来的压抑感，并使国贸站富有强烈的交通空间之流动性特征。地下以大面积空灵的白色为空间主基调，集中体现中国水墨画“留白”的意境，形式简练而富有诗意的地下世界，见图4-22～图4-24。

4-22 国贸站厅、站台效果图

4-23 施工中的国贸站厅

4-24 施工中的国贸站台

金台夕照站：作为以央视为中心的北京新媒体基地，金台夕照主要表达传媒领域在现代信息社会中的时间性、扩散性、时尚性、多元化的特质；地下部分结合土建隧道的原貌形成墙顶融为一体的大曲面构成的拱形空间，圆形灯具和通风口的设计创造出独特的空间体验，象征媒体的辐射力，体现24h都市特殊的视觉效果。同时作为历史的燕京八景之一“金台夕照”的原址，它以独特的手法喻示着典故，传达着现在，见图4-25至图4-28。

海淀黄庄站：黄庄车站的设计构思，以强调科技的理性与创新性为主线，天花部分还原建筑本体拱形结构的特点，将设备管线作为空间里的一部分统一有序设计，明装直管灯具直线形排列，美观、易于维护的同时，形成黄庄站特有的工业科技感。显示出地铁空间充满力度的结构与材质之美

4-25 金台夕照站厅效果图

4-26 金台夕照站台效果图

4-29 海淀黄庄站厅效果图

4-27 施工中的金台夕照站厅

4-28 施工中的金台夕照站台

4-30 海淀黄庄站台效果图

感，见图4－29和图4－30。

2.车站出入口设计

10号线出入口主基调——都市之窗（CITY WINDOWS）意在展现科技信息时代交流、对话、融合的特征，跨越时间和地域，作为大众的交通空间，“窗”向人们表现北京的活力和包容力，折射丰富多彩的都市风貌，预示着美好的未来。

出入口以简洁的钢结构加玻璃幕墙的建筑形式为主，体现时代感和交通建筑特性，在与周边城市环境特征相融合的基础上，具有很强的易识别性。

国贸站：位于东三环，CBD中心位置；造型富于动感与向上的力量，利于车速与步行者从不同角度的认知，见图4－31。

一般类出入口：以内敛的方体造型和富有节奏的立面分割表达“窗”的主题，见图4－32。

4-32 一般出入口效果图

4-31 国贸站出入口效果图

三、奥运支线简介

（一）工程概况

地铁奥运支线全长4.528km，是北京轨道交通线网规划中地铁8号线的一段，是为2008年北京第29届奥运会期间提供客运服务的轨道交通专线。奥运支线南起地铁10号线熊猫环岛站，设4座车站，分别为北土城路站、奥体中心站、奥林匹克公园站、森林公园南门站。奥运支线工程项目总投资25亿元，见图4－33。

地铁奥运支线列车采用国标B1型车，六辆编组，近期作为地铁10号线支线运营，远期并入地铁8号线。奥运期间，奥运支线列车行车密度将达到20对，高峰小时客流量将达到2.88万人次/h，客流密集区段为熊猫环岛－奥林匹克公园站区段。远期，地铁8号线全线贯通后，行车密度将达到30对，高峰小时客流量将达到4.32万人次/h。

奥林匹克公园站位于奥林匹克公园中心地区，是奥林匹克中心区主要的地铁停靠车站。整个奥林匹克公园地区位于北京城市中轴线的最北端，规划总面积1159hm^2，该用地核心部位为奥运会举办的主要场所，集中设置了国家体育场、国家体育馆、国家游泳中心、国际会展中心等。

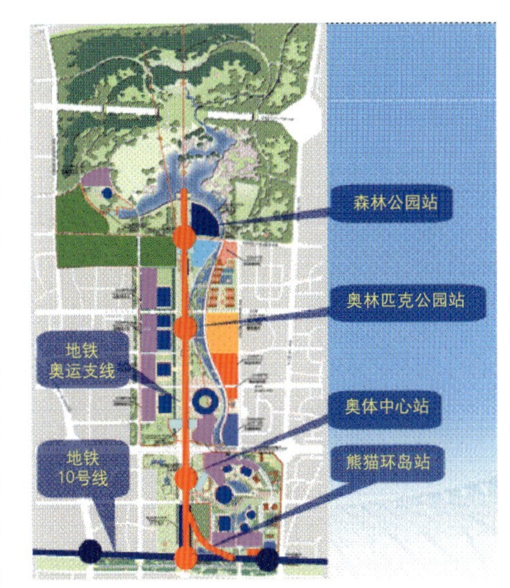

4-33 奥运支线概况

经过规划的深化和完善，中心区内地下设施呈“两横一竖加一环一中心”的格局，两横是指东西向成府路和大屯路两条地下道路，一竖就是地铁奥运支线，一环是指中心区交通环廊，一中心是指以中轴线西侧下沉广场为核心的大面积地下商业开发及下沉广场；形成了一个以地铁车站、下沉广场、地下商业、停车、公路隧道等为一体的庞大的地下交通网络，见图4-34。

地铁奥运支线作为该体系中的南北轴线，将在奥运会期间承担起奥运会南北交通大动脉的重任。

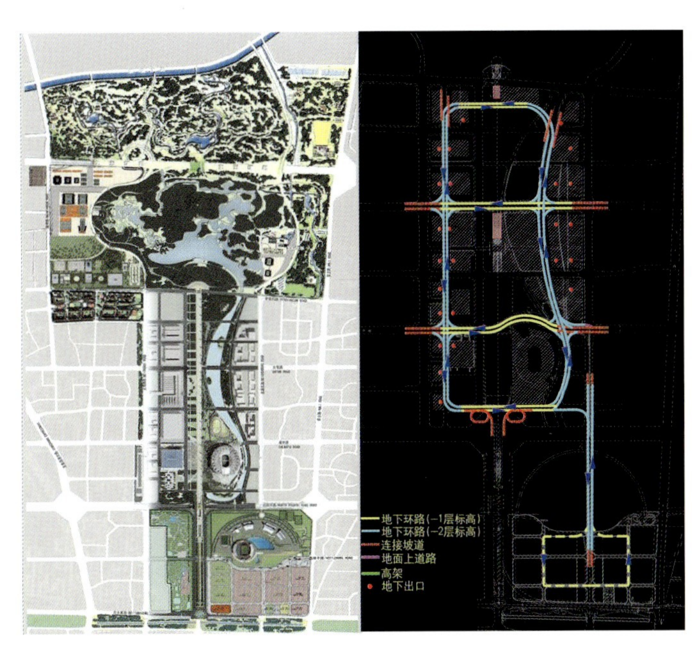

4-34 奥林匹克公园地上和地下整体规划图

（二）车站特色

奥运支线在奥林匹克中心区内一共设置3座车站，分别是奥体中心站、奥林匹克公园站、森林公园站。

在进行车站设计时，为适应奥运会大规模客流集散的要求，适当提高了车站设计的标准，同时采用了许多借鉴国外轨道交通建设的先进的设计理念。

在各车站的具体设计中，都有不同于其他车站的特色设计。

1.地铁车站与民族大道步行系统的无缝衔接

奥体中心站位于北四环南侧北辰路中央绿化隔离带内，车站地面为宽达72m的民族大道景观步行广场，行人可由北辰路路中，经过横跨北四环路的步行桥直接进入奥林匹克中心区，为便于乘客直达民族大道步行系统，车站设计时，直接在车站主体内部设置了直达广场下部横通道的自动扶梯和楼梯，乘客可经由民族大道两侧的下沉式出入口直接进入奥林匹克中心区，从车站站厅内部直接设置出入口到达地面，在北京地铁的车站中是第一次采用。

2.地铁与公交的零距离换乘

奥林匹克公园站是地铁奥运支线最大的车站，也是北京规模最大的非换乘轨道交通车站，在车站内，也有一处不同于其他车站的特殊人性化设计。

在车站北侧，是大屯路公路隧道，隧道内三上三下的机动车道外侧，设置了两条公交专用车道，以便把过境的公共交通引入地下，在地下设置了公交车站。保证地面中轴线广场步行系统的畅通。

传统的地铁与公交换乘设计，乘客必须先由地铁站台经站厅出站到达地面，在地面经公交车站出入口进入地下换乘。

根据零距离换乘的设计理念，我们在奥林匹克公园站北端站台设置了一处单独的售检票厅，乘客经过此售检票厅，即可检票到达地铁车站外部的地下通道内，从大屯路隧道的下方人行地道内穿越隧道，经过楼梯和自动扶梯直接到达大屯路南北两侧的公交站台，避免了乘客上下穿行的不便，大大缩短了换乘距离。

3.地铁与商业的零距离衔接

奥林匹克公园站周边，规划了20万m^{2}的地下商业，奥林匹克公园站位于整个中轴线广场下的地下商业开发范围的中心部位，东、西、南被整个开发建筑三面包围，形成了比较典型的“中心广场型”地下开发空间，见图4-35。地铁车站与如此大规模的地下商业结合建设且同期实施，在北京地铁建设史上还是第一次。

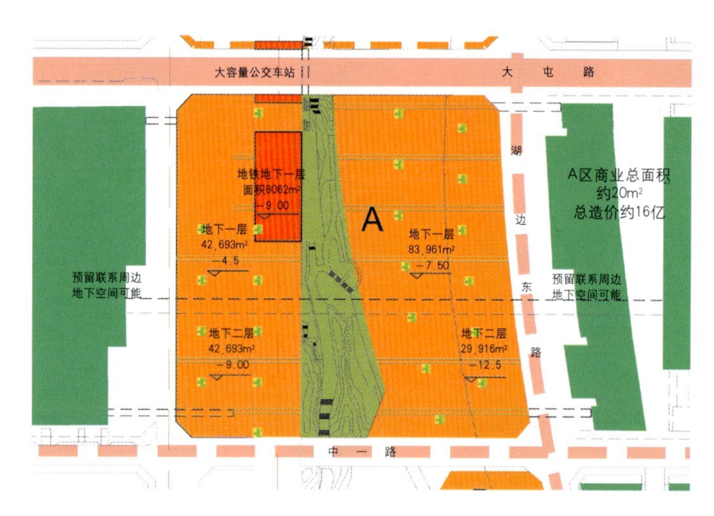

4-35 奥林匹克公园地铁和地下商业规划平面图

地铁通过6个大小出入口与周边的地下空间连接了起来，其中，通过东侧3个出入口通道，可直接到达地下商业中部的下沉广场，在地铁车站站厅西侧，又设置了两个与一墙之隔的地下商业的连接通道。6个地铁与商业的连接通道，通过周边地下商业四通八达的出入口，形成了西达北辰西路，东达北辰东路，南达中一路、北到北一路的庞大的地下交通和商业开发体系，见图4−36。

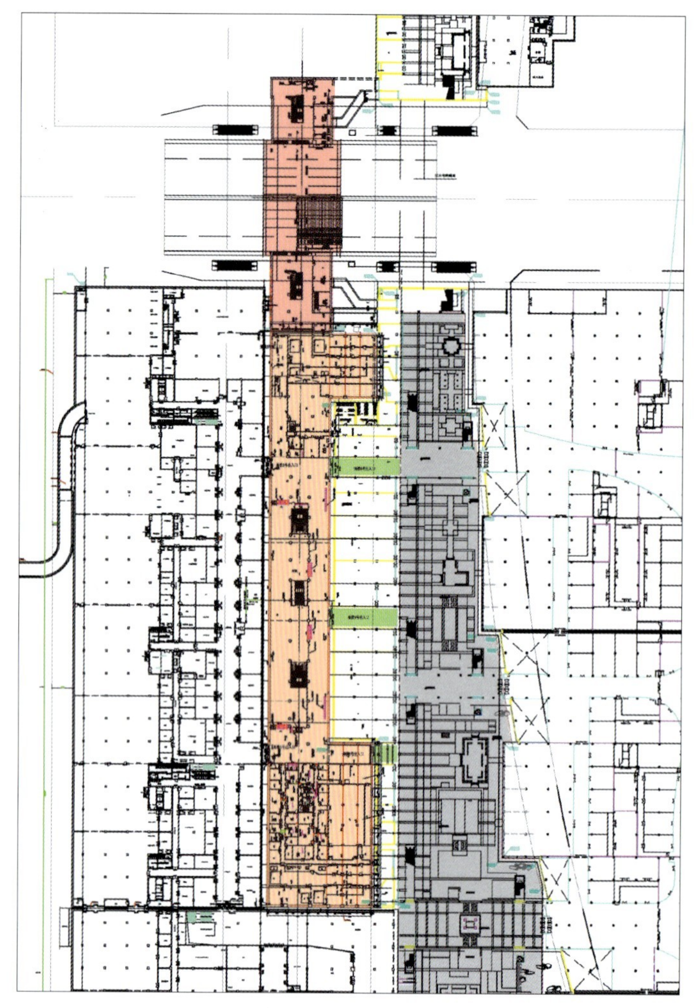

4-36 奥林匹克公园地铁和地下商业设计平面图

4.车站的环境装饰艺术设计

为了更好地为奥运会服务，为了与奥林匹克中心区周边的场馆、景观和环境协调，地铁奥运支线车站的环境装饰采用了与以往地铁车站设计不同的艺术化设计手法，整个车站的内部装饰环境是作为一个整体的艺术品来进行整体考虑的，在统一的细节下，各个车站体现了独特的个性，产生了强烈的地标特征，同时更融洽的与周边环境融合在一起。

(1)奥体中心站设计

奥体中心站，靠近奥运主场馆，所以贯穿木站的设计主线，就是将运动的感觉从地上带到地下，从奥体中心带到地铁中来，见图4−37。站台层色彩以浅灰色为主，吊顶起伏变化错落有致，在两侧射灯的照耀下，会产生丰富的光影变化，使人在地下不会产生压抑之感。柱子的形状配合吊顶造型微向内侧倾斜，使吊顶与柱子完美结合。柱子上利用微孔板孔洞的大小，呈现出一幅幅由奥运单项标识构成的图画，让在站台等候的人仿佛置身于奥运赛场之上。站厅层利用原有建筑的5个天井，配合楼梯入口处的浅蓝色吊顶造型，形成了一条由站厅通向站台的纽带，吊顶上面印有体育图样，这样一条运动的纽带牵动了五大洲人民的心，One world,One dream!

(2)奥林匹克公园站（水滴）

本站因为建设在水立方之下，所以考虑到对奥运场馆的引导性，整体的设计风格也是采用水的元素，见图4−38和图4−39。站台层的吊顶采用水泡元素的形状进行变形设计，以蓝色的铝板和阻燃PVC灯罩相结合的造型，其中白色的阻燃PVC灯罩起到主要的照明作用。站台层地面采用瓷砖切割的方式进行图案艺术化处理拼接，拼接后的地面活跃了空间布局，更具一定的方向感。站台屏立门玻璃部分统一印刷了与海洋相关的图案，与整站的主题相得益彰，更增加了空间的趣味性与艺术性。站台层的水波型吊顶沿楼梯延伸至站厅层，并在站厅层的楼梯，电梯入口处截止。

站厅层吊顶采用灰白色铝板，地面与墙面也都以灰白色瓷砖铺设。整个站厅层清新，整洁，庄严，肃穆，与站台层浓厚的装饰性和艺术性形成对比，给乘客留下深刻的印象。两层的设计相互对立，但又相互依存，相映成彩。

4-37 奥体中心站装修效果图和实景对比

4-38 奥林匹克公园站站台装修效果图和实景对比

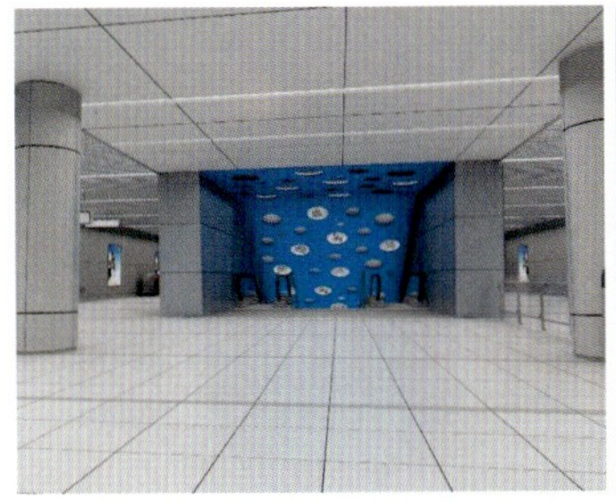

4-39 奥林匹克公园站站厅装修效果图和实景对比

（3）森林公园站（树木）

森林公园站方案以体现“穿越森林”为设计主旨，见图4—40至图4—43。站台原空间中圆柱为空间的特征要素，这里以柱子为单元进行重新的包装设计，使其在形上更加似“树”。同时，方案力求树的形态简洁化，符号化，在达到形态的装饰效果的同时，也更便于加工。由柱子为单元形成的“树”，“树枝”向上延伸并相互连接，使所有的“树”连接在一起，形成如森林中绿荫遮天的效果。“树”及“树枝”的设计做了模数化的处理，以便于加工。但为了产生丰富有变化的效果，在“树枝”局部一些位置打破模数，呈现相对自由的形态。

灯光的处理上是在“树枝”间直接选择一些负形作为发光灯片，犹如阳光穿过森林顶部射入大厅。

森林公园站方案整体为白色调，意在抽象地表现“森林”。方案局部使用了一些绿色，栏杆等局部也做了与站台空间相呼应的处理方法。

5.车站内部细节的人性化设计

在车站内部细节的处理上，处处体现了人性化设计理念，如在车站的出入口门套部位，以视觉艺术的方式，以图案拼接的大写字母标注了出入口的编号，在车站出入口的扶手处，设置了高低扶手以方便儿童抓握，还设置了专门的乘客服务中心等，见图4—44和图4—45。

6.无障碍设计

地铁奥运支线的无障碍设计，在地铁5号线的基础上，又有了长足的进步，不仅符合我国现行无障碍设计规范的要求，而且在其他方面均体现了与国际最高标准的衔接。

站台到站厅的无障碍电梯，由隐蔽的车站端部非付费区内移到车站站厅付费区内明显部位，除了便于残障人士识别和使用，还方便了老人和孩子乘坐，同时也方便了携带较大行李的乘客使用，见图4—46。

4-40 森林公园站装修效果图和实景对比

4-41 森林公园站灯光处理

4-42 森林公园站立柱模型和实物

在车站的出入口部位，不再仅仅采用爬楼车和轮椅升降机，而是增设了供残障人士使用的无障碍垂直电梯，真正实现了车站进出站的无障碍通行。

在车站内部，在各个显著部位均设置了盲文提示和标志，在楼梯扶梯等关键部位，均设置了盲道等导向系统，在列车车门等处，均设置了开关门音响和视觉提示装置。

在车站内部，设置了专用的无障碍专用厕所、低位公用电话等方便残疾人使用的设施。

（三）设备系统特色

1.屏蔽门系统

如果仔细观察，细心的人会发现地铁奥运支线的站台一侧安装的玻璃屏蔽门与地铁5号线和地铁10号线的安全门不同，在门体的上方不再有与车行道连通的空隙，这就是屏蔽门与安全门最大的不同，屏蔽门是最早在新加坡等城市地铁系统中采用的乘客安全设施，在国内被广州、深圳、上海地铁采用，其最大的特点是列车车行道的通风系统与站台的乘客等候区域的空调系统是各自完全独立的，因此，在南方城市取得了良好的节能效果。

由于北京是北方城市，由于制冷季节较短，屏蔽门的节能效果不明显，因此，在引入站台乘客安全设施时，采用了安全门系统。但由于屏蔽门系统能够完全隔绝站台与车行道的特性，隔绝了列车车行道的噪声和潮气，仍对站台乘车环境产生有较大改善，因此，在奥运支线和北京首都机场线首先确定采用，见图4—47。

在屏蔽门门体上，结合车站的装修主题，印制了相应的背景图案，与车站的内部环境设计融为一体。

2.车站直饮水系统

在国外其他城市的城市轨道交通的重要车站内，往往可看到有乘客饮水设施设置，见图4—48；在地铁奥运支线的车站内，也第一次设置了这一系统，在饮水机周围设置休息座椅，极大地方便了乘客，改善了候车环境。

4-46 付费区内的无障碍电梯

4-47 奥运支线车站屏蔽门实景

4-48 国外某车站的直饮水设备

4-43 森林公园南门站细部设计-站台和栏杆

4-44 奥运支线车站出入口视觉艺术设计

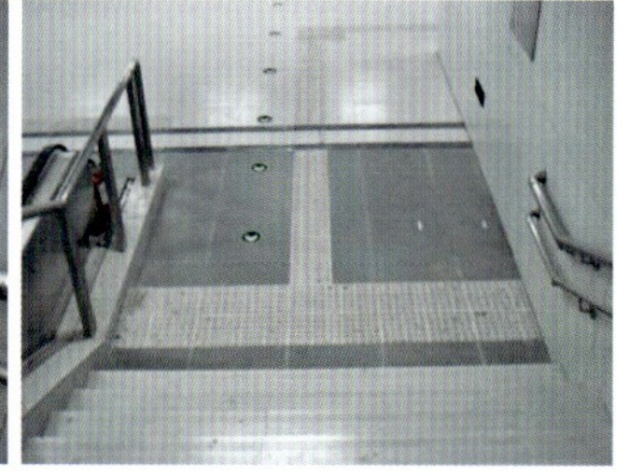

4-45 奥运支线车站出入口细部设计-扶手和楼梯防滑

3.方便快捷的商用通信系统

地铁5号线车站和列车内，乘客第一次感觉到了在地下打手机的方便和快捷，在地铁奥运支线和10号线的车站内，使用宽带网的乘客发现，上网同样也变得方便快捷起来，这是因为统一在10号线和奥运支线车站内布同时设了GPRS、CDMA、WAFI宽带无线网等先进的通用商用网络服务设施，使得封闭的地下空间不再成为信息时代的盲区。

第三节 首都机场线

首都国际机场作为联系北京与国内外大城市的交通枢纽。近十年间，首都机场的年飞行架次增长了4倍，成为亚洲最繁忙的机场之一。为满足国家和首都经济建设发展，以及举办2008年奥运会的需求，国家民航总局对首都国际机场重新进行了规划，以2015年旅客吞吐量6000万人次、年飞行架次50万架次为规划目标，新建了T3航站楼。与此同时，为满足首都机场的发展和扩建的需求，完善首都机场和市区之间的交通系统，修建了机场线。

从功能上说，机场线一方面是北京轨道交通线网中的骨干线路，是奥运会前线网建设的重点项目，另一方面也是首都国际机场扩建项目的配套工程，是直接为2008年北京奥运会服务的轨道交通项目。

一、线路

（一）线路走向

机场线线路起点在东直门交通枢纽，在东直门外大街道

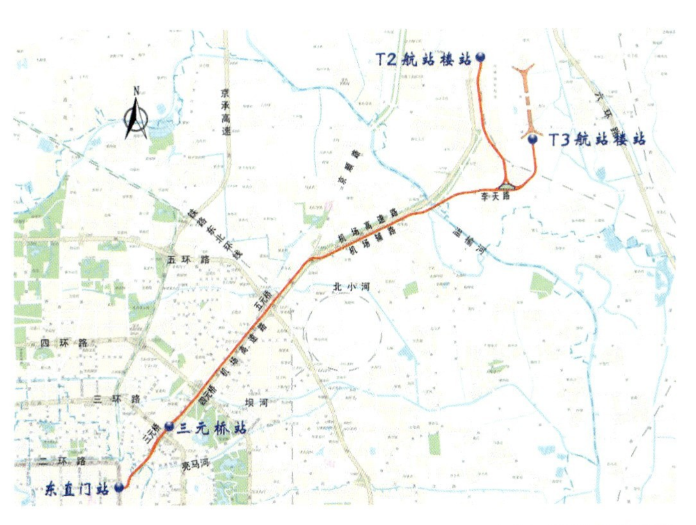

4-49 机场线示意图

路北侧地下设东直门站，出站后沿规划的东华广场转向东外斜街，下穿三元桥后，线路从京顺路西北侧转向东南侧，至京顺路与机场高速绿化带间并由地下渐出地面，以高架形式跨越四元桥，并行京顺路高架，过大山子匝道后开始落地，下穿五元桥匝道后，以地面线的形式并行在机场高速一侧至北皋立交，然后下穿机场高速路转至机场高速与机场辅路之间布置，沿机场辅路北侧电力线走廊高架跨越温榆河后沿李天路向东，线路分为两支，其中的一支沿李天路、机场第二通道前往T3航站楼，设T3航站楼站，另一支沿岗山村、岗山路、首都机场路到T2航站楼，设T2航站楼站，见图4—49。

线路正线全长28.1km，线路结构形式有地下隧道、高架桥、地面线等。全线有两段地下线，分别在线路的两端，市区的东直门至三元桥站段及通往T2航站楼的线路是地下隧道，中间的是高架桥及地面线和局部隧道。

机场线全线共设四座车站，分别是东直门、三元桥、T3航站楼和T2航站楼站。另外还设置了一座车辆基地，它是保证机场线正常运营的重要后勤基地。

（二）线路的特点

1.速度高，车站少，区间长

机场线主要服务于航空旅客，有安全快速的要求。为提高旅行速度，机场线最高设计速度采用110km/h，从三元桥至机场，线路基本沿现况道路设置，线型顺直，曲线半径大，有较好的线路条件。

机场线全线共设四座车站，市区设东直门和三元桥两站，机场设T2和T3航站楼两站。形成了车站少，区间长的特色，最小的站间距3km，最大的站间距18km，为机场线最高运营速度110km/h提供了条件。

2.转弯半径小，线路坡度大

机场线经过地区有市区高密度建筑群、机场航站楼地区以及需要上跨立交桥、下穿高速公路等市政设施，使得直线电机车辆转弯半径小、爬坡能力强的优势得以发挥。

线路出东直门站后，需转弯约90°沿东外斜街布置，经规划协调，机场线采用160m的曲线半径，线路局部进入了西侧东华广场用地，这是机场线平面条件最困难的地段，见图4—50。

在由地下转换为高架地段，受既有道路、桥梁的限制，需要尽快完成结构形式的过渡，尤其是下穿机场高速段，所使用的坡度到达了35‰，远大于其他轮轨制式线路的坡度，见图4—51。

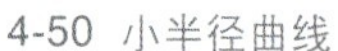

4-50 小半径曲线

4-51 开口段大坡度

二、交通制式选择及车辆

（一）机场线对车辆的要求

机场线是一条独立运营、服务于机场的专用线路，其与一般的城市轨道交通项目存在较大的差别，主要表现在以下几个方面：

(1)高峰小时客流量绝对值较小：车辆编组不宜太长、行车间隔适度；

(2)乘客乘坐距离长：要求车速较快，以缩短旅行时间，且应考虑以坐席为主，以提高乘坐舒适度；

(3)车内设施为乘客提供充分便利，尤其是满足航空旅客的需求：合理布置扶手、行李架、旅客信息系统、车门系统等设施。

（二）交通制式选择

城市轨道交通经过一百多年的发展，目前，技术上比较成熟、有可能承担类似城市客运的轨道交通模式主要有以下3种：常规轮轨系统（包括地铁、轻轨、市郊铁路车辆）、直线电机系统、中低速磁悬浮系统（HSST）。根据机场线的特点和交通制式选择原则，重点从线路条件、车速和旅行时间及环境影响等几个方面考虑，最终采用直线电机系统。

（三）机场线车辆

(1)车辆编组：列车采用4辆固定编组，车辆座席230（4辆），全部为动车，见图4-52；

4-52 机场线列车

(2)车辆尺寸：头车长17.15m，中间车长16.7m；最大高度：3775mm；宽度3200mm；

(3)车辆供电电压：采用DC750V；

(4)车辆启动加速度：1.1m/s^2；

(5)常用制动减速度：1.0 m/s^2；

三、车站方案

机场线共设4座车站，分别为东直门站、三元桥站、T2航站楼站、T3航站楼站。东直门站为本线起点站，本站通过换乘将地铁2号线、13号线及周边公交等乘客运送到机场；3元桥站通过换乘将地铁10号线及沿三环公交等客流输送到机场；T2航站楼站通过通道直接与T1、T2航站楼联通；T3航站楼站建设在T3航站楼前交通中心，与T3航站楼设计时一体考虑，出地铁车站后即可直接进入航站楼候机厅。

（一）东直门站

1.站址环境

机场线东直门站位于东二环路东侧东直门外大街路北侧地下，呈东西走向。车站西侧为2号线东直门站和现状东直门立交桥，车站北侧为现状13号线东直门站。站位东北侧为建设中的公交场站与东华广场。由机场线、2号线、13号线车站及公交场站组成东直门交通枢纽，建成后将成为亚洲最大的交通枢纽之一。

2.东直门站换乘

东直门区域枢纽客流可分为机场线、2号线、13号线地铁客流及近远公交与周边地面客流，整体客流量大，换乘关系复杂。整个枢纽换乘设计是统筹各向换乘一体化考虑的，机场线与各类交通换乘是其中重要组成部分，见图4-53～图4-56。

2号线与13号线为既有线，通过地下通道及换乘方厅换乘。13号线车站为侧式站台，到、发旅客被轨道线隔开。机场线是充分利用既有条件，结合自身建设与13号线将三个轨道交通线换乘融为一体。

(1)地下一层换乘

机场线通过城铁上方地下一层换乘大厅，实现机场线去13号线及公交双向的客流换乘；通过机场线地下一层站厅，实现与东华广场的连接。同时通过本层站厅，可实现和城铁上的航空服务中心及东华广场下方社会地下车库连通。

(2)地下二层换乘

本站南侧设置5m宽通道和现状2号线方厅连接，通过此通道和2号线方厅的实现本站与2号线的双向及13号线去机场线

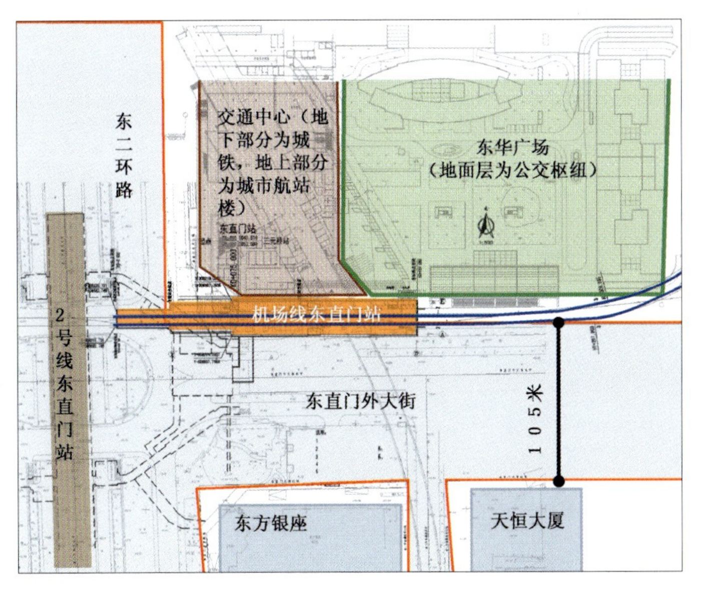

4-53 东直门站总平面图

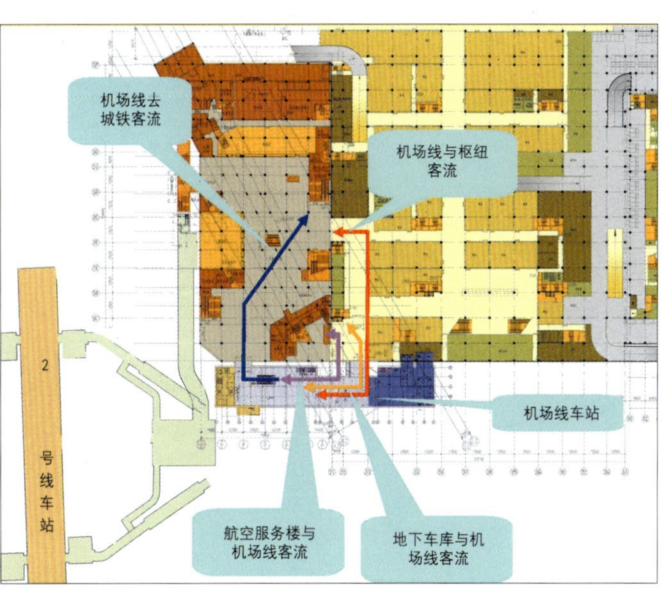

4-55 东直门站地下一层换乘流线图

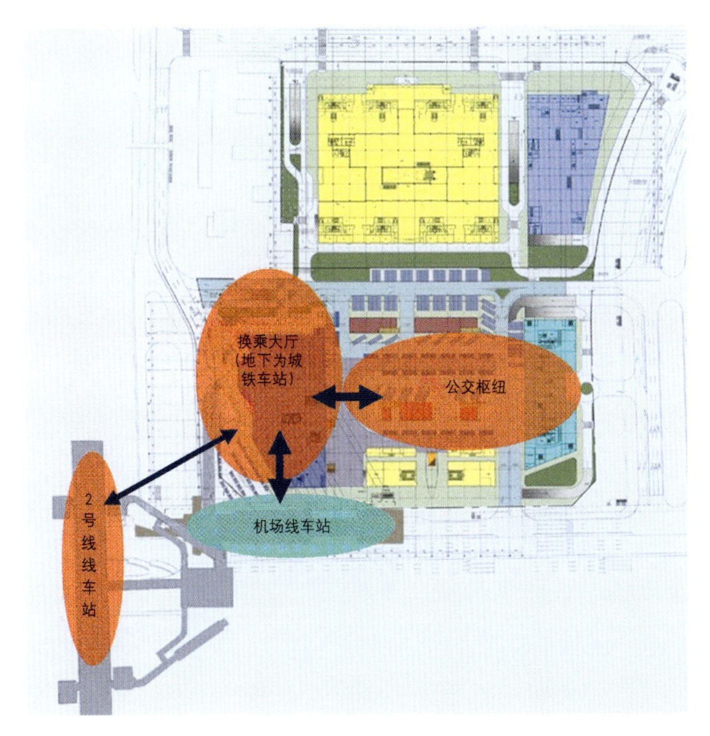

4-54 东直门交通枢纽换乘关系图

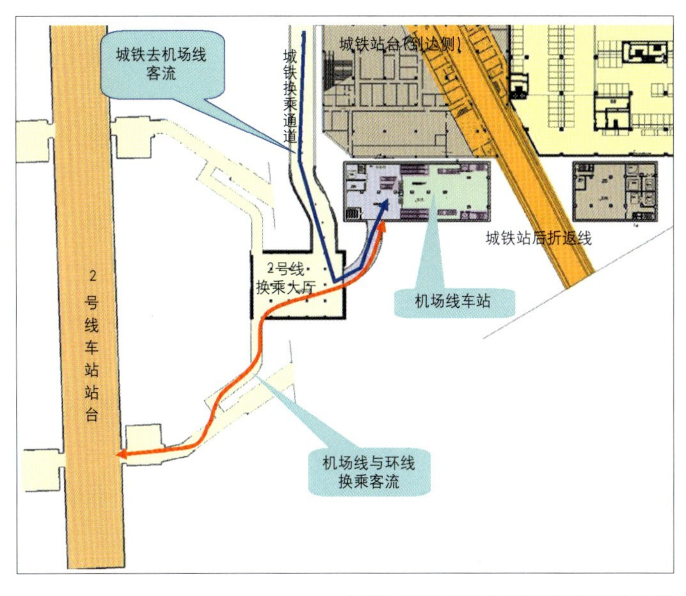

4-56 东直门站地下二层换乘流线图

的换乘。

(3)换乘时间

在东直门站为了方便机场线与2号线、13号线、交通枢纽各向客流换乘，车站站位根据现状及规划条件，克服各种工程困难和施工风险，与建成后的13号线贴建，减少乘客换乘距离，用工程技术换乘客换乘时间。机场线东直门站换乘距离及换乘时间。

3.车站内部布置介绍

本站建筑形式为地下四层侧式车站，由于站址环境受控，车站将13号线站后区间包在中间。车站地下一层、二层

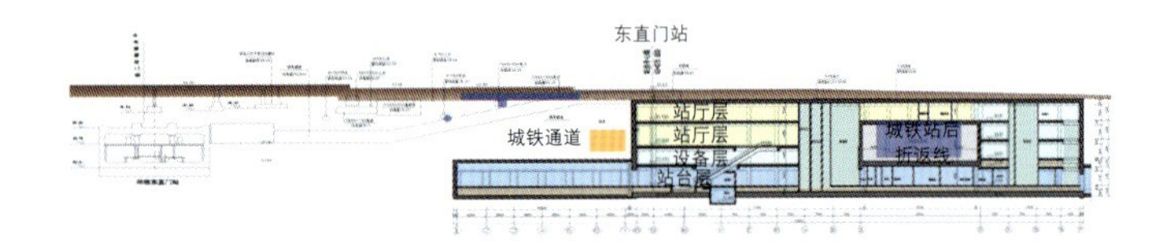

4-57 东直门站纵剖面图

为站厅层，地下三层为设备层，地下四层为站台层。车站总长度为183.51m，车站总建筑面积10521m^2，见图4-57。

（二）三元桥站

1.站位环境

三元桥站位于三元桥西北侧，京顺路西侧与凤凰城建筑红线之间的绿地内，车站为南北走向布置，见图4-58。和10号线车站用通道连接，平行换乘。京顺路和机场高速路的规划道路红线宽160m，现状京顺路宽25m，机场高速路宽33m，两条道路之间为宽40m的绿化隔离带，京顺路西侧为整体规划占地25万m^{2}的凤凰城，机场路东侧多为一些企事业单位和办公大楼。

2.换乘

(1) 客流

三元桥站客流预测，见表4-2。

(2) 换乘

三元桥站10号线与机场线换乘客流占总客流80%，处理好两线换乘是本站设计重点。机场线在本站与10号线平行换乘。换乘距离为距离50m，通过车站地下一层换乘通道连接。

三元桥站客流预测　表4-2

年份	初期	近期	远期
	2010年	2017年	2032年
高峰日双向客流量（万人次）	2.16	2.46	2.48
高峰小时双向客流量（人次）	2181	2477	2495
高峰小时单向客流量（人次）	1308	1486	1497

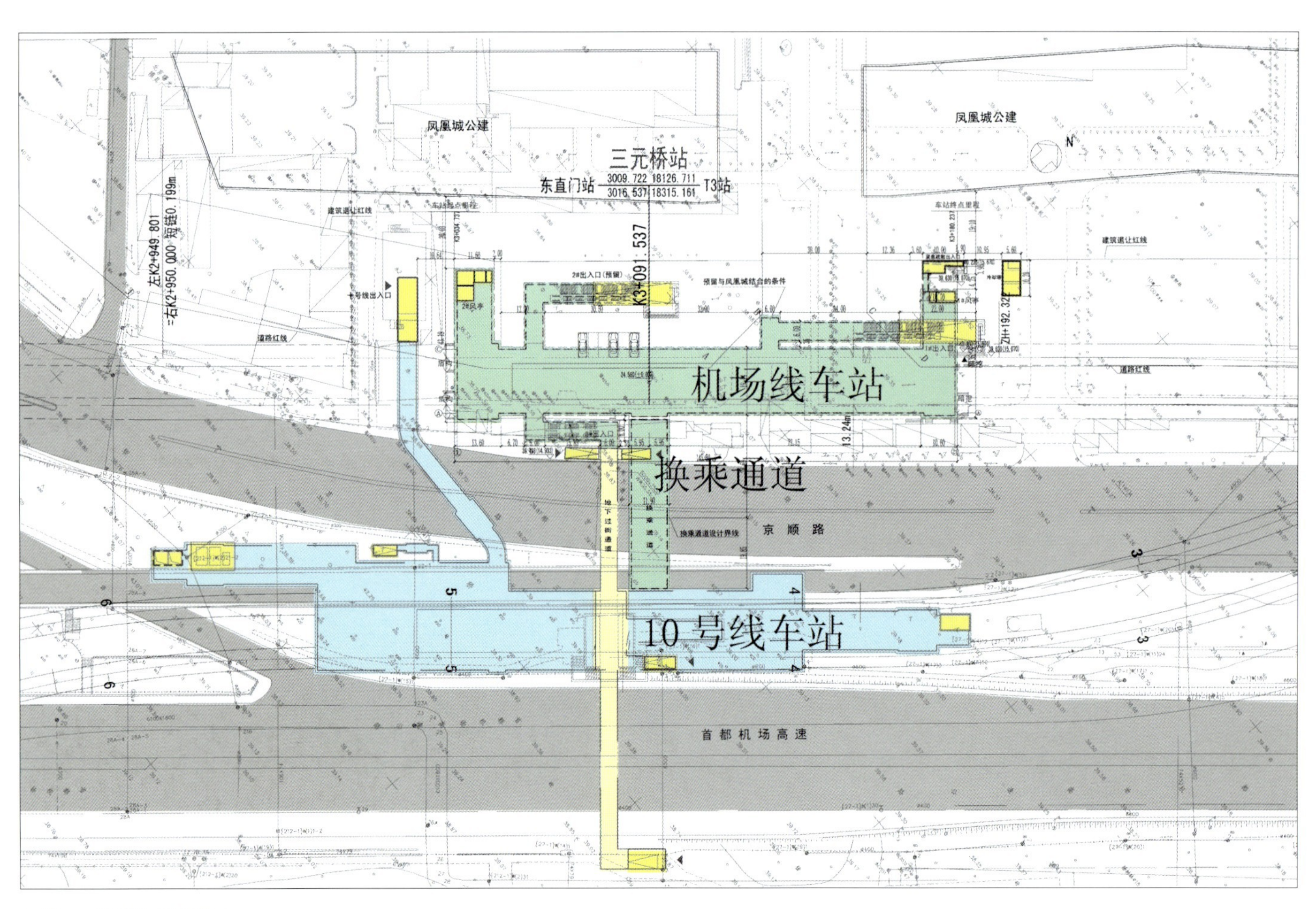

4-58 三元桥站总平面图

3.三元桥站车站内部布局

车站为地下双层岛式车站，地下一层为站厅层，地下二层为站台层。

（三）T2航站楼站

车站布置在T2航站楼与停车楼之间的绿地及现状道路下，路上为进入停车楼的高架桥。车站总长128.6m，车站总建筑面积5228m^2，见图4-59。

1.T1、T2航站楼站在本线中定位

T2航站楼站布置在T2航站楼与停车楼之间的绿地及现状道路下，车站距T2航站楼近，缩短了大部分乘客进出航站楼的距离，乘客可直接通过原有预留通道进入T2航站楼。

车站为地下二层单线侧式站台：地下一层为设备层、地下二层为站厅、站台层，为单跨无柱结构。地下一层中间有新增通道，与停车楼地下二层相连接。地下二层站厅、站台与T2航站楼连接。

2.T2航站楼站与航站楼接驳

(1)客流介绍

T2站远期预测单向客流为4568人/h，分别去往T1航站楼与T2航站楼。

(2)换乘

T2站为终点站，主要考虑和T2航站楼的衔接，因为大部分客流集中在T2航站楼。利用既有通道，站台标高和通道一

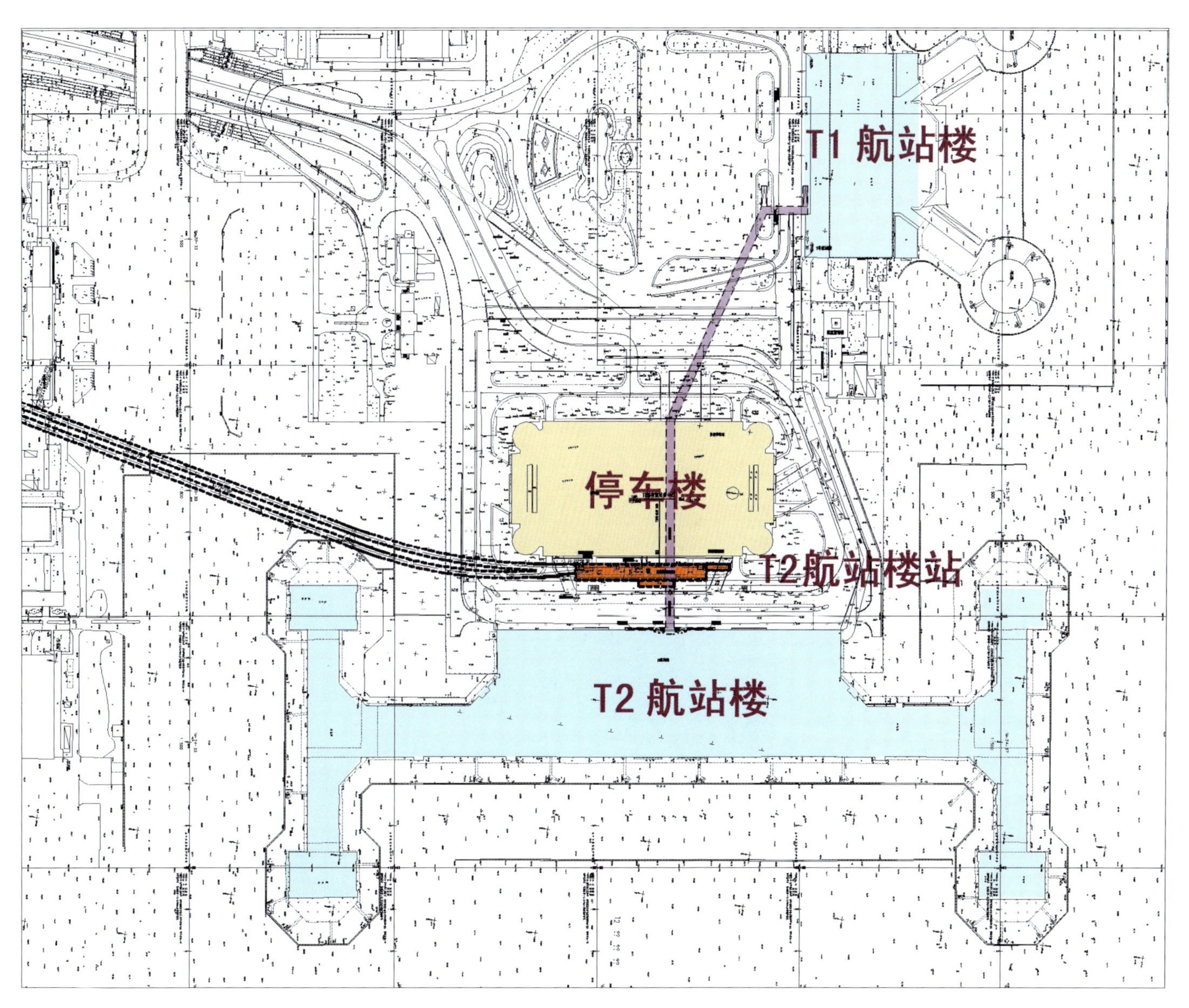

4-59 2号航站楼站总平面图

致，地铁客流可方便到达T2航站楼，见图4-60。在车站西侧停车楼地下5层有转为地铁预留的连接T1航站楼通道，通过此通到可直接从地铁站到达T1航站楼。

(3)换乘距离及换乘时间

机场线T2航站楼站换乘距离及换乘时间，见表4-3。

(四) T3航站楼站

T3航站楼是新建的国际航空航站楼，机场线T3航站楼站是与航站楼一体设计紧密结合的。车站位于T3航站楼前交通中心二层，车站通过高架通到直接进入T3航站楼，见图4-61和图4-62。

1.本站在本线中定位

T3航站楼是机场线连接T3航站楼的车站，站址位于顺义首都机场的东跑道东侧。车站的站台处在T3航站楼毗邻的交通中心二层，车站的设备管理用房布置在交通中心的首层。交通中心为新航站楼提供了功能强大的交通服务换乘条件，包括二层的机场线的T3站和地下的大型车库及首层的相应的配套会议、展览、商务等功能服务。

4-62 T3航站楼效果图

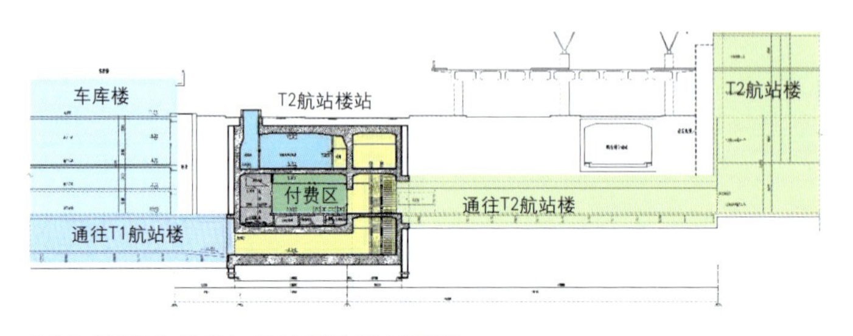

4-60 T2航站楼站与航站楼接驳剖面图

机场线T2航站楼站换乘距离及换乘时间 表4-3

换乘方式	换乘距离（m）	换乘时间（min）
机场线换乘T2航站楼	42	0.6
机场线换乘T1航站楼	400	5.7
T2航站楼换乘机场线	42	0.6
T1航站楼换乘机场线	400	5.7

交通中心总建筑面积：34.2万m^2

交通中心二层（车站站台层建筑面积）：1.2万m^2

车站站台使用面积：4300 m^2

车站专用设备、管理用房面积：1100 m^2

2.T3航站楼站与航站楼接驳

车站通过上下两个不同方向的自动步道与航站楼二层和三层相连接。通过上行自动步道车站到达航站楼三层，此层为离港层，乘客有此办理登记手续。二层为到港区，本层到港乘客通过自动步道到达机场线地铁站站台，进入市区，见图4-63。

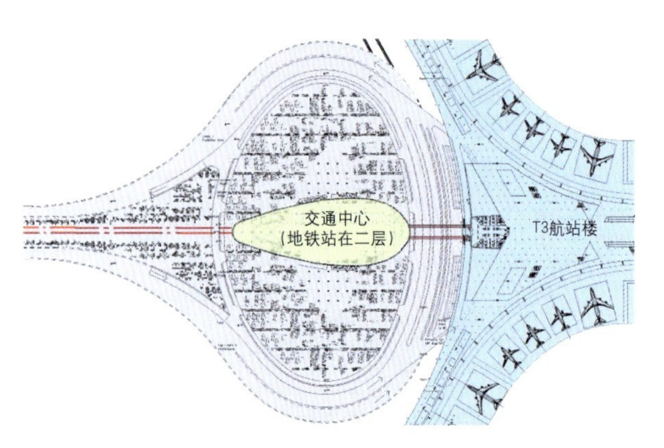

4-61 T3航站楼站总平面图

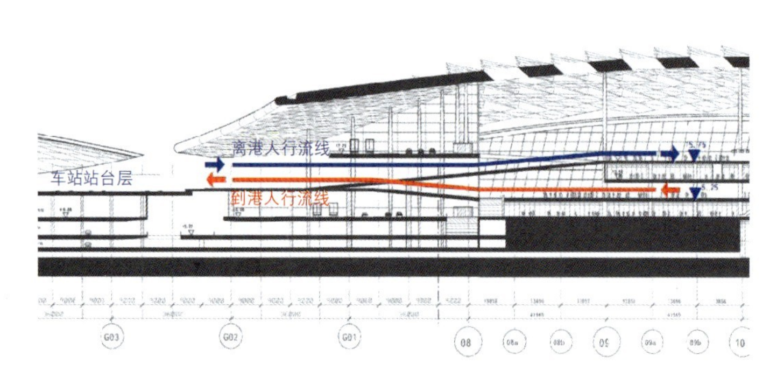

4-63 地铁车站与T3航站楼接驳

3.T3航站楼站车站布置

T3航站楼站位于T3航站楼前交通中心内，站台层位于交通中心二层，考虑车站通透效果，站台内设置乘客必备设施，将车站管理设备用房布置在交通中心一层站台下方，见图4-64。

（五）车站装修介绍

本线各站装修设计以“空间艺术化”为设计主题，强调在有限的土建空间基础之上，最大化的设计出艺术化的空间感受与空间体验。装修设计过程中主要解决地铁站空间设计的艺术性与工程技术相结合的问题。这一室内设计项目的研究，将打破公共交通设施站内室内空间长期以来缺乏设计感，各站过于近似，环境单调的窘境。车站装修，见图4-65至图4-67。

机场线装修设计强调飞行与天空的主题，突出空间的简约与现代性。东直门站强调出北京的传统特色与古都风貌，站内墙面艺术化，以风筝为主题的平面艺术形态，突出东直门站的地理传统性。三元桥以飞鸟作为主题，空间形态突出飞行的流线造型与蓝色材料互相呼应。

T2航站楼站强调的是天空的主题，以灰白色调作为主色调；艺术墙以飞机为主题，更加入了传统纹样和北京传统元素，使整个空间现代而不失去北京特色。

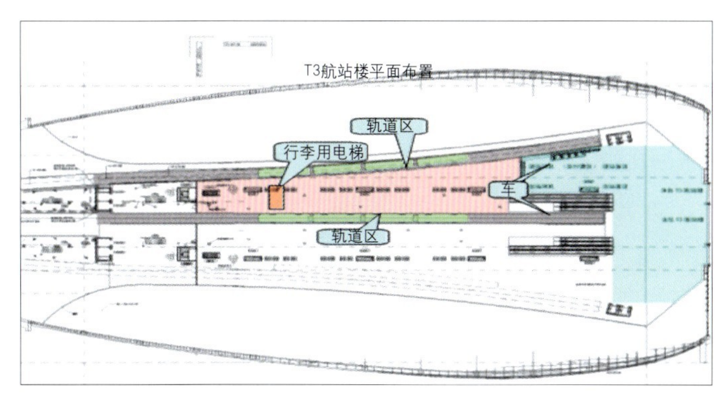

4-64 T3航站站台层平面图

4-65 东直门站装修效果图

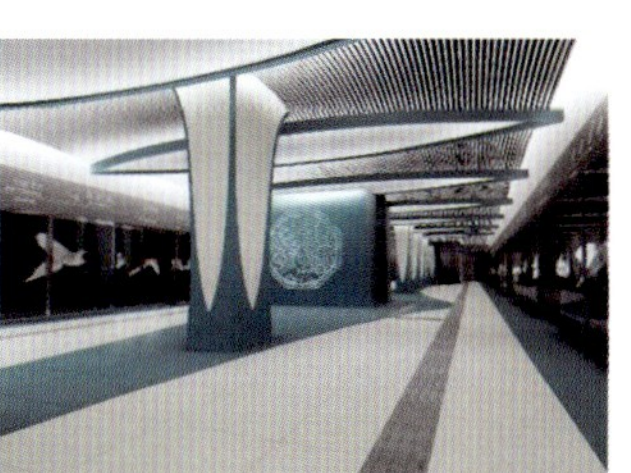
4-66 三元桥站装修效果图

4-67 T2航站楼站装修效果图

四、运营方案

（一）行车线路

机场线是机场和市区之间点对点的客运专线，机场线在市区设了东直门和三元桥等2座车站，在机场设T2和T3等2座车站，其主要服务对象是往返于市区和机场的乘客，理论上也可以承担机场方面T3航站楼向T2航站楼摆渡的部分客运功能（注：按照机场内部交通规划，各航站楼之间的交通有专用的内部交通体系），原则上不承担东直门与三元桥之间的通勤客流。机场线行车线路为东直门－三元桥－T3航站楼－T2航站楼－三元桥－东直门，见图4-68。

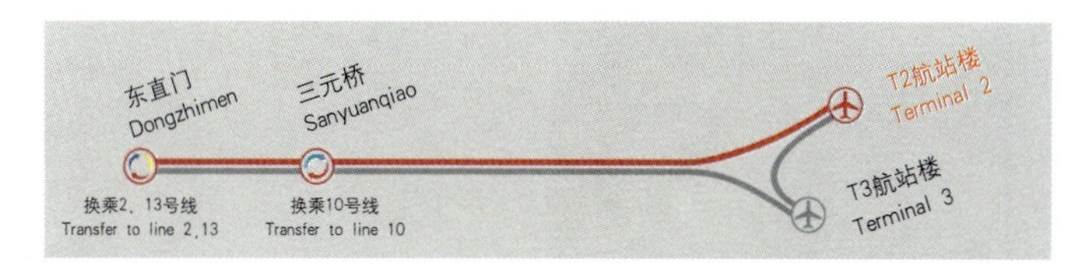

4-68 首都国际机场线行线路图

（二）运营方案

机场线的运营方案与航班密度相匹配，确保乘客的及时送达和疏散。机场线的最大行车速度可以达到110km/h，经过牵引计算，从东直门到T3站的时间约16min，从东直门到达T2站的时间约23min。行车间隔如下：

平常运营期间：根据客流预测机场线高峰小时客流量约3000人次/h，远期约3500人次/h，共配置10列车，按标准配置备用和检修车辆各1列，有8列车可以上线运营，则行车间隔最小可以到达6min，平均每列车上有68.6%的乘客有座位。

奥运会期间：采用5列车投入运营，有1列车处于备用状态，以应对可能出现的意外，为运营可靠性提供必要的保障，其行车间隔可以达到10min，坐席比例达到48%。

五、技术特点及创新点

（一）土建工程

1.地下工程

(1)强化风险管理，规避工程风险

地下工程建设具有风险高、发生事故的后果严重，具有较大经济和社会影响等特点。为了尽量降低工程风险，从勘察、设计以至施工的整个建设过程都要进行严格的管理，分项单独进行专项勘察、设计，方案经过各级审查认可后方可进行下阶段工作。

(2)零距离穿越13号线折返线

全线特级环境风险点是东直门站穿越运营中的地铁13号线站后折返线结构。车站结构在地铁13号线折返线处上跨并下穿折返线结构。东直门车站与既有折返线位置关系，见图4－69和图4—70。

为分析整个施工过程的沉降影响，优化施工工序，合理分配各施工阶段沉降限值，对整个施工过程进行了数值模拟分析。分析采用采用美国Itasca Consulting Group，Inc .开发的FLAC3D三维显式有限差分软件进行。

为了更好的控制折返线结构的沉降和变形，设计方案引入了千斤顶的顶升工艺，在沉降及变形超标的情况下对折返线结构进行顶升，也可根据实际情况对折返线结构进行预顶升，为下道工序创造相对宽松的条件。

采用洞桩托换法穿越既有地铁结构在北京尚属首次，将千斤顶顶升工艺引入地下工程也是国内地下工程首次采用。实践证明，在地铁穿越既有结构时，以结构密贴结构的方式通过，不在结构之间保留土体，对控制被穿越结构的沉降是行之有效的。同时，在施工后期，三次启用千斤顶顶升，抬

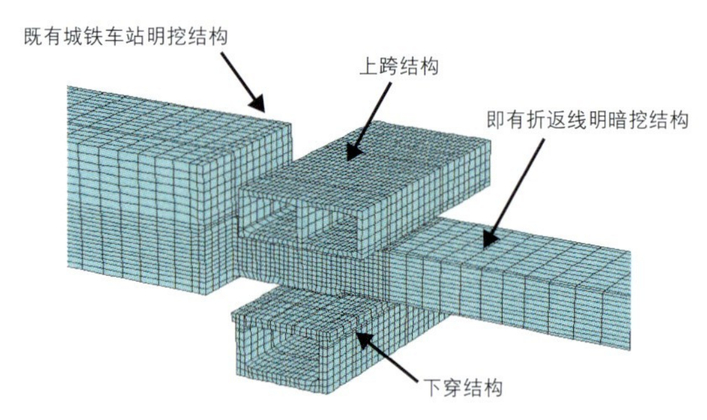

4-70 折返线与上跨、下穿结构位置关系

升折返线结构，对保证结构最大沉降控制在允许范围内起到了关键的作用。尽管本套穿越方案的成功与工程的特点密切相关，但是这套工艺的思路对其他类似的工程还是具有参考和借鉴意义的。

整个穿越工程自2007年1月开始，至2007年11月完成，历时10个月。整个施工过程中，地铁13号线的正常运营未受到影响，结构安全得到了保证。整个施工过程都是在严密的监测指导下进行的，未影响折返线的正常使用。

2.高架桥

(1)机场线高架桥的设计与施工

机场线桥梁的设计与施工极具特点。在对沿线情况逐段分析的基础上，因地制宜地选取了不同的施工方法，取得了很好的社会效应和经济效益。

在三元桥至五元桥区段，线路沿机场高速路与京顺路间

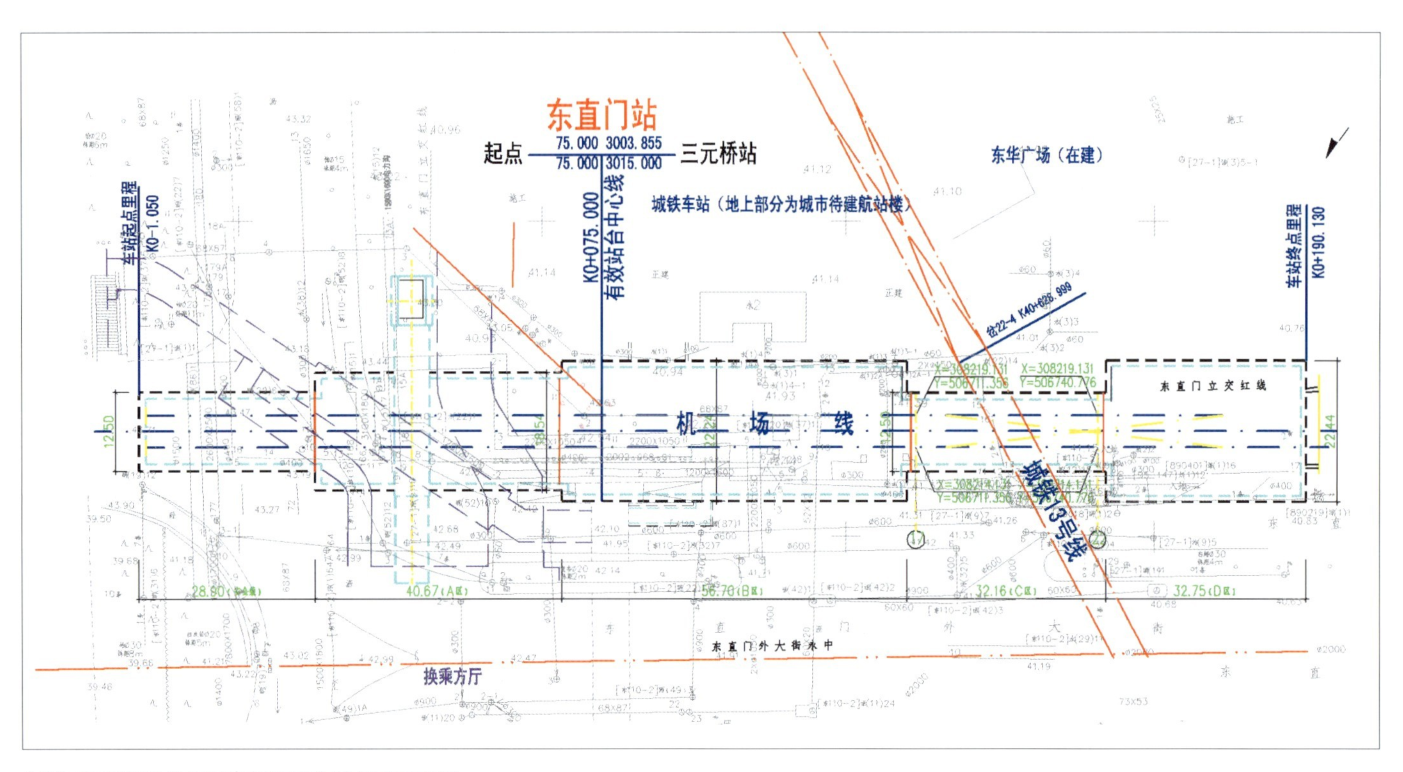

4-69 东直门车站与既有折返线位置关系平面图

绿化带敷设。绿化带内林木密集，京顺路上交通繁忙，为了减少对绿化的破坏、降低对交通的影响，桥梁设计人员在施工方法、梁场的选择和布置上做了大量细致工作，最终确定在该区段采用分箱预制简支双箱梁、架桥机架设的施工方案。

图4-71展示的是双箱梁区段架梁场景。庞然大物在茂密的林带内大展身手，仅仅利用林地里一条狭窄的走廊即架就了一条混凝土长龙。两侧保存完好的树木就是“精心设计、精心施工”这八个字最好的注解。

图4-72是使用中的五元桥梁场，两侧茂密依然的树林和梁场紧凑的布局，充分展示了双箱梁梁场布置灵活的特点。

东营路至车辆基地区段采用施工速度很快的整孔运架单箱梁方案，见图4-73和图4-74。

在施工期间，由于预制梁场前的高压线改造进度缓慢，使预制梁无法运出梁场，延误了近五个月的工期。待高压线改造完成后，整孔预制箱梁单工作面架设速度快的优势淋漓尽致的展现出来，不仅很快赢回了延误的工期，而且创造了国内轨道交通预制箱梁架设的施工纪录，最多单日架梁达到5孔。

图4-74为运架一体化架桥机架设单箱梁的场景。这种架桥机可载梁在已架设的桥面上行走，并可自行完成箱梁的架设。这台机械自动化程度非常高，代表了世界桥梁架设的先进水平。

车辆基地至T2、T3航站楼区段由于跨越规划道路较多，而且部分为单线桥梁，因而采用了常规的现浇施工方法。

(2)桥梁景观设计

桥梁结构是一种视觉体量庞大的建筑，其外观有必要细心

4-72 五元桥预制梁场

4-73 车辆基地预制梁场（整孔预制单箱梁）

4-71 整孔运架双箱梁施工场景

4-74 整孔运架单箱梁施工场景

处理。不同于一般建筑，桥梁是一种裸露的结构构件，其结构尺寸、线形由受力决定，变化尺度不大。但可以用一些线条变化，通过设置条纹、凹槽等措施来达到特定的景观效果。

(a)梁部结构

折线形箱梁，视觉上是几块平板的简单组合，在板的相交处有明显的线条。这些线条的存在使梁部结构有阴影变化。

(b)墩柱

墩柱的设计是桥梁景观设计中最为重要的部分，主要包括选择墩柱的样式、确定墩柱高度和细节处理三个部分。

在墩柱样式选择设计人员采用穷举法，对可能的墩柱形式进行分类，再对每类墩柱可能出现的变化进行归纳。然后做出各种墩柱样式的效果图，其中包括Y型墩、T型墩、片墩、华表墩、双柱墩、V型墩、圆柱墩等几大类型、数十种变化。部分方案效果图（不含选定方案），见图4－75～图4－78。

墩柱高度不仅影响桥梁景观，对周边环境影响也很大，经过对高架桥沿线逐段分析，最终确定了标准墩柱的控制高度。在三元桥至五元桥间的双箱梁区段，标准墩柱高度控制在7m左右，该区段紧邻京顺路，这一高度标准不但使本线高架桥显得挺拔俊秀，也减少了高架桥建成后对京顺路的压抑感。在其他单箱梁区段，标准墩柱高度控制在5.5～6m左右。

细节处理方面也做了大量工作，设计人员通过制作大量的效果图，确定了墩柱圆角、凹槽等细节的合理尺度。结合墩柱上的凹槽，将雨水管隐在墩柱的深槽中，降低了裸露的雨水管对整体景观效果的影响。

图4–79和图4–80是最终选用的标准段桥梁方案。

双箱梁墩柱盖梁采用多个倾斜角度不同的平面组成，使

4-75 华表墩(单箱梁)

4-76 T型墩(单箱梁)

4-77 Y型墩(单箱梁)

4-78 T型墩(双箱梁)

4-79 双箱梁区段效果图

4-80 单箱梁区段景观效果图

原本体量很大的混凝土实体活泼起来。雨水管隐在墩柱的凹槽内，减小了对整体视觉效果的影响。

单箱梁墩柱顶部采用了大V字形凹槽，使体量很大的墩柱顶部富于线条变化、化重为轻。

图4–81和图4–82是跨四元桥和跨温榆河桥的方案效果图。

(3)竣工后效果

经过两年的建设，机场线高架桥终以完美的曲线蜿蜒在国门高速路的两侧。

由于秉承了先进的设计理念，高架桥的建设对沿线绿化的影响降至最低，保持北京最完整的一条绿化带一如往昔。精心设计而成的混凝土雕塑更为沿途景观平添精彩。

由于采用了合理的设计方案，高架桥在整个建设过程中，对周边市政交通的影响降至最低。不知不觉中，人们发现风驰电掣的车辆已然在蜿蜒的巨龙脊背上风行，见图4–83和图4–84。

（二）机电设备系统

机场线机电设备系统主要包括供电系统、动力照明系

4-81 跨四元桥39+49+39(m)结合梁效果图

4-82 跨温榆河桥(37.2+53+37.16三跨变截面刚构桥)

统、通信系统、信号系统、通风空调系统、给排水及气体灭火系统、自动售检票系统、屏蔽门系统、综合监控系统、火灾自动报警系统、旅客信息系统等多个设备系统。

机电设备系统既是保证机场线安全运营，又是直接为乘客服务的综合保障服务系统，尤其在奥运期间，更是向全世界展现了新北京科技服务奥运，安全方便快捷人性化服务的特色。

1.供电系统

机场线供电系统有如下特点：

(1)全线变电所均采用变电所综合自动化系统，对牵引、动力照明等供电设备进行集中监控和数据采集，接收控制中心、车站或监控计算机的控制命令，实现了变电所无人值守。

(2)全线牵引网采用国产钢铝复合接触轨，与传统DC750V低碳钢普通接触轨相比，钢铝复合接触轨载流量大，导电性能优越，耐磨损，使用寿命更长。同时，在北京地铁工程中首次采用下部接触授电方式，接触轨经绝缘支撑安装在轨枕上，接触轨采用绝缘罩防护，大大提高了安全性。

(3)区间牵引降压混合变电所安装在桥下，节省了占地面积，降低了造价。

(4)根据机场线车站少、线路长的特点，结合区间风机和水泵的集中布放地点，在全线设置了4处区间箱式变电所。节省了电缆用量。

(5)再生制动电阻吸收装置

根据机场线线路和车辆的特点，合理配置了再生制动电阻吸收装置，降低了车辆制动电阻，减少了车辆的运营维护工作量，使车体更轻、更节能、成本更低。列车能耗的降低，提高了车辆加减速性能，在一定程度上降低了电机的配置容量。

东直门站、三元桥站、T2航站楼站再生制动电阻吸收装置安装在室外，便于散热，从而降低了车站通风设备容量和相关投资。

(6)高架桥电缆敷设

针对地铁多次发生电缆被盗，直接影响运营安全的隐

4-83 建成后的第一区段双线梁

4-84 建成后的单箱梁区段

患，机场线将弱电、通信、信号控制电缆等敷设在疏散平台下的电缆沟内；在高架桥外侧挡板上用电缆卡扣固定高压电缆，每隔1m安装了一个电缆卡扣，起到支撑和防盗的双重作用。即使窃贼锯断了电缆，也很难抽取其中的电缆，使其无法得逞。

2.低压配电与动力照明系统

(1)智能照明控制系统　机场线首次在国内地铁车站引入了智能照明控制系统。

机场线（东直门站、三元桥站、T2航站楼站）站厅、站台均安装了可调光灯具。采用智能照明控制系统来实现各站厅站台的场景切换和控制，各个站的控制方式分为就地控制和BAS整体控制。

智能照明控制系统包括全开和全关等不同场景模式，场景模式留有备用接口，以便调整和增容所需。

根据地铁运行时段设置公共区照明模式，分为普通日模式和节假日模式，普通日模式又分高峰时段、低峰时段及收车时段三档，节假日和普通日的高峰时段设置相同，保证正常的功能照明，同时达到节能目的。

在地铁各车站站台层屏蔽门上方安装了荧光灯调光灯带，由智能照明控制系统进行调光控制。当列车进站前15s钟。智能照明控制系统检测到ATS信号给出的列车进站信号，伴随着列车进站，自动将调光灯具调亮至100%。伴随着列车远去，自动将调光灯具调暗至35%。等待时段的照度是最低的。充分体现绿色照明和节能。

(2)照明全部采用节能灯具，并且使灯具的选型和安装与车站建筑风格相协调。

(3)电源整合　根据北京机场线的特点，对各车站、控制中心弱电系统如通信、信号、火灾自动报警、综合监控系统、环境与车站设备监控系统、旅客信息、门禁、自动售检票、屏蔽门、动力照明应急电源、变电所直流操作电源等系统的应急供电电源进行了整合。

电源整合后，以上系统共用一套电源设备。以两路交流电源为主电源，当交流电源失电，则自动切换到直流后备电源供电。采用UPS集成方式，供电质量得到保障，电源稳定可靠，大大减少了后期维护工作量；同时缩小了电源室总占地面积，实现了蓄电池的统一管理。

3.通信

机场线通信系统包含专用通信、民用通信、安防通信三大系统。

(1)专用通信主要服务于轨道交通，为行车指挥、运营管理中的各类控制信息传递提供条件。传输系统采用了先进的光传输技术，无论是低速的业务还是高速业务，无论是时效要求高的控制业务还是带宽要求高的图像业务，传输网络均能满足要求；有线、无线电话除满足机场线运营通话的需求外，还可以实现与北京市轨道交通全网及公用电话网的联网直拨通话；闭路电视监视系统是一个全编码的数字化图像监视系统，与车载多媒体系统共同实现地面车站、行驶中列车车厢的图像画面传输到控制中心集中监控的功能，列车与地面之间有着宽大的通信带宽，乘客坐在车厢内就可以观看奥运的实况转播，机场线通信系统可以保证车厢内的图像画面与比赛现场实时同步，见图4-85。

(2)民用通信主要服务于广大乘客，一方面为机场线乘客携带的移动电话提供稳定、可靠、不间断的无线信号覆盖。无论乘客是从地面进入地下车站、站台候车、以110km/h的速度乘车往返于机场，民用通信系统均可以提供优质的通信服务。无论乘客使用的是第二代还是第三代（2G/3G）移动电话，系统均能保证满意的通信质量，见图4-86。

(3)安防通信主要服务于政府相关部门，系统采用了先进的图像分析技术，最大限度地防范可能事件，确保机场线全线的公共安全和乘客的人身安全，使广大乘客放心旅行。

4.信号

机场线整个信号系统包含列车自动监控（ATS）、列车超速防护/自动驾驶（ATP/ATO）、数据传输（DCS）、联锁/计轴、维护支持（MSS）五大子系统。为适应北京机场线的

4-85　列车上的奥运实况

4-86　乘客在行驶的列车中

4-87　屏蔽门

4-88　半高安全门

运营要求，机场线信号系统采用了国际上最先进的、基于通信的列车自动控制系统（CBTC信号系统）。每一辆在线运行的列车，无论行驶到哪里，均能收到控制中心发来的各类命令，以及向控制中心传回列车定位和设备状态信息。

5.通风空调系统

根据机场线地下车站仅有三座并且分散在两段地下区间的特点，通过对通风空调系统的设备投资、土建投资、年耗电费和年运行费等多项指标进行技术经济比选分析后，认为站台加装屏蔽门是符合机场线特点的一项重要节能措施，见图4—87和图4—88。

通风空调系统除了实现通风换气和空调制冷的作用外，它还肩负着在事故工况下的通风与防排烟作用，因此部分设备一身两职。尤其是车站风机，一机多用，既有正转又有反转，一台风机对应多个不同的管路特性曲线。

在以往的系统中，由于可逆风机仅作为事故风机使用，因此在设备选型时，一般要求正转风量、风压与反转风量、风压基本相等，正转效率约等于反转效率。这样，风机的效率较普通的单向轴流风机有所降低，大约降低8%左右。

但是在设计中，风机的正向为正常运转状态，反向为事故运行状态，如果仍然沿用系统的风机选型原则，会造成风机正常运转时的效率较低，不利于节能。因此，本次设计选择风机时，尽量保证正转的风机效率，对于反向的事故工况效率适当放低，以保证系统节能目标的实现。同样，在正转的各种工况中，也保证正常的工况风机效率处于较高的水平，而适当损失事故工况效率。

6.给排水及消防

倡导北京绿色奥运精神，给排水所有设备和卫生器具均采用高效节能产品。给水系统采用新型钢塑复合管，车站直接利用市政自来水供水压力，车辆段采用变频供水设备；盥洗系统采用节水型卫生器具；循环冷却水系统采用节水节能冷却塔，减少漂水和漏水；地下车站排水提升设备集中设置，提高利用效率；并设排水管道自动放空装置，减少冬季使用电保温，降低用电能耗。

车站生活污水经化粪池处理后排入城市排水系统；车辆段生活污水采用生物接触氧化法并二级过滤、消毒处理工艺；车辆段冲洗和检修含油废水采用预曝气及气浮处理工艺。生活污水处理后可达到中水标准，回用于绿化、冲厕和浇洒路面；含油废水经处理后可再回用于洗车或冲洗零部件，最大限度地节约水资源，减少环境污染。

7.自动售检票系统

机场线AFC系统采用封闭式票务管理（进站、出站均检票），机场线专用票由北京市轨道交通清算中心（ACC）统一发行，储值票采用“北京公交一卡通票”。

自动检票机选用拍打式扇门，为了方便携带行李的乘客通过检票机，检票机群增设宽通道检票机。售票亭及乘客服务中心采用开敞式设计，以增加机场线服务的人文关怀，提升服务水平。

8.综合监控系统

机场线工程采用了“适度集成”的综合监控系统（ISCS），构建了各系统统一的运营、管理平台，既可提高运营管理效率，又降低了投资。

机场线综合监控系统集成了变电所综合自动化系统（SCADA）、环境与车站设备监控系统（BAS）、门禁系统（ACS）；与信号系统（ATS）、火灾报警系统（FAS）、时钟系统（CLK）等互联；与屏蔽门系统（PSD）界面集成。

ISCS系统采用传统的两级管理、三级控制结构体系。SCADA、BAS、ACS作为子系统由综合监控系统统一设计、实施。

SCADA系统完成了对10kV、0.4kV、750V等供电系统设备的监控。BAS系统完成了通风空调、给排水、低压动力照明系统等机电系统设备的监控。ACS系统完成对单体建筑主要设备及管理用房的进入控制及人员考勤管理。

此外，机场线工程还在控制中心设置了大屏幕显示系统作为SCADA、ATS、CCTV等重要系统的统一监视平台。

9.火灾自动报警系统

FAS系统的设计及工程实施过程中充分吸收了国内轨道交通成功的建设及运营经验，在方案设计阶段对目前国内地铁的FAS、BAS联动模式进行了调研，提出了一套在北京地区相对优化的方案，对于正常和火灾共用的通风空调系统设备由BAS系统进行监控，火灾专用设备由FAS系统进行控制，火灾时FAS发指令给BAS系统，由BAS系统执行火灾控制，此种模式的采用为业主节省了工程投资。

10.旅客信息系统

机场线建立了国内第一个集航班信息、车辆信息、旅客信息、公共信息、管理信息于一体的全高清显示制式（1080P）的旅客信息系统，系统主要由中心子系统及广告制作中心、车站子系统、车载子系统以及通信通道组成。

系统发布信息的内容可以有：列车运行信息、航班信息、紧急信息、乘客引导信息、公共信息、站务信息、节目信息、商业信息。在各种紧急情况下，提供实时的动态紧急疏散指示。

系统具有以下主要特点：

(1)轨道交通车站成功引入航空信息

在首都国际机场的大力配合下，机场线工程在各车站实现了航班到发信息的显示以及航班延误等异常信息的显示为航空乘客提供了方便。

(2)列车车厢实时视频节目播放

在信号系统提供的无线通信平台上，旅客信息系统可以将控制中心接收的实时动态视频节目（电视节目等）上传至列车车厢，实现了奥运节目在车厢的实时转播。

(3)全高清制式（1080P）视频显示

系统的编辑设备、传输设备以及控制显示设备均达到了全高清制式（1080P）标准，为乘客提供更清晰的画面。

(4)多媒体互动查询平台的引入

为了方便乘客了解车站周边以及北京市的地理环境、商业建筑、公共交通换乘、北京旅游及特色文化等，系统在各站点设置了查询机，该查询机以“数字北京”强大的数据库为依托真正满足了乘客的信息需求。

机电设备系统是轨道交通建设中投资占比较大的部分，其中诸多细节的精心设计和精打细算，不仅使广大旅客一进站就感到耳目一新，真正体验方便舒适安全和快捷，还为今后城市轨道交通降低造价和运营成本、早日收回投资做了有益的尝试。

（三）车辆基地的特点

1.露天停车

机场线车辆是无人驾驶的，它有在夜间停放在车辆基地时进入休眠状态，待运用时由信号唤醒的特点，因而需要车辆在夜间停放时也要供电，这样车辆就不怕低温受冻，为露天停车创造了条件。露天停车节省了建筑面积约4800m^{2}的停车库，见图4-89。

4-89 露天停车

2.用地面积小

天竺车辆基地是目前北京市轨道交通线网中面积最小的车辆段，这是由直线电机车辆转弯半径小，爬坡能力强的特点所体现的。车辆基地内线路最小曲线半径70m，出入段线坡度达到40‰，采用长度短的5号道岔等等，都为节约用地创造了条件。

3.建筑物少

车辆基地仅有综合楼、联合检修库、锅炉房及污水处理三大建筑单体。综合楼里集合了办公、控制中心、信号楼、牵引变电所及司乘公寓等功能；联合检修库包括承担车辆检修库、不落轮镟库、轨道车库、材料仓库、空压机站、给水泵房、列车清洁检查库、洗车库等生产维修设施；锅炉房与污水处理合建，靠近负荷中心，节约了能源。

天竺车辆基地地处T2航站楼跑道尽端，飞机起降区域，可在飞机上尽揽地面景色。因此，对车辆基地的景观提出了较高的要求。在北京市规划委及业主的组织下，经过多次专家论证，确定了车辆基地的平面布置，建筑立面、体量、色彩、风格以及场区绿化形式，使之成为“国门第一车辆基地”，见图4-90。

4-90 车辆基地景观效果图

（四）轨道与感应板

1.轨道

(1)大号码道岔的运用

机场线车辆运行交路基本呈环状，当列车运行在T3航站楼站→T2航站楼站及T2航站楼站→三元桥站时，必须侧向通过T2支线起点处的2组单开道岔。由于轨道交通常用的60kg/m钢轨9号道岔侧向限速35km/h，不能满足机场线列车快速通过的，缩短运行时分的要求。经充分的技术论证与分析，确定在T2支线起点处设置2组60kg/m钢轨18号可动心轨单开道岔。该道岔的侧向限速为80km/h，约为9号道岔的2.3倍，从根本上解决了列车快速通过受限的难题。大号码道岔一般用于高速铁路，将其用于城市轨道交通在国内外都是第一次。机场线结合自身特点，首次将其移植到城市轨道交通，可谓创新之一。

(2)可动心轨道岔的运用与布置

机场线所用车辆采用了径向转向架、无人驾驶等先进技术。为使列车快速、平稳、舒适地运行，营造理想的轮轨接触关系，使之满足车辆径向转向架的构造要求，正线道岔全部采用了可动心轨道岔。在平面布置上，则完全采用了单开或单渡的布置，避免采用交叉渡线，彻底消灭了道岔区的有害空间，这项技术在国内城市轨道交通的运用也是第一次。

(3)跨区间无缝线路及钢轨打磨技术的运用

机场线首次采用了长钢轨与道岔焊接的跨区间无缝线路，将全线钢轨全部焊接，彻底消灭了轨道的先天不足，同时还在开通运营前对50%的直线段进行轨头打磨。既满足了列车构造及快速、平稳、舒适运行的要求，又可作为减振降噪的措施之一，充分体现了技术先进、以人为本、环保的设计理念。轨头打磨还可扩大车轮踏面的接触范围，使轮轨磨耗趋于一致，有效延长轮轨寿命。

2.感应板

感应板作为直线电机车辆组成部分之一，外形看起来像一种特殊的型钢，由不易变形的导磁组件及其上的铝合金罩板组成。虽然是车辆组成部分之一，但并不组装车辆上，而是安装在轨道上，虽与车体分离，但对气隙大小有严格要求。因此其安装位置及精度对轨道设计及施工有一些特殊要求。

六、人性化设计及服务特点

（一）舒适的乘车环境

机场线在设计过程中非常注重车内的功能细节。机场线与服务于通勤客流的普通城市轨道交通不同，机场线的平均乘距长，乘客对舒适度的要求较高，且多数乘客携带行李，这些因素在设计车辆布局和定员时经过综合考虑，并在广泛搜集国外和香港机场线资料的基础上进行了专题研究。

1.车内布局

机场线车辆的座椅与普通的地铁车辆不同，见表4-4；为给尽量多的乘客提供坐席，车内采用横向坐席布局，即乘客面向或背向行车方向，类似大铁路的坐席车厢布局，见图4-91；每辆车布置有约60个的座位，另外可根据需要利用走廊空间设伸缩式的活动座椅、在无轮椅使用的情况下利用轮椅停放区增设折叠座椅，列车采用4辆编组，列车共设有约240个座位。为调节不同车厢间的客流、方便紧急情况下的疏散，车厢之间用通道联系起来。

机场线与普通地铁车辆差异比较 表4-4

车辆	机场线车辆	普通地铁车辆
座椅方向	横向（面/背向行车方向）	纵向（面向通道）
站席标准	2～3人/ m^2	定员：6人/ m^2 超员：9人/ m^2
行李架	有	无
车门数量	2对	4对
扶手位置	座椅边	头顶

4-91 机场线车内布局(座椅、扶手、地面行李架)

2.扶手

当坐席不足以满足客流需要的情况下，需考虑站立乘客的安全性问题，因为机场快线的速度要高于普通城市轨道交通车辆，必须考虑急刹车情况的安全问题，机场线车辆扶手固定在座椅靠走廊一侧，方便乘客使用，在牢固性和美观方面均强于普通城市轨道交通车辆中置于天花板处的悬吊式拉环；另外在车门附近区域还设有靠垫供站立乘客倚靠。

3.行李架

目前国内外并非所有的机场线车辆都提供专用行李架，但从方便乘客的角度，机场线设了2种专用行李架，设落地式的行李架用于放置大件行李，并根据车内的空间的高度，在座椅上方设小件行李架。

4.轮椅停放区

为方便残疾人乘坐列车，列车在首尾车厢各设1处专用轮椅停放区，在无轮椅的情况下可以使用折叠座椅，见图4-92。

5.车门

由于机场线的车体相对较短，为增加坐席，每辆车设2对车门即可，但车门开度很大，达到1.5m，可保证携带大件行李的乘客顺利通过，见图4-93。

4-92 机场线车内布局(轮椅停放区和折叠座椅)

4-94 车内信息显示器，下方为供站立乘客倚靠的靠垫

4-95 车载对讲系统

4-93 机场线车门

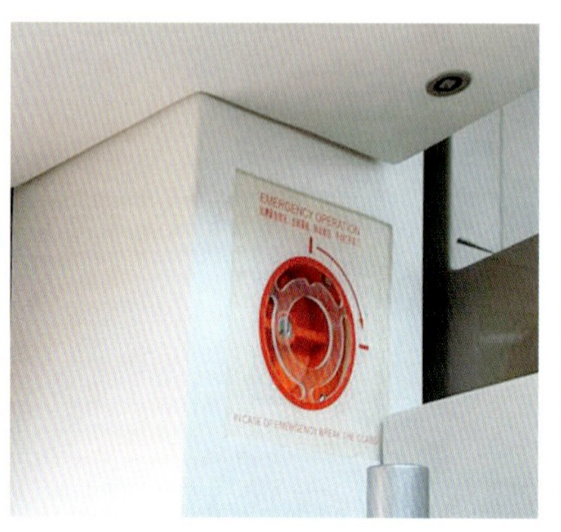

4-96 车载对讲系统

4-97 机场线驾驶台(必要时可由乘务员人工操作)

6.信息显示系统

车内信息显示系统置于显著位置，可显示航班信息和公共信息，见图4—94。

7.安全设施

机场线是国内首条采用无人驾驶模式的线路，列车不设专职司机，由控制中心统一控制，每列车配数名乘务员，乘务员的主要职责为乘客服务，但也可以现场监视行车状况，平时不干预行车，当发生意外情况时，在现场紧急处理，对乘客进行安慰和疏导；另外列车上也设置了对讲系统和紧急制动系统，见图4—95～图4—97。

注：照片摄于测试期间，正常运营时操作台是封闭在机柜内的，车头位置是开放的，成为最佳观景区。

（二）导向标识

导向系统的设计目的是让乘客在方便、快速、舒适而明确的情况下到达目的地，因而“进与出，来与去，地面与地下，方向与位置，直达与换乘，安全与自救”等一系列问题是由一套优秀的导向系统去实现的。

机场线导示牌的底色采用了机场导示牌的底色，由于机场线是主要服务于首都机场和航空旅客的，在机场线的装修中也体现出了比较高的档次，以符合机场的整体装修品位。我们的导示牌底色和机场导示牌的底色保持一致，让乘客进入地铁后就有进入机场一样的感觉。

这次的机场线导示系统设计借鉴了许多城市和国家的成功经验，并通过多轮专家评审反复修改，逐步完善。

（三）无障碍设计

机场线全线考虑无障碍设计，通过轮椅升降台、垂直电梯设施将车站与外部无障碍设施联系，为乘客提供便利。车站内通过盲道、内部垂直电梯使不方便人士能够便捷通行、乘降。车站内设置残疾人专用卫生间、设置盲文等无障碍设计，为残障人士在使用站内设施时提供便利。

（四）方便乘客的辅助设施

在机场线各车站，在设计上为了极大地方便乘客，安置了自助值机、数字北京信息查询机、公共电话、银行ATM机、自动售货机等服务设施，颇具人性化。

1.自助值机

在东直门和三元桥车站各预留了8个自助值机终端设备。不办理托运行李的旅客凭电子机票，到自助设备前扫描带条形码的行程单，系统就会显示旅客姓名、航班、登机时间、舱位等信息，旅客确认后可自行选择座位，凭自助设备打印出的登机牌到机场直接安检后就可以登机了。旅客仅用1min即可办理好登机手续，大大减少了排队等候办理乘机手续的时间。

2.数字北京信息查询机

在机场线车站内都设有数字北京信息查询机，可以查看运营信息（线路概况、票制票价、信息公告、列车时刻）、航空信息、周边环境、路网信息。根据中英文地图，可以方便中外乘客查看需要换乘的公交线路，还可以收看新闻、查看天气信息，查询衣食住行、餐饮娱乐等各种信息，购买手机充值卡，缴纳电话费和水电费。

数字北京信息查询机还开辟了“奥运2008”栏目，乘客可以查到奥运会的所有比赛项目的介绍，以及历届奥运会的情况，见图4－98。

4-98 数字北京信息查询机主页

第五章 奥运环境整治工程

第一节 工作概况

为实现“新北京、新奥运”战略构想，全面改善北京环境面貌，提升城市形象，提高城市运行和管理水平，北京市组织开展了以治理重点大街和地区、整治“城中村”、治理奥运场馆周边及开展新农村建设等多项环境整治工作。

一、前期规划

根据市政府要求，北京市2008环境建设指挥部办公室于2006年上半年组织开展了《北京市重点大街重点地区环境建设概念规划》方案征集和编制工作，旨在指导重点大街和地区的环境建设，见图5－1。依据“新北京、新奥运”的战略构想，相关规划工作给予了针对性的定位，即侧重整治，兼顾建设；侧重减法，兼顾加法；侧重整体，兼顾局部；侧重方法，兼顾意象；侧重结构，兼顾细节。规划方案研究工作遵循“高品位、低成本、讲实用、易维护、能承受、可推广”的原则，围绕城市景观、市容市貌存在的问题，提出景观规划思路、风格定位，并针对建筑外立面、市政设施、园林绿化、夜景照明、城市雕塑、市容市貌和城市导向等方面提出改进建议。

（一）规划目标

本规划的总体目标是提升城市公共空间环境质量。作为专项环境整治规划，其特性从三个方面得以体现，第一是有

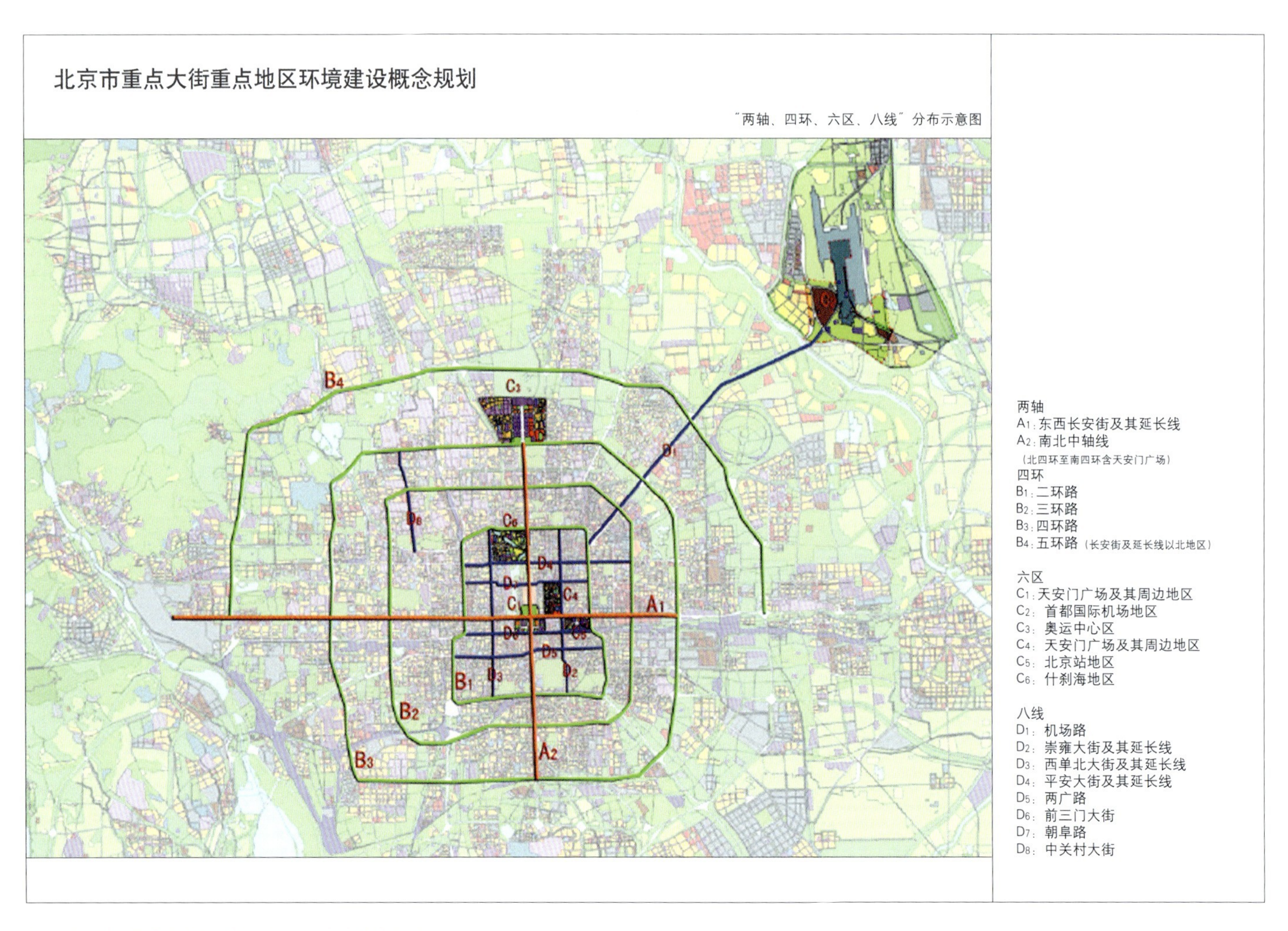

5-1 北京市重点大街重点地区环境建设概念规划

限时间、有限任务和有限投资，第二是整体梳理、全局统筹和统一指导，第三是首都示范、奥运聚焦和文化多元。

规划工作研究的目标，一是统筹安排环境建设工作，明确建设内容、建设时序和建设方法，二是提升城市环境整体水平和宜居性，并建立长效机制，促进公共空间质量持续提高；三是指导后续项目设计实施，制定环境整治通则，建立项目库，示范性提供重要节点设计。

（二）技术措施

专项环境整治规划的范围包括两轴（东西长安街及其延长线与南北中轴线）、四环（二环路、三环路、四环路和五环路）、六区（天安门地区、首都机场地区、奥运中心区、王府井地区、北京站地区和什刹海地区）、八线（机场路、崇雍大街及其延长线、西单北大街及其延长线、平安大街及其延长线、两广路、前三门大街、朝阜路和中关村大街）涵盖的区域。

两轴、四环、六区和八线作为北京形象的窗口、城市景观的骨架，同时也是奥运运行的载体，各自发挥着重大的作用。两轴主要承担首都职能的发挥，四环是城市快速路系统重要组成部分，六区通过多角度、多方面展现了拥有古老文化和现代文明结合并存的北京形象，八线大多为城市主干道，结合道路景观展现了不同的城市风貌。

为此，专项规划工作内容主要包括城市环境的物质层面和精神文化层面，并分解为自然要素、城市设施、流动载体、城市历史、城市意象和城市文化等内容，这些内容又通过建筑界面、道路交通、绿化植被、市政设施、城市照明、广告牌匾、城市家具、无障碍设施、标识系统和公共艺术等10个方面的设施内容得以表达，见图5－2～图5－15。

根据“高品位、低成本、讲实用、易维护、能承受、可推广”的原则，结合拆除违法及不合理建筑与设施，突出抓好确定的市级环境整治、环境建设的重点大街和地区，实现改善北京的环境面貌，提升城市形象，提高城市运行和管理水平的目标。

（三）工作准备

1.确定整治标准

整治后的大街和地区要做到“三净、四新”。即：乱搭乱建拆干净、乱贴乱画刷干净、乱堆乱摆清干净；两侧楼房粉饰一新、沿街门脸修葺一新、广告牌匾设置一新、绿化植物改造一新。

2.做出规划

对每条重点大街、每个重点地区做出形象设计、确定整体方案，要把广告、标识、公厕等城市设施统筹纳入规划中。

3.制定《建筑物外立面清洗粉刷标准》

确定建筑物外立面颜色选用的原则，制定统一的标准、公布参考色标。清洗粉刷要注重整体效果，尽量尊重原来的设计风格，合理选择建筑物的基本色，注重辅助色、点缀色的协调，充分体现北京文明古都和现代化国际大都市的特征。

4.工作指导

指导、协调各区(县)开展重点大街、重点地区的整治。

（四）工作安排

分三年实施，按照治乱、建新、添彩的顺序推进工作。

二、重点区域

（一）重点大街和地区

划定“两轴、四环、六区、八线”为环境建设重点区域，该区域集中了北京的主要大街、重点地区，涵盖了通往大量的奥运场馆和奥运签约饭店的重要连接线上，是奥运期间人流聚集、国际和媒体关注的重点地区，是首都环境建设的重中之重。

5-2 朝阜路东皇城根遗址公园

5-3 崇雍大街的店铺

5-4 远眺南中轴永定门

5-5 临街围墙

5-6 鼓楼大街街景

（二）整治“城中村”

北京市的“城中村”大多分布在城乡结合部，集中分布在朝阳、海淀、丰台三个区。尽快改变北京城乡部分地区的落后状况，提升城市现代化水平，是北京筹办奥运会的重要内容。因此，北京市政府决定从2005年开始，用三年时间对“城中村”进行集中整治，首先要拆除奥运场馆周边及四环路以内的 “城中村”，其余的“城中村”将在2008年以后继续完成。

（三）治理场馆周边

治理奥运场馆及周边区域的城市环境建设。整治工程

5-7 阜成门内大街

包括拆除违法建筑、沿街建筑外立面更新、道路设施系统整治、市政公用设施治理、园林绿化景观美化、城市家具布局调整、奥运知识产权保护、广告牌匾标识规范、安全监控设施等内容。鉴于不同区域存在的问题不同，采用的措施也不尽相同。为全面有序地开展这项工作，采取了以下步骤：

1.优先实施示范场馆的环境整治工作。选择地坛体育馆、工人体育馆作为示范场馆，进行场馆及周边环境整治工作，为其他场馆周边整治提供经验。

2.全面开展其他场馆及周边地区的环境整治工作，在奥运场馆区域逐步建立起环境保障体系，形成环境保障机制。

（四）开展新农村建设

普遍开展以环境整治和环境建设为主要内容的新农村建设，重点整治五环路内的行政村，切实解决农村存在的问题。

1.全面清理村内、村外、村庄连接处、河道、河沟、坑塘内多年积聚的渣土，捡拾白色垃圾，规范村内垃圾收集点；清理街道、胡同内乱放置的柴草、砖瓦等杂物；整修坍塌房屋，修砌残墙断壁，保护文物遗迹。

2.按照标准消除影响环境的因素；建设基础设施，实施街巷道路硬化，实现污水沟渠排放，增设必要的垃圾收集、处理设施，进行绿化美化。

3.建立专职环境管护队伍，确保扫得净、看得住、管得好。

三、整治内容

（一）拆除违法建设

通过摸底排查和卫星遥感系统检测，针对违法建设进行调查统计，于2006年拆除违法建设，大多改造为城市公共绿地。

2007年着力开展对城乡结合部的环境整治，以五环路以内行政村为重点，依法拆除各类违法建设，清理积存垃圾和堆物堆料，规范垃圾收集消纳手段；改善市政条件，平整道路；改造公厕；绿化空地荒地，提高环境水平。

（二）整治广告和牌匾

2004年8月，北京市人民政府公布了《北京市户外广告设置管理办法》（以下简称《管理办法》），2005年，北京市市政管理委员会组织编制《北京市户外广告和牌匾标识专业规

5-8 北京的中轴线

5-9 什刹海地区传统风貌

划》（以下简称《专业规划》），为规范北京市户外广告和牌匾标识设置作出明确规定。规划主要成果：

1.根据户外广告和牌匾标识的设置位置、照明方式等的不同，对其进行进一步的分类，并对各种类型进行了详细地解释和图示说明。

2.作为在整个北京市都适用的宏观的管理技术规范，制定通用性条款，明确在北京市范围内设置户外广告和牌匾标识应首先遵守的规定。此类规定包括：禁止设置的广告和牌匾标识；非公共地块落地式广告和牌匾标识设置标准；居住权益保护规定和对特定类型广告和牌匾标识的控制要求。

3.将广告标识规划与城市规划相结合，按照《北京市总体规划》对城市各个片区的发展定位、用地规划、商业规划等，将市域范围内的各类用地分为八类控制区分别进行控制。根据每类控制区的特点，有针对性地提出控制目标、控制原则和具体的控制细则。

4.各类控制区在进行规划控制时引入建筑临街面的概念，结合不同性质用地的特点，根据各地块所拥有建筑临街面长度来给出其户外广告和牌匾标识的许可面积，实现对其量化控制，也使户外广告和牌匾标识的设置与用地规模、建筑体量相对应。

5.在对总量控制的同时，根据每类控制区的特点，分别就户外广告和牌匾标识的许可类型、单体最大面积、照明方式等提出具体的量化的控制性要求。

6.在对户外广告和牌匾标识进行规划控制管理的同时，项目组还就户外广告与道路交通和夜景照明的关系进行了研究。提出了在道路交叉口等交通敏感区域设置户外广告的专项规定，同时对户外广告和牌匾标识照明设备的选择和相关技术参数提出具体的专业要求。

7.制定地区（段）户外广告和牌匾标识规划指引，详细阐述应用《专业规划》进行具体地区（段）详细规划的方法、所涉及内容、规划提交等内容，以方便《专业规划》实施，提高可操作性。

2006年，市2008环境建设指挥部办公室正式发布《北京市户外广告设置规范》、《北京市牌匾标识设置管理规范》等关于户外广告的规范条例，结合已有专业规划，指导全市范围户外广告牌匾整治工作。本次广告整治范围包括长安街及其延长线、二环至五环、机场高速路、首都机场、北京站、北京西站、亦庄开发区等重点地区，整顿内容包括彻底拆除城市中所有的未经规划审批的户外广告，逐渐使统一招标成为广告商在京城取得户外广告合法经营权的唯一渠道。具体工作思路为：

第一，拆除不符合规划的广告。从样板大街、重点大街入手，开展清理户外广告和牌匾工作，对违法设立的各种广告、牌匾进行拆除。

第二，实现广告规划。坚持广告规划的权威性和严肃性，严格按照广告规划设置、规范户外广告和牌匾标识，在2008年前对所有重点大街、奥运场馆、奥运路线周围的广告进行规范管理。

5-10 传统民居大门

（三）实现规划要求

结合违章建筑及不合理设施的拆除，根据规划需要实现公共设施的合理布置，主要包括：

5-11 王府井教堂前广场

1.通过对道路系统的完善（包括人行系统、公交车站、地铁出入口及非机动车系统等设施的改造），以及地面及地上市政设施对市政交通进行的改善，桥下空间的治理等一系列措施对市政交通进行合理化改善，并在设施改造中，通过运用新技术，使技术措施更加符合生态与环保的要求。

2.通过绿化景观采取的一系列措施，使北京城市景观在生态、功能、品质和视觉感受方面上了一个台阶。

3.结合广告和牌匾的整治，以及建筑物轮廓和城市照明的合理布置，实现城市夜景的功能性与景观性的结合，从而提高城市夜景品质。

5-14 前三门大街明城墙遗址公园

5-12 王府井步行街边的座椅

5-15 首都机场地区天竺小镇居住区围墙

5-13 北京站前大街

第二节　西二环段（西便门—西直门）环境整治工程

随着《北京市重点大街重点地区环境建设概念规划》编制的完成，全市环境整治工作具备了实施条件。为保证科学有序的开展全面的城市环境整治工作，北京市2008环境建设指挥部决定选择西二环段（西便门——西直门）沿线区域，作为全市环境整治工作的试点，先行开展研究工作，以树立更新改造的样板，指导全市的重点大街、重点地区整改工作。在“高品位、低成本、讲实用、易维护、能承受、可推广” 方针的指导下，通过对该区段内可见的建筑物、景观、市政设施进行全面地更新改造，一方面要完善城市功能，提升城市品质，另一方面要进一步展现出北京的首都地位和国际一流大都市的风采。

西二环试点区段近5km长，涉及内容复杂庞大。 设计工作从规划设计、建筑设计、市政设计、景观设计、广告设计、夜景照明等六大系统展开，编制六大系统的设计工作导则，明确各系统中存在的特殊问题和普遍问题，规范更新改造的实施细则，展现典型个案的发展前景，使将来各独立项目的设计和实施都有据可循。导则涵盖了现状问题分析，更新改造措施以及典型个案研究等三个方面。

一、治理范围

西二环段环境整治试点研究范围南起西便门立交桥，北至西直门立交桥，西起礼士路，东至西直门南小街、金融大街。南北长约5000m，东西宽约500～600m，总占地面积约300万m^2，见图5－16。环境整治的对象主要为沿街建筑、市政交通设施、绿化景观、夜景照明、广告牌匾等。

二、规划研究

本区段两侧用地开发强度大、公共建筑比例较高，集中了行政管理、金融商贸、科研院所、医疗卫生、历史街区和交通枢纽等多种重要的城市功能。

（一）现状分析

分析该区段沿线现状用地特征，根据其功能相对的集中度，大致呈现为八个主要的特征区，见图5－17；由北向南分别为：

西直门区域为交通枢纽混合功能区；车公庄至西直门是以居住为主的混合区；阜成门至车公庄是办公为主的混合区；阜内大街为历史文化保护区；阜成门至复兴门，西侧为月坛商业、机关、公共服务区，东侧为金融管理及商务区；复兴门至西便门为机关和院校办公混合区，以及真武庙居住混合区。

（二）规划要求

二环路是一条重要的城市干道，是北京市发达的快速路网系统的重要组成部分。它形象、真实地再现了具有悠久历史的北京旧城的轮廓，是传统北京城与现代北京城和谐融合的见证。

二环路的沿线是新时期城市建设的主要地区，是城市公

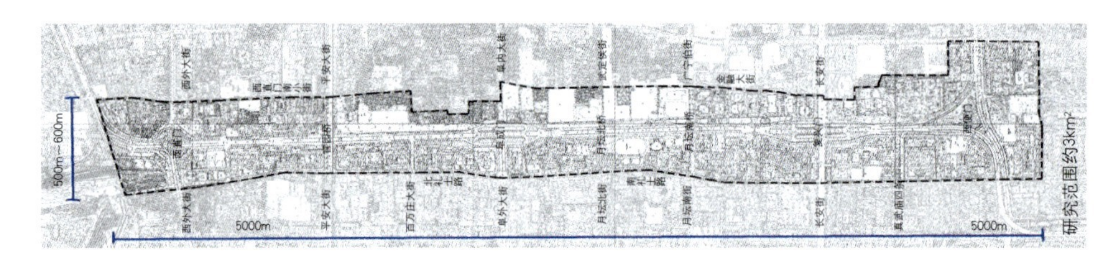

5-16 西二环段环境整治试点研究范围

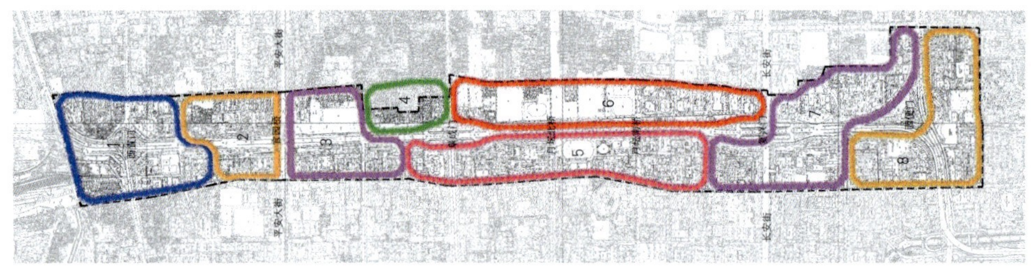
5-17 现状用地特征分区

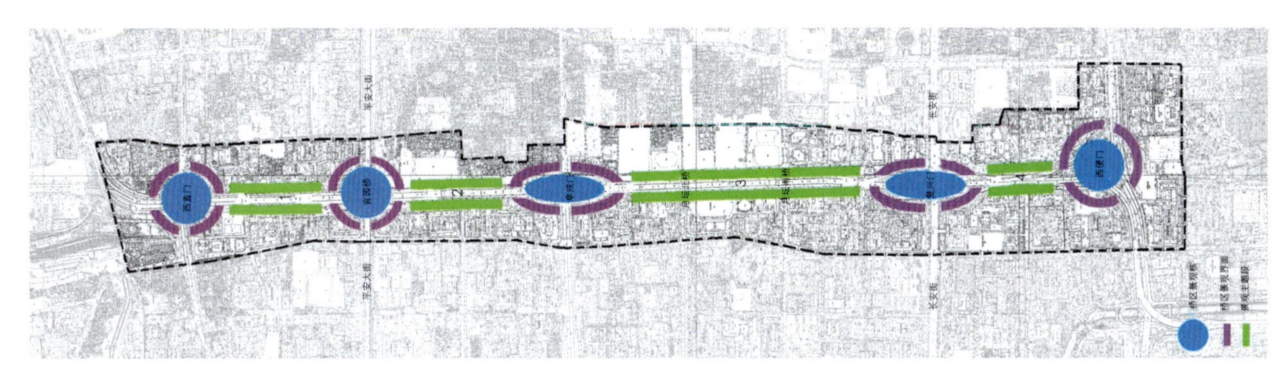

5-18 规划功能分区

共职能的集中区域，它记载了北京城市建设的重要历程，是展现北京城市面貌的重要窗口。

本区段从规划层面汇总，以交通类节点所处的东西向城市干道为间隔，大致可整合为四个功能区，见图5－18。

西直门立交桥至车公庄立交桥：交通、医疗、行政、居住等为主要内容的混合区。车公庄立交桥至阜成门立交桥：以商业金融、文化设施、历史街区为主的综合区。阜成门立交桥至复兴门立交桥：以金融服务及管理、行政机关、医疗及体育设施为主的公共设施区。复兴门至西便门：以行政办公、教育科研等公共设施为主的综合区。

（三）公共空间布置

本区段现有公共空间主要集中于车公庄大街以南，本次环境整治工作针对已有公共空间之间的联系，通过设施改造，形成系统，具体有以下措施：

1.尽可能延续二环路内侧绿化带，使北京旧城的“绿色项链”更加完整。

2.对一些尚未形成绿化，但有空间调整余地的，应尽可能开辟为城市街头绿地、广场，如西直门交通枢纽前的空地等。

3.加强桥区绿化与周边绿地的联系。

4.已有的公园、绿地、广场的环境整治中应增加其开放性和可达性，除满足观赏的需求之外，尽可能为群众活动提供便利。

5.除加强沿二环路纵向绿化景观外，在有条件的地区应增加横向绿地景观的渗透，使二环路景观与周边用地更加有机结合。

6.将公共空间的布置与沿街建筑、市政交通、绿化景观、夜景照明和沿街广告等布置要求统一考虑，从而达到规划方面的统一性。

三、沿街建筑

建筑是体现城市意向的重要元素，也是本次环境整治工作中的重点内容。建筑整治的范围包括该区段两侧建筑红线内、主路上视线所及的多座单体建筑和平房，分别属于住宅、公共建筑、商业店铺三大系统。

（一）现状分析

设计从现状调查着手，对地块内159栋单体建筑进行逐一地调查分析，并梳理成完整的设计导则，针对有代表性的典型个案进行系统研究，为下一阶段全面推广提供必要的设计标准。

工作中按照住宅、公共建筑和商业店铺三类分别分析研究，存在如下问题：

1.立面——缺乏整体商业设计，与周围环境不协调，底层商铺在风格、材质及色彩上均未考虑整体效果，杂乱无章，同上层立面风格不统一。

2.广告牌匾——形式、规格、位置、颜色各行其是，缺乏整体性和美感。

3.门窗——店铺门窗大小不一，橱窗简陋且形式各异。

4.临街环境——缺乏整合，材料粗糙简陋，缺乏人性化的设施。

5.照明——底商立面缺乏细部处理，缺少专业化系统化的夜景照明规划。

6.临时建筑——部分小型商业为临时、违章建筑。

（二）设计导则

针对当前存在的问题，研究中分别提出了沿街建筑整治的总体要求和设计要求。

1.总体要求

(1)统一规划，保证商业功能的完整性。

(2)加强商业氛围，突出商业的多样性和趣味性。

(3)创造良好的步行环境、提供丰富多彩的城市生活环境和方式。

2.设计要求

(1)标牌及广告：底商户外标牌样式及位置应结合建筑立面统一设计，严格按规划要求设置，新标牌尺寸应与店面成比例，同一街区内标牌应在同一高度，字体大小相近。

(2)沿街立面：对同一街区或邻近街区内底商进行整体改造设计，强调其功能、风格、视觉感受上的连贯性，以形成连续的"街道墙"，增强可识别性。

(3)门窗：开窗形式及风格在同一街区内应协调统一；尽量加大店面橱窗面积，营造商业氛围；联排店铺出入口除后退、设置标牌、增设雨篷及夜间照明外，不宜做其他强调处理；出入口间距应合理，并应增设无障碍设施。

(4)色彩：沿街商业建筑宜以清丽、明快为主，建筑色彩应同所在环境协调，不应出现大面积对比色；应充分考虑建筑朝向所导致的色彩变化；阜成门、西便门等历史文化保护区附近的商业建筑色彩宜以灰色为主，以同环境色相协调。

(5)公共空间：用地宽裕地段，应从行为方式出发，优化底商外部公共空间；改善狭窄地段底商建筑与公共空间关系，探索通过建筑改造增加新的公共空间的可能性。

(6)建筑细部与材料：建筑细部及立面附加设施应从整体统一角度出发加以考虑，整治外立面上空调室外机、防盗网、落水管等附加设施；结合上层立面及住宅、公共建筑等立面改造，同一建筑底层商业饰面材料应保持一致；采用节能环保的新型材料，兼顾美观经济及日后清理维护，不提倡大规模使用易导致光污染的玻璃幕墙；每栋建筑主要部分饰面材料不宜超过3种。

(7)结合专业照明规划与立面整体效果设置灯光设施，底商立面照明不宜采用大面积泛光照明，大型灯箱、霓虹灯设置也应慎重考虑。

（三）典型案例

1.多层楼房改造案例

外立面整治：改造门窗，增加玻璃幕墙，粉刷墙体，治理广告，见图5－19。

2.高层住宅

外立面整治：改造门窗，调整空调机位，粉刷墙体，

改造前

改造后

5-19 多层楼房改造

改造前

改造后

5-20 高层住宅整治

见图5－20。

四、市政交通

市政交通系统是城市空间的基础性支撑系统，是本次环境整治工作中的重点内容之一。市政交通研究的内容包括三部分，即道路交通、市政管线的地面设施和桥下空间。整治的目标是：整合道路设施与路外空间资源，系统地提升道路品质，点线结合，重点区域突出，为城市广泛治理积累有益经验。

道路交通：二环路自上世纪90年代初期全线建成以来，随着我市交通需求的持续增长，已分别于1999年、2003年进行两次大规模改造。二环路机动车系统基本达到资源容量供给最大化，非机动车系统沿线供给相对均衡，基本能满足需求，人行系统受道路红线宽度的制约，部分路段人行宽度窄。在有限的人行道空间内，布设有照明灯杆、交通标志、公交车站、市政杆线和大量的城市家具，部分路段还设有非机动车停车设施，进一步恶化了人行条件。因此，本次道路交通系统改造将着力研究人行系统，以及由此涉及的辅路公交车站、地铁出入口、自行车停车等问题，不包括机动车、非机动车系统。

市政管线的地面设施：包括地上杆线和地下管线检查井。

桥下空间：指桥下空间的美化和综合利用。

（一）指导原则

1.“以人为本”

协调人行空间和车行空间的矛盾，为行人提供安全、便捷、舒适的服务。

2.系统性

整合连续、协调的人行交通系统。

3.合理性

注重改造措施的可行性，投资的合理性。

4.生态环保

体现绿色奥运、科技奥运理念，体现生态环保理念，推广应用环保材料，考虑雨洪合理利用。

5.艺术性

与园林景观和城市环境相结合。

（二）现状分析

1.道路交通

道路交通包括人行系统、公交车站、地铁出入口和非机动车停车设施等内容，道路交通普遍存在不同程度的问题。

(1)人行系统

人行系统现状问题，见图5－21。

5-21 人行系统现状问题

a.部分路段窄，部分缺失。

b.和机动车道系统有矛盾，地下通道过街需再次穿越辅路，部分路段视距不足。

c.无障碍系统设置不完善。

d.铺装凌乱，局部破损。

e.被市政管线、城市家具等相关设施占用。

(2)公交车站

公交设施现状问题见图5－22。

a.停车站位短、与人行道狭小空间相重叠。

b.站牌需调整改造、站名需整合。

c.站台设施显乱：站牌、遮阳篷、垃圾桶、公用电话、信息板、宣传栏等设施布置凌乱，树木、树池铺装等也带来不利影响。

d.首末站站房设施缺乏统一色彩标识。

e.站台栏杆不统一。

(3)地铁出入口

地铁出入口现状问题，见图5－23。

a.出入口与人行道之间缺少缓冲空间；

b.通行人行空间、进出地铁车站旅客集散空间、非机动车停车空间和一些服务设施空间相互重叠，秩序较乱。

(4)非机动车停车设施

本区段沿线非机动车集中的节点主要有西直门地铁、人民医院、车公庄地铁、阜成门地铁、阜成门公交站、复兴门地铁和复兴门公交车站周边。

a.停车设施不足；

b.随意停放造成不利影响。

5-22 公交设施现状问题

5-23 地铁出入口现状问题

2.市政管线的地面设施

市政管线的地面设施现状问题，见图5—24。

a.部分路段人行道和外侧绿化带范围存在地上线杆；

b.有突出人行道的检查井和侵入人行道检查井雨水口。

3.桥下空间

桥下空间现状问题，见图5－25。

a.桥下空间现状使用比较复杂，设有临时办公用房、多种停车场（含社会停车、管理内部停车、工程车停车、公共汽车停车等）、堆料场及市政设施（变电箱）。

b.桥下建筑物、停车空间、栏杆、堆料、桥台等需要进一步整治。

（三）设计导则

1.道路交通

(1)人行系统

a.按需完善人行系统

设置合理宽度的设施带、通行带，完善无障碍系统，选择铺装材料和色彩图案。

最窄宽度设定原则：设施带宽1m，通行带宽1.5m；地铁出入口和大型公交站周边高需求路段通行带宽度不小于2.5m。

5-24 市政管线的地面设施现状问题

5-25 桥下空间现状问题

组织专题研究复兴门立交、阜成门立交桥下宽度，如有条件可适当加宽；或者在立交桥区研究新建人行过街通道的可能性，以弥补桥下宽度不足问题。

b.消除市政管线等占路设施对人行系统的影响

市政地上干线入地，突出的检查井降低标高，侵入人行道的地下检查井、雨水口改造挪移，其他设施综合布置。

c.采取有效措施消除安全隐患

挪移西便门立交西侧人行道下管线，修改直立挡土墙为放坡绿化形式，消除安全隐患，改善景观。

地下通道行人二次过街与机动车的矛盾问题。

d.重点美化空间及提高道路品质

选择关键地块（如西便门立交西侧、北京市儿童医院等）进行专项景观设计，合理改造路外空间，协调布设城市家具，采用透水性材料。

(2)公交系统

a.加宽车站合理长度范围内人行道宽度，保证分离的候车空间宽度不小于2.0m。

b.站台长度根据线路数量或高峰小时候车人数计算，参照有关标准设置。

c.合理布置站台设施（遮阳篷、站牌、垃圾箱、公用电话、公交线路图等），节约空间，方便乘客。为设置电子站牌、信息引导系统预留相关管线接口。

d.整合不同线路相同站名车站，集中设置。

e.调整首末站站房设施。

(3)地铁出入口系统

扩大地铁出入口行人集散缓冲空间，改善出入口范围人行道通行条件，方便地铁乘客和人行道行人快速疏散。一是避免在出入口一定范围内设置自行车停车场，二是减少或取消现有树池和相关城市家具，保证流通空间。

(4)非机动车停车系统

结合停车需求和道路沿线空间供给状况，因地制宜的设置自行车停车场。

2.市政管线的地面设施

a.地上杆线改善的主要途径就是杆线入地。如果个别杆线确实无法入地则应协调挪移，置于合理位置，把对人行道空间的不利影响降至最低。

b.对高于人行道铺装的检查井应降低至平齐，对于侵入人行道的路段采用退建人行道的方式改善。

3.桥下空间

a.建筑物：将零散建筑物加以整合，并对其外形进行艺术化处理，使之相互统一协调；尽量将建筑物集中设置在停车场两端，使桥下空间视觉通透，以减弱对辅路驾驶员视觉的干扰。

b.停车空间：整合零散停车，充分利用空间。

c.栏杆：采用统一的U形白色栏杆，造型简洁美观。在分隔内外空间的同时，保证桥下空间的通透性。

d.堆料：对城市应急所必需的堆料，用挡板围挡，并注意与桥下建筑物相协调；非必要的堆料应予以清理。

e.桥台：桥台与桥身采用同种手段及材料予以清理。

（四）典型案例

1.拓宽步道、完善无障碍系统案例（图5－26）

2.拓宽步道、规范设施带案例（图5－27）

3.优化调整非机动车停车案例（图5－28）

(a)改造前　(b)改造后

5-26 拓宽步道、完善无障碍系统

(a)改造前　(b)改造后

5-27 拓宽步道、规范设施带

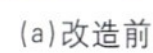

(a)改造前　(b)改造后

5-28 优化调整非机动车停车

五、绿化景观

通过对该区段沿路的景观整治，环路两侧各形成文化特征鲜明、景观连续的带状公园，并从生态、景观和功能品质等方面都上了一个台阶，成为北京市景观整治的样板大街。

（一）现状分析

目前存在的问题：

(1)绿带不连续，尤其是二环路的西侧，部分路段无行道树。

(2)绿地中高大乔木偏少，绿量不足。

(3)桥区绿化基础较好，但景观标志性不够。

(4)单位附属绿地中停车，影响公共绿地景观质量。

(5)现有雕塑20座，雕塑体量普遍不大，视觉影响不突出，个别城市雕塑与周边绿地环境不匹配。

（二）设计导则

(1)补植高大乔木，形成“绿色城墙”的景观特征；

(2)以桥区绿地为核心，将周边的公园绿地、道路附属绿地和街头绿地加以整合连点成线；

(3)拆除劣质雕塑、改造雕塑现状环境、建设城市新景观。

（三）典型案例

(1)补植高大乔木，形成“绿色城墙”案例（图5－29）。

(2)立交桥区整合绿地资源案例（图5－30）。

(a)改造前

(b)改造后

5-29 补植高大乔木，形成“绿色城墙”

(a)改造前

(b)改造后

5-30 立交桥区整合绿地资源

六、夜景照明

夜景照明的工作分为两部分。一部分为功能照明，另一部分为景观照明。

（一）现况分析

1.功能照明不完善

a.机动车道照明情况较好，仅需对部分损坏灯具进行更换；但人行道照明灯具设置路段不全，式样陈旧，损坏严重，应结合人行道整改重新设置。

b.部分交叉口亮度不足，应增加交叉口区域路灯或加大路灯功率。

c.部分立交桥下道路亮度不足，应增设投光灯。

d.地面及立交桥下停车场无照明设施，应增设。

2.景观照明不平衡

a.广告照明亮度过高，光色混乱，应进行调整。牌匾标识应增加照明设施。

b.住宅底商牌匾广告的照明，须按照国际照明委员会的标准控制照明亮度。

（二）要求与措施

1.住宅立面照明

a.对高层住宅屋顶进行照明。

b.使用窄光束投光灯对高层住宅窗间墙进行照明。

c.结合建筑整治在新增的空调栏板上嵌入LED亮点。

2.公共建筑立面照明

a.应对无照明但处于视觉重要位置的公共建筑增加照明。

b.同时调整部分公共建筑立面照明的光色和亮度。

七、沿街广告

着重考虑广告对环境景观的影响和广告对交通的影响，本次规划的重点是楼体广告和部分与广告结合紧密的城市家具。

（一）存在问题

现状广告存在总量过多，密度过大，照度过强，部分广告设置违反规范等问题。

（二）改善措施

依据《北京市户外广告设置管理标准》规定，本区段路沿线属于“一般限制设置区”。依据《城市市容和环境卫生管理条例》、《北京市户外广告设置管理标准》等文件展开规划整治。

(1)不建设地面阵列式媒体；

(2)不设置屋顶广告，可适当结合建筑情况设置墙体广告；

(3)取消阅报栏、路名牌、垃圾桶等附着于城市家具的违规户外广告；

(4)保证交通安全畅通，通过对点位、尺度、照明等因素的控制，降低广告设置对交通的影响，维护舒适畅通的空间环境。

（三）典型案例

(1)屋顶广告（图5－31）。

(2)沿街广告（图5－32）。

5-31 屋顶广告

5-32 沿街广告

第三节　市政交通系统改善新理念

结合以人为本，完善人行系统。人行步道一般有两种功能，一是直接供步行者通行，二是为部分城市公共服务设施提供空间。在对该区段的整治中，如果说建筑、景观整治主要是改善城市面貌的话，那么完善人行道、改善通行条件方面的整治则是基于城市基本功能的整治。

针对人行道整治，主要提出了四项措施：(1)按需完善人行系统；(2)消除市政管线等占路设施对人行系统的影响；(3)采取有效措施消除安全隐患；(4)重点美化空间，提高道路品质。前三项是直接针对功能的改善，直接的受益者是在步行交通使用者。例如，原来的人行道窄，铺装零乱、无障碍系统不完善，设施带和通行带、公交车站与人行道界限不清，地上杆线和地下管线检查井侵占人行道等，在本次整治中均有明显的改善。

（一）突破道路红线制约与整合路外空间资源

道路用地和路外其他用地统筹整合，占用部分绿化和其他用地，拓宽人行道，解决人行道用地不足问题，见图5－33。

部分公交车站处人行道通行带与候车空间重叠，本次拓宽了车站处人行道宽度，将人行道通行带置于车站候车亭背后，解决了通行与候车的矛盾。

（二）腾退无序占地

对部分地上电力、电信杆线侵占人行道，进行了整治，使得沿路的线杆基本全部入地；部分地下管线检查井与人行道存在矛盾，本次调整了检查井的标高，与人行道标高一致；部分城市公共服务设施（废物箱、电话亭等）无序摆放，影响通行，本次进行了合理挪移和适当删减。这些措施使得该区段两侧人行道的通行条件发生了很大变化，服务水平明显提高，道路景观也得到改善，见图5－34。

5-33 整合路外空间资源

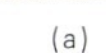

(a)

(b)

5-34 腾退无序占地

第六章 水环境工程

第一节 概述

《北京2008年奥运会申办报告》提出了“空气清新、环境优美、生态良好”的环境目标。按照“新北京、新奥运”的战略构想，落实“绿色奥运、科技奥运、人文奥运”三大理念，水环境治理和恢复十分重要，也是实现“绿色奥运”的重要组成部分。

一、申奥承诺

《北京2008年奥运会申办报告》中承诺：加速建设污水处理和回用工程，2008年北京城市污水处理率达到90%以上，污水回用率达到50%。

北京的饮用水质符合世界卫生组织的指导值，饮用水源将继续得到有效保护。

二、水环境工程建设内容

围绕绿色奥运的环境目标，结合奥林匹克公园中心区的建设，奥运水环境工程的建设内容主要包括：

(1)加大城市污水处理厂建设力度，完善污水管网系统；

(2)加快再生水厂和再生水管网建设，推广再生水使用；

(3)建设、完善城市供水安全保障工程；

(4)治理城市水环境，提高水体水质；

(5)建设奥林匹克公园中心区配套排水工程。

第二节 污水处理系统建设

一、污水处理设施建设基本情况

1949年解放初期，北京市城区排水管道仅有314km，污水处理设施建设始于上世纪50年代。1990年以前建成酒仙桥和高碑店两座一级污水处理厂；1990年为配合亚运村的建设，建成北京市第一座城市二级污水处理厂—北小河污水处理厂(规模4万m^3/d)。截至2001年7月赢得2008年奥运会承办权，北京市城区已建成二级污水处理厂4座，处理能力达128万m^3/d，见图6－1。

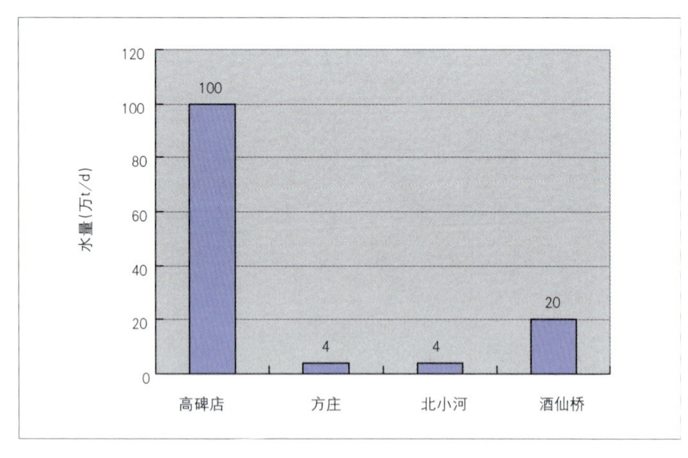

6-1 2001年北京市城区污水处理厂建设情况

2002年至2007年的五年间，北京市以奥运为契机，加快完善市政基础设施的建设，新建成污水处理厂6座，污水管道总长度达2400km，城区污水处理能力250万m^3/d，城区污水处理率达到90%，提前实现了申奥承诺，见图6－2。

北京市中心区污水处理厂分布，见图6－3。

二、奥运“三大理念”的应用

(一) 选择适用工艺、先进技术和设备

污水处理厂分布在城市不同区域，根据原污水和处理厂受纳水体对于处理厂出水水质的不同要求，确定合理的处理技术，选择先进、节能、易于维护管理的处理工艺。将膜生物反应器（MBR）、污泥干化、紫外线消毒、臭氧脱色等新技

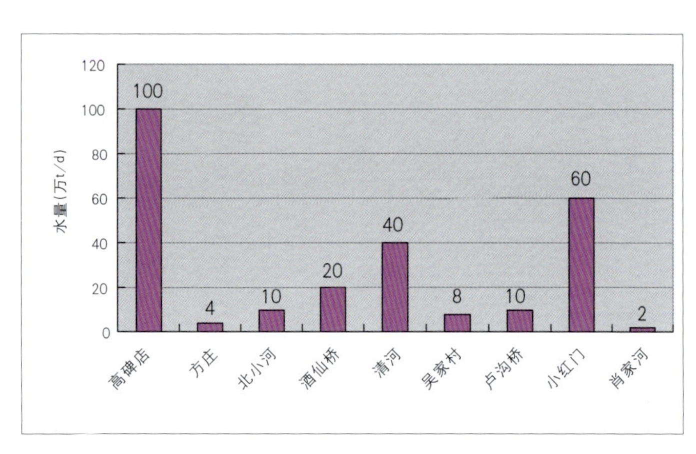

6-2 2007年北京市城区污水处理厂建设情况

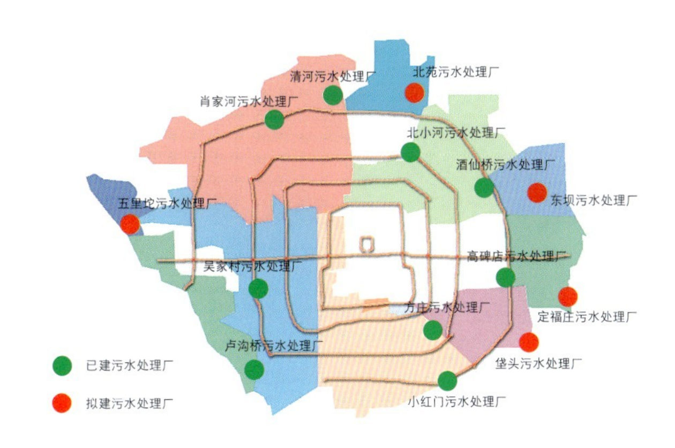

6-3 北京市中心区污水处理厂分布图

术应用于污水处理厂建设中，起到示范作用，体现“科技奥运”。

（二）注重环保和节能设计

通过采用污水水源热泵技术，满足厂区采暖、制冷要求，充分利用污水的热能资源；采取节约和有效利用能源及资源的措施，选择高效能设备，采用变频调速控制，降低能耗；厂内的生产用水、绿化、冲厕等其他杂用水，均采用再生水，节约清洁水资源。注重环保和节能设计，体现“绿色奥运”。

（三）注重环境设计

污水处理厂预处理和污泥处理设施臭气浓度较高，对环境影响大。通过选用适宜的除臭设备和合理设计，有效降低臭气的影响，改善工人的操作环境；厂区环境设计以绿化带和景观小品分割，起到防噪防尘的作用，减少设备运行中的噪声污染；注重环境设计，体现“人文奥运”。

三、污水处理设施介绍

鉴于污水管网的建设规模较大、地点分散，以下重点介绍2001年申奥成功后新建成污水处理厂的工程情况。

（一）北京市清河污水处理厂工程

1.工程简介

清河污水处理厂是京城北部规模最大的一座污水处理厂，位于北京市海淀区清河南马房乡，占地30.1hm^2。一期工程规模为20万m^3/d，于2002年9月底建成投产；二期工程规模为20万m^3/d，于2004年12月底建成投产。总流域面积107 km^2，见图6－4。

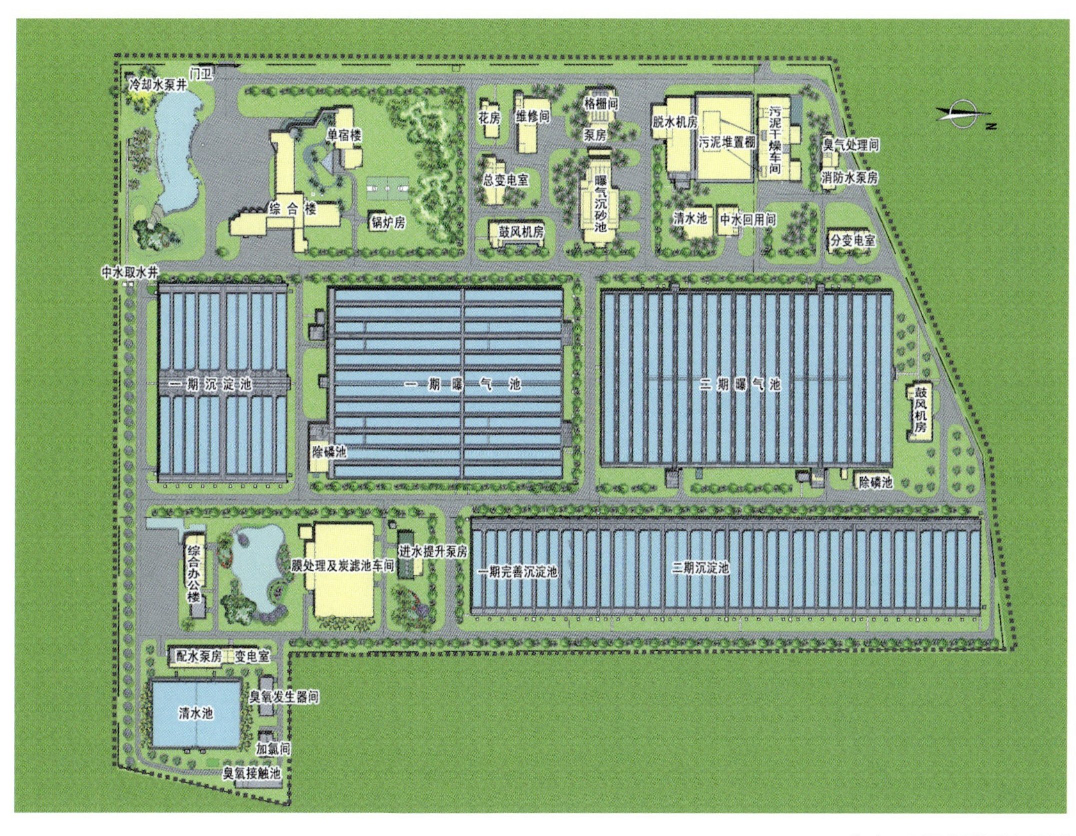

6-4 厂区总平面布置图

2.处理工艺及水质

清河污水处理厂退水受纳水体为清河。根据北京市防洪排水和河湖整治总体规划，清河为风景观赏河道（清河闸上），水质目标应达到《地表水环境质量标准》中的V类水域标准，排放标准执行《北京市水污染物排放标准》二级标准。

一期工程采用可靠性高、运行稳定的倒置A^2/O处理工艺。在有效去除污水中有机物的同时部分脱氮，通过生物及化学除磷技术，有效削减磷污染物指标；剩余污泥直接经预浓缩、脱水处理后再处置。清河污水处理厂一期工程鸟瞰图，见图6－5。

二期工程有为后续深度处理创造条件的要求，即为清河再生水厂提供8万m^3/d水源，因此在一期处理工艺的基础上、通过工程技术措施强化生物除磷脱氮效果，设计出水水质标准高于一期工程。进、出水水质标准，见表6－1。清河污水处理厂工艺流程，见图6－6。

进、出水水质标准 表6-1

编号	项目	单位	进水水质	一期出水水质	二期出水水质
1	生化需氧量BOD_5	mg/l	200	≤20	≤20
2	化学需氧量COD_{cr}	mg/l	400	≤60	≤60
3	悬浮物SS	mg/l	250	≤20	≤20
4	总氮TN	mg/l	40	—	≤10
5	氨氮NH_4-N	mg/l	25	≤15	≤1.5
6	总磷TP	mg/l	8	≤1	≤1

6-5 清河污水处理厂一期工程鸟瞰图

3.主要技术特点

(1)沉淀池采用矩形刮泥机，节省占地

沉淀池设计采用矩形池，非金属链条式刮泥机，见图6－7和图6－8。矩形池大大地提高了土地利用率。链条式刮泥机排泥效率高，泥水分离效果显著，同时刮泥机具有撇除水面浮渣的功能。

(2)污泥处置采用离心浓缩脱水一体化脱水机，整洁高效

采用离心浓缩脱水机直接脱水，缩短剩余污泥停留时间，防止污泥厌氧和磷的重新释放，运行管理方便。脱水后污泥含水量≤80%，为污泥的后续处置提供保证。离心脱水机设备完全封闭，脱水机房内干净整洁，无臭味，改善了运行工人的劳动条件，见图6－9。

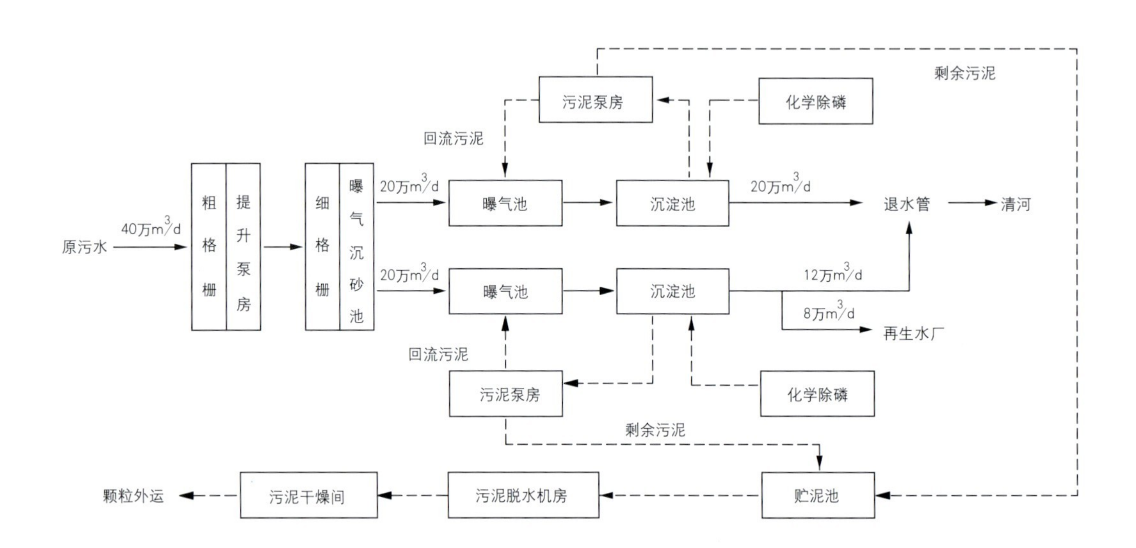

6-6 清河污水处理厂工艺流程图

6-7 安装中的链条刮泥机

6-8 矩形沉淀池

6-9 离心脱水机

清河污水处理厂采用10台大型离心脱水机，其设备规模处理量位于国内首位。通过技术改造，在一期工程脱水机房内实现了两期工程污泥脱水处理能力，有效利用现况设施，节省投资和占地。

(3)污泥处置减量化、资源化

采用干化工艺对污泥进行深度处理，达到污泥减量和回收利用的目的。处理厂每天处理泥饼量约为400t（按20%含固计），采用流化床污泥干燥设备，其蒸发能力为13000kg/h（H_2O），污泥干化后的含固率达90%，有效地实现了污泥减量、稳定、安全、卫生问题，见图6－10。污泥干燥后的颗粒可以作为燃料、肥料进行再利用。对于解决污泥最终安全、稳定、低成本、资源化利用的方法进行了有益的探索，有效解决了污泥二次污染问题，为污泥大规模安全处置和利用起到示范作用。

4.社会环境效益

清河污水处理厂一期、二期工程建成投产后，对改善北京城区北部地区，特别是对清河两岸的水环境改善起到至关重要的作用。每年减少向清河排放的BOD_5约26280t、COD约49640t、SS约33580t、TN约4672t、TP约1124t；同时为下游温榆河的还清创造条件，提高北京市整体水环境的质量，促进生态平衡。

污泥干燥后含固率达到90%，可以作为肥料、燃料等再利用，实现了污泥的减量化、无害化和资源化。

（二）北京市卢沟桥污水处理厂工程

1.工程简介

卢沟桥污水处理厂是北京市首座中法联合运营管理的污水处理。位于北京市西南部，占地25hm^2。一期规模为10万m^3/d，远期规模为20万m^3/d。于2002年开工建设，2004年9月建成投产，流域面积约55.8km^2。

2.处理工艺及水质

卢沟桥污水处理厂处理后出水经马草河排入凉水河，作为河道景观补水水源；预留实现50%出水排入黄土岗灌渠、减河排入北运河，作为景观及农灌水源，处理厂出水执行北京市二级排放标准，见图6－11。

6-10 安装中的流化床干燥器

卢沟桥污水处理厂进、出水水质标准，见表6－2。

进、出水水质标准 表6-2

编号	项　目	单位	进水水质	出水水质
1	生化需氧量(BOD_5)	mg/l	200	≤30
2	化学需氧量(COD_{cr})	mg/l	390	≤60
3	悬浮物(SS)	mg/l	270	≤20
4	总氮(TN)	mg/l	45	—
5	氨氮(NH_4-N)	mg/l	30	≤15
6	总磷(TP)	mg/l	4.5	≤1

6-11 厂区总平面布置图

卢沟桥污水处理厂采用改良倒置式A^2/O工艺，主要以除碳脱磷为目标，实现部分脱氮功能，污泥处理采用机械浓缩脱水，处理后的出水经消毒（季节性）、脱氯，排入马草河，见图6－12。

卢沟桥污水处理厂厂区鸟瞰图，见图6－13。

3.主要技术特点

(1)污水处理采用改良倒置式A^2/O工艺

改良倒置式A^2/O工艺合理分配碳源，用少量进水在前置缺氧池中消除回流污泥中的硝酸盐，实现后续厌氧池绝氧状态；将进水中大量的挥发性脂肪酸（VFA）留给厌氧菌，强化生物除磷效果；在好氧池的2/3处设置缺氧池，降解好氧池前部生成的硝酸盐，从厌氧池出口处超越输送少量混合液至缺氧池，为其提供碳源，由于回流量较小，硝酸盐浓度高，反硝化实际停留时间长，脱氮效率高、效果好，节省能耗，为沉淀池的正常运转提供保障。

(2)预处理构筑物采用除臭设施，减少对环境影响

预处理构筑物是产生臭气较浓的区域，设计在粗格栅、进水泵房、细格栅、旋流沉砂池的渠道采用轻型钢盖板封闭，通过风机将臭气集中输送至离子除臭装置处理，见图6－14。

(3)节能环保设计

厂区建、构筑物制冷、采暖采用污水水源热泵系统。冬季采暖运行费用低于燃煤锅炉运行费15%以上；夏季制冷效率远高于普通空调系统，见图6－15。

(4)出水消毒安全可靠

为达到出水卫生学指标要求，设计采用加氯消毒设施，同时为避免水中余氯副产物对水环境的影响，首次在污水处理厂出水前采用脱氯措施，保证水体中生物安全，见图6－16。

4.社会环境效益

卢沟桥污水处理厂沉淀池出水，见图6－17。卢沟桥污水处理厂的建成投产使北京市西南部城区的河流从源头得到治

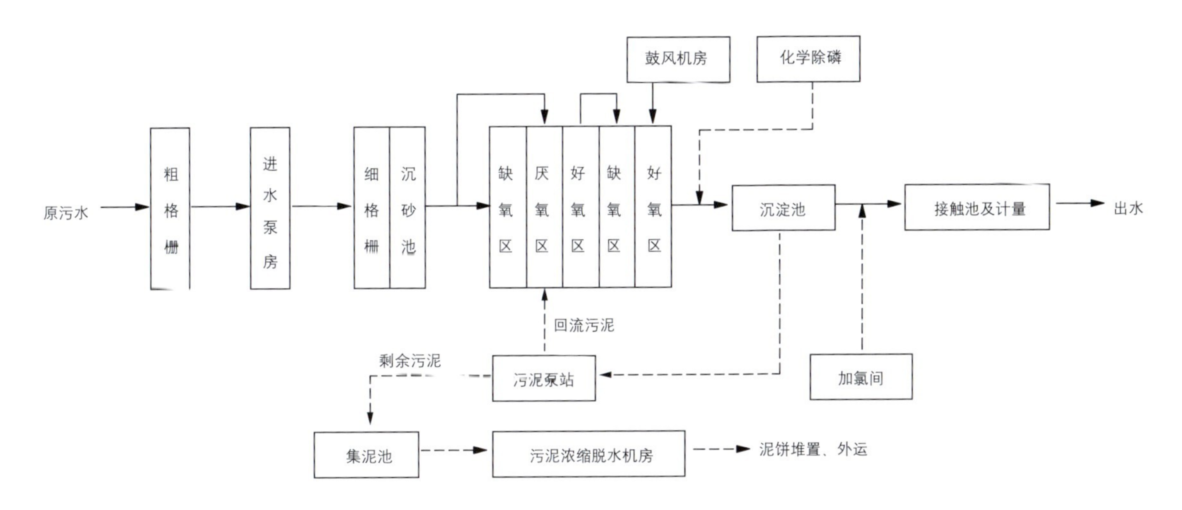

6-12 卢沟桥污水处理厂工艺流程图

6-13 厂区鸟瞰图

6-15 热泵机房

6-14 进水泵房内的除臭风管

6-16 厂内再生水处理系统

6-17 沉淀池出水

理，有效提高了马草河、凉水河的水环境质量，每年可减少向马草河排放的BOD_5约6205t、COD约12045t、SS约9125t、TP约146t。

（三）北京市小红门污水处理厂工程

1.工程简介

小红门污水处理厂是北京市一次投资建成规模最大的污水处理厂。位于北京市东南部大兴区，占地48.47hm^2。规模60万m^3/d，于2005年11月建成投产，总流域面积约为223.5km^2，见图6－18。

2.处理工艺及水质

小红门污水处理厂退水受纳水体为凉水河，处理后出水所排入为凉水河（大红门闸下）进、出水水质标准，见表6－3。根据北京市防洪排水和河湖整治总体规划，凉水河（大红门闸下）为农业灌溉及排洪河道，应满足《地表水环境质量标准》GB3838－2002中Ⅴ类水域标准，处理后出水执行国家二级排放标准。

污水处理采用A^2/O工艺，见图6－19。污泥处理采用浓缩－厌氧消化－脱水工艺，见图6－20。

小红门污水处理厂平面布置图，见图6－21。

进、出水水质标准 表6-3

编号	项　目	单位	进水水质	出水水质
1	生化需氧量(BOD_5)	mg/l	204	≤30
2	化学需氧量(COD_{cr})	mg/l	457	≤120
3	悬浮物(SS)	mg/l	240	≤30
4	总氮(TN)	mg/l	41	—
5	氨氮(NH_4-N)	mg/l	25	≤25
6	总磷 TP	mg/l	5.2	≤1

6-18 小红门污水处理厂鸟瞰图

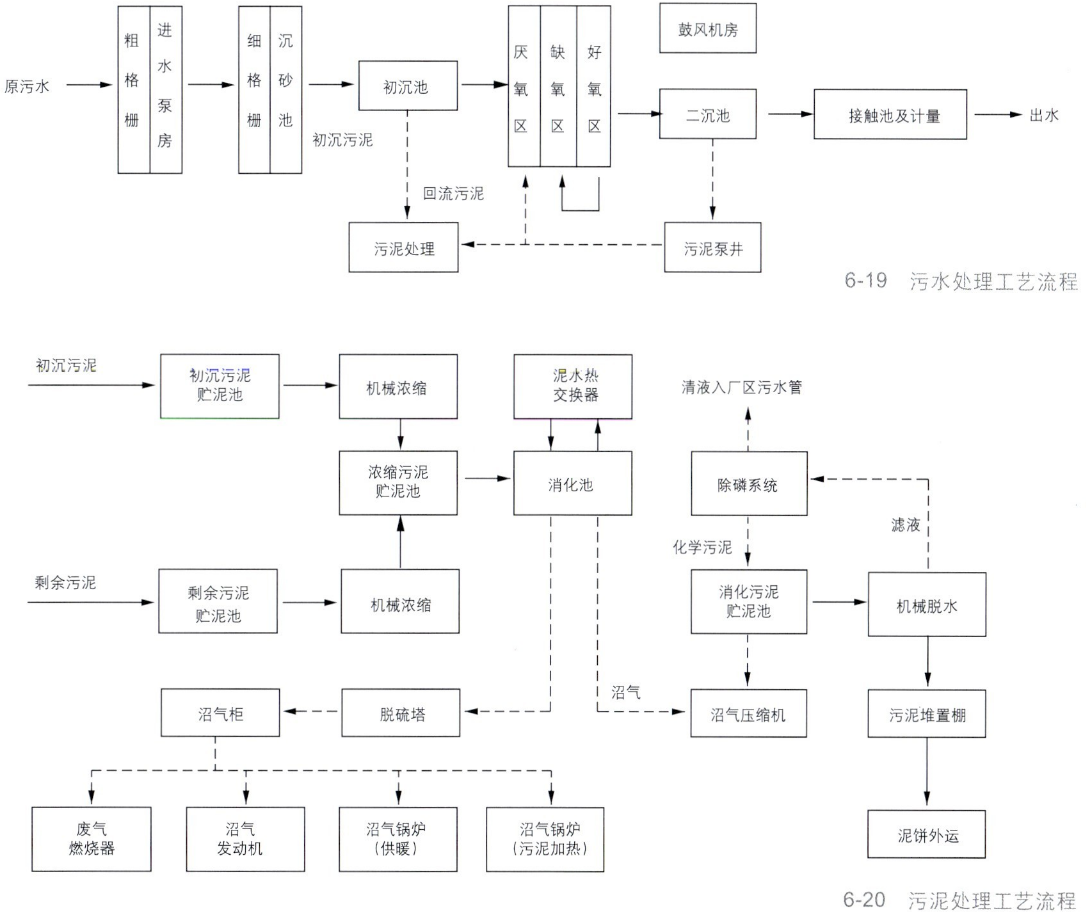

6-19 污水处理工艺流程

6-20 污泥处理工艺流程

6-21　小红门污水处理厂平面布置图

3.主要技术特点

(1)采用厌氧消化工艺处理污泥

通过厌氧消化，污泥中有机物被分解、大部分病原菌或蛔虫卵被杀灭，污泥达到稳定化、无害化。厌氧消化过程产生大量高热值的沼气，作为能源被利用，实现了污泥的资源化。

小红门污水处理厂设计采用五座卵形消化池见图6－22和图6－23。该池形是大型中温厌氧消化池的主流池形。单座消化池高42.86m，最大直径26.97m，池容1.2万m^3，是目前国内容积最大的消化池，已成为西南四环沿线标志性建筑。主要特点为：

a.高效混合：卵形消化池不存在死角，池底不易积砂或积泥，能够充分有效利用池容。由于池内无死区，污泥在池内充分搅拌，具有较高的混合效率。卵形池液面面积较小，生成的浮渣表面积小，容易清除。

b.节省运行费用：卵形池较同体积的柱状池总外表面积小，热损失小，加热污泥所需的热量较少，运行费用节省。

c.运行安全可靠：消化池顶及沼气管路上采用自动清除泡沫装置，沼气脱硫采用湿式和干式脱硫串联处理的新方式，充分脱除了沼气中的硫化氢成分，为后续沼气利用设备提供了更为安全可靠的保证。采用沼气搅拌方式，主要设备安装在池外，设备维护管理安全、方便，增加了运行的可靠性。

6-22　卵形消化池（1）

(2)卵形消化池采用无黏结预应力360°张拉工艺结构设计

小红门污水处理厂消化池为双曲面旋转壳体，结构设计采用无黏结预应力360°张拉工艺，通过编制计算程序，解决了定量分析壳内力的难题。卵形消化池单池体积大，施工技

6-23 卵形消化池（2）

术难度高，特别是混凝土工程中的模板和支撑技术，在国内没有成熟的施工经验，施工过程中采用自主创新的“环形自身支撑的模板体系”核心技术，突破了传统施工方法，具有安全、优质、高效、经济的特点，在安全性和质量上优于国外技术。

（3）充分利用消化过程中产生的沼气，降低污水处理能耗

由于处理规模大，能源利用率效果显著。设计采用的污泥厌氧消化沼气回收利用技术，实现能源的再利用。利用沼气作为燃料和驱动鼓风机等动力设备，环保节能、实现循环经济模式，见图6－24。经测算，小红门污水处理厂沼气利用，全年可节约用电约960万kWh，占全厂年用电的17%；单采暖季可节约天然气约30万m^3。

（4）采用“双膜法”处理厂内再生水，起到良好的示范作用

厂内自用再生水总水量为1500m^3/d，其中1000m^3/d供厂区内绿化、生产使用，500m^3/d供厂前区景观水面、生活杂用。再生水处理采用微滤、反渗透“双膜法”的处理技术，处理后出水水质基本可达《地表水环境质量标准》（GB3838－2002）中Ⅲ类水体标准，起到良好的示范作用，全年节省自来水约55万m^3，见图6－25。

4.社会环境效益

小红门污水处理厂处于北京市排水系统的最下游，该厂的建成投产标志着凉水河流域的水污染治理得到了根本治理，对改善亦庄开发区及下游河北省、天津市的水环境起到重要作用。由于处理规模大，环境效益显著，每年可减少向凉水河排放BOD_5约38106t、COD约73803t、SS约45990t、TP约920t。

小红门污水处理厂出水各项指标均达到和超过了农业灌溉用水水质指标，凉水河沿岸20万亩农田采用再生水灌溉，每年可节约开采地下水6000万m^3，见图6－26。

6-25 中水车间

6-24 鼓风机房

6-26 出厂再生水灌溉农田

第三节　城市再生水设施建设

一、概述

北京市是严重缺水城市，随着北京市污水处理设施的建设发展，污水处理量逐年增加，污水再生、分质利用的资源化作用意义重大。再生水回用是调配水资源的有效措施，可以减轻城市供水压力、实现水资源的可持续利用，具有巨大的经济和社会效益。从创建节约型社会的长远目标出发，再生水已经成为一种战略性水资源。通过采用先进的处理工艺支持再生水资源化的实现，是再生水工程设计的首要理念和追求目标，也是落实"科技奥运、绿色奥运"的实际行动。

再生水系统主要包括再生水管网和深度处理设施两部分。将污水处理厂处理后的出水经深度处理，达到回用标准，通过水泵提升至厂外再生水利用管网向用户供水，可作为城市绿化、景观水体、道路浇洒、生活杂用、工业循环冷却水、农业灌溉等水源。北京市中心城区再生水利用规划，见图6－27。

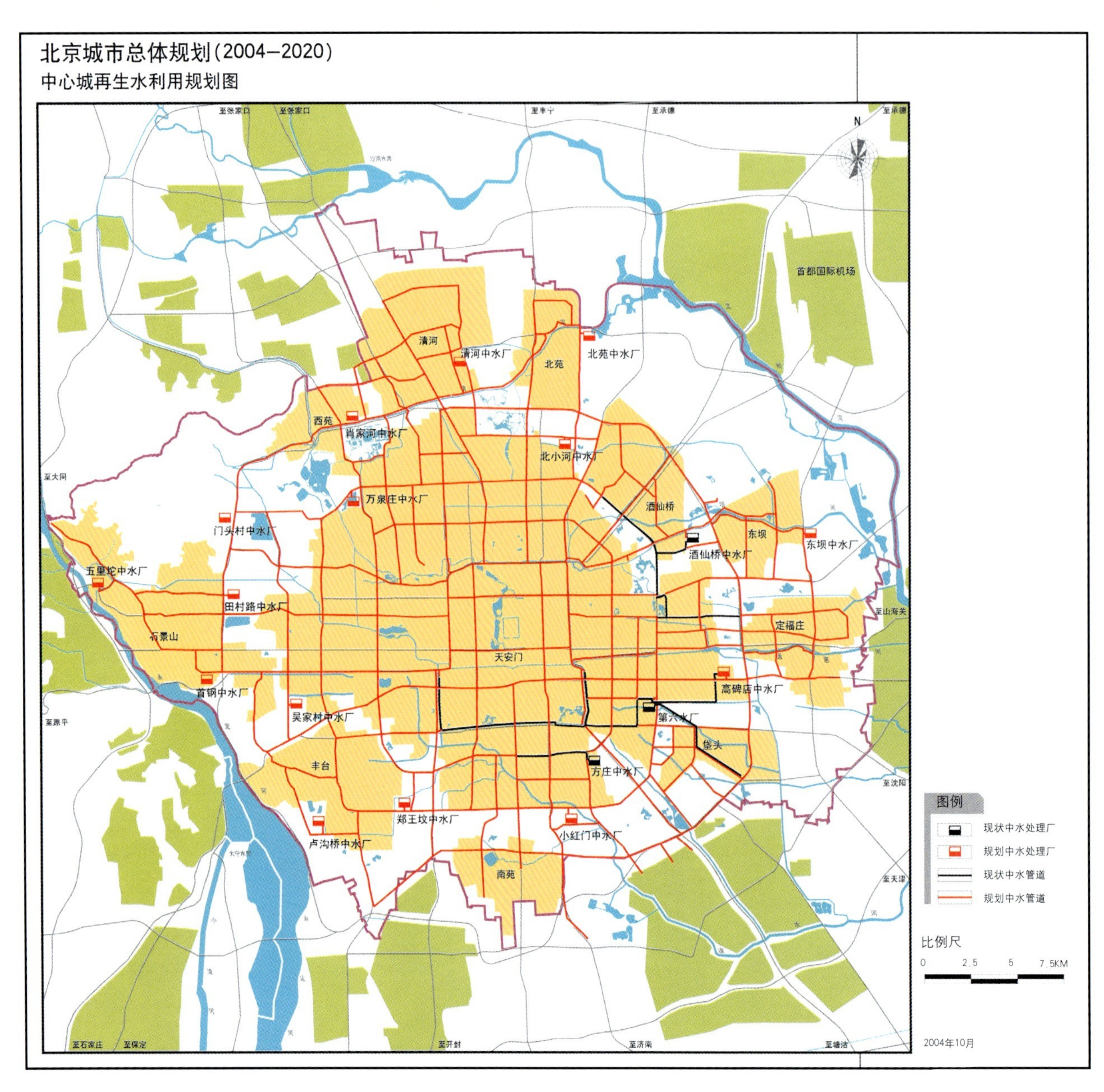

6-27 北京市中心城区再生水利用规划图

二、再生水设施建设的基本情况

北京市区域性污水再生利用设施建设始于2000年。截至2008年3月，中心城区已建成再生水厂6座、再生水提升泵站2座，铺设再生水管线425km，再生水回用率达到50%，实现了申奥承诺，见图6－28～图6－31。

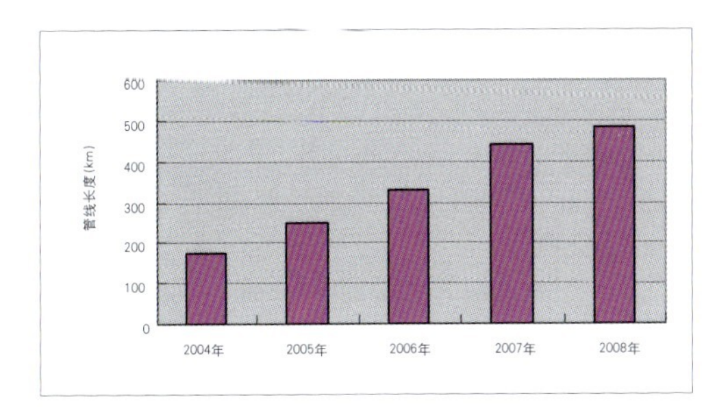

6-28 北京市中心城区再生水管网建设情况

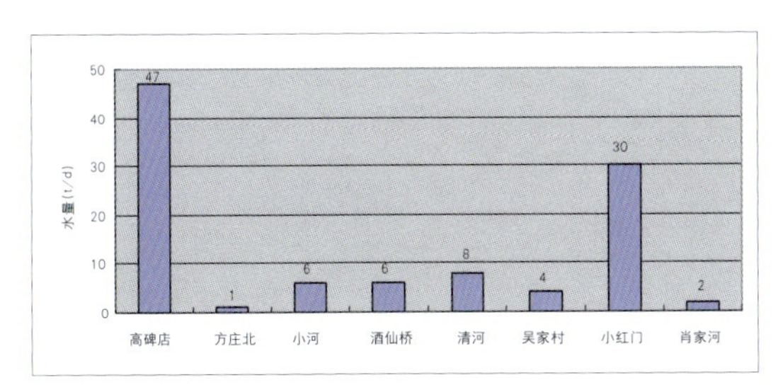

6-29 北京市中心区已建再生水厂(泵站)

6-30 北京市中心城区已建再生水厂分布图

6-31 再生水作为奥运湖补充水水源

三、再生水处理设施介绍

（一）北京市清河污水处理厂再生水回用工程

1.工程简介

清河污水处理厂再生水回用工程位于清河污水处理厂东南侧，占地2.86hm²，规模8万m³/d，该厂2005年7月开工建设，2006年12月建成投产。服务范围北至回龙观，南到北四环，西抵圆明园，东至奥运公园。主要为河湖景观补水（包括向奥运湖水面提供景观水源）；道路清扫、绿地浇洒及住宅区卫生冲厕等市政杂用水。

2.处理工艺及水质标准

清河污水处理厂再生水回用工程以清河污水处理厂的二级出水作为水源，设计再生水出水水质标准满足《城市污水再生利用 城市杂用水水质》（GB/T18920—2002）要求，主要指标参照《地表水环境质量标准》（GB 3838—2002）中Ⅳ类水体水质标准控制，满足向奥运公园供水等景观用水的水质要求。

清河污水处理厂二沉池出水经水泵提升进入预处理车间，通过300μm过滤器粗滤，进入超滤膜，出水经臭氧深度处理后进入清水池，在进入清水池前投加二氧化氯，以保证管网内的余氯要求。最后通过配水泵房提升送至厂外再生水利用管网向用户供水，见图6－32。

清河再生水厂平面布置，见图6－33。

3.主要技术特点

(1)采用超滤膜处理工艺

清河污水处理厂再生水回用工程是直接服务于奥运建设的项目，设计采用超滤膜处理工艺，见图6－34至图6－36。

a.流程简洁、出水水质优异：膜技术是水处理领域中的前沿技术，膜处理后的出水浊度低（可降到1个NTU以下）、对细菌、病毒等微生物有很好的去除效果、流程简洁。膜处理系统设计为6组膜池，每组膜池可单独运行。模块化设计为

6-33 清河再生水厂平面布置图

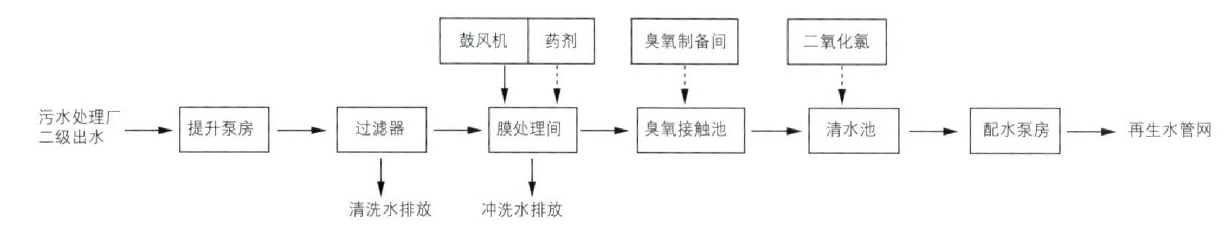

6-32 清河再生水厂工艺流程图

6-34 膜处理车间

6-35 膜箱

6-36 膜池前粗过滤器

设备安装和扩建增容创造了条件，增加了整个系统运行的可靠性、操作灵活性。系统中的通用设备为6组膜池共用，膜元件直接浸入在待处理的流体中，减少了设备空间和占地面积，节省工程投资。

b.PVDF超滤膜材料耐久性高：PVDF膜标准孔径仅为0.02μm，化学稳定性强，易于清洗恢复；外压式中空膜纤维，提高了膜结构的耐久性，从而减少了膜元件的更换频率和成本。

c.系统自动化水平高：处理设备完全实现了装置化、集成化和自动化，整个膜过滤系统自动运行由PLC控制，自动监测产水过程中透膜压差，判断反洗周期，使系统在很低的膜渗透压下操作，从而节省运行能耗和操作成本。

(2)采用臭氧技术去除嗅味，提高再生水的感官指标

常规处理工艺生产的再生水作为景观水体补充水源，在各项出水水质指标上均达到国家规范的要求，随着人民生活水平的提高，群众对周边生活环境提出了更高的要求，特别是作为奥运公园的补充水源，对再生水的感官指标如臭味、色度等提出了更高的要求。

采用臭氧技术进一步处理后的再生水，出水的色度显著降低，更加洁净、透亮、无异味，该技术在我国城市污水和再生水处理领域具有前瞻性，见图6－37～图6－39。

6-37 安装中的臭氧制备车间

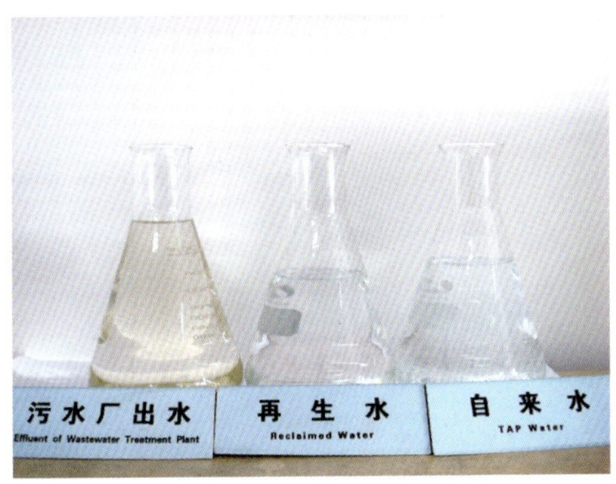

6-38 臭氧处理后再生水水样

6-39 热泵机房

6-40 北小河污水处理厂改造前现况

4.社会环境效益

清河再生水厂建成后，每天可生产8万m^3/d再生水，用于景观水体补充水源、绿化等用途，每年可节约清洁水资源3000万m^3。再生水回用于奥林匹克公园景观水体，实现了申奥承诺，也直观地向广大市民展示了再生水的品质，对于推广再生水的使用起到很好的宣传作用。

（二）北小河污水处理厂改扩建及再生水利用工程

1.工程简介

北小河污水处理厂改扩建及再生水利用工程位于朝阳区北小河北岸，占地6.07hm^2，总规模10万m^3/d，总流域面积109.3km^2，见图6－40。现状4万m^3/d污水处理设施改造后，出水排入北小河。新建6万m^3/d污水处理设施，水质标准一次达到回用要求，其中1万m^3/d的出水再经过深度处理成为高品质再生水，直接供给奥运公园水体补水及场馆杂用。该工程2006年7月开工建设，计划2008年6月建成投产。总回用范围约32.1km^2。回用对象除保证为奥运公园提供高品质再生水外，还用于河湖景观、城市绿化、道路浇洒、住宅和公建冲厕等杂用水，同时向热电厂提供工业冷却水。

2.处理工艺及水质标准

(1)现况4万m^3/d污水处理厂改造标准

现况4万m^3/d污水处理厂退水受纳水体北小河为景观河道，执行《城镇污水处理厂污染物排放标准》(GB18918—2002) 中一级B标准。进、出水水质标准见表6－4。

(2)扩建6万m^3/d污水（再生水）厂出水标准

扩建规模6万m^3/d出水一次达到城市杂用水水质标准。其中5万m^3/d出水排入城市再生水管网，执行《城市污水再生利用 城市杂用水水质》(GB/T 18920—2002) 标准中车辆冲洗水质要求，见表6－5。

另外规模1万m^3/d出水作为奥运公园高品质用水，由于国家现在还没有相应的体育场馆再生水水质标准，高品质再生水水质暂参照《地表水环境质量标准》(GB3838—2002) 中Ⅲ类水体的主要标准（除TN外）。

北小河污水处理厂改扩建及再生水利用工程平面布置，见图6－41；工艺流程，见图6－42。流域范围内污水首先进

进、出水水质标准 表6-4

项目	进水标准(mg/l)	出水标准(mg/l)
五日生化需氧量(BOD_5)	280	≤20
化学需氧量(COD_{cr})	550	≤60
悬浮物(SS)	340	≤20
氨氮(NH_4—N)	45	≤8
总氮(TN)	65	≤20
总磷(TP)	10	≤1.0

车辆冲洗水质标准 表 6-5

项目	水质标准
浊度/NTU	≤5
溶解性总固体(mg/l)	≤1000
BOD_5(mg/l)	≤10
氨氮(mg/l)	≤10
总余氯/(mg/l)	管网末端≥0.2

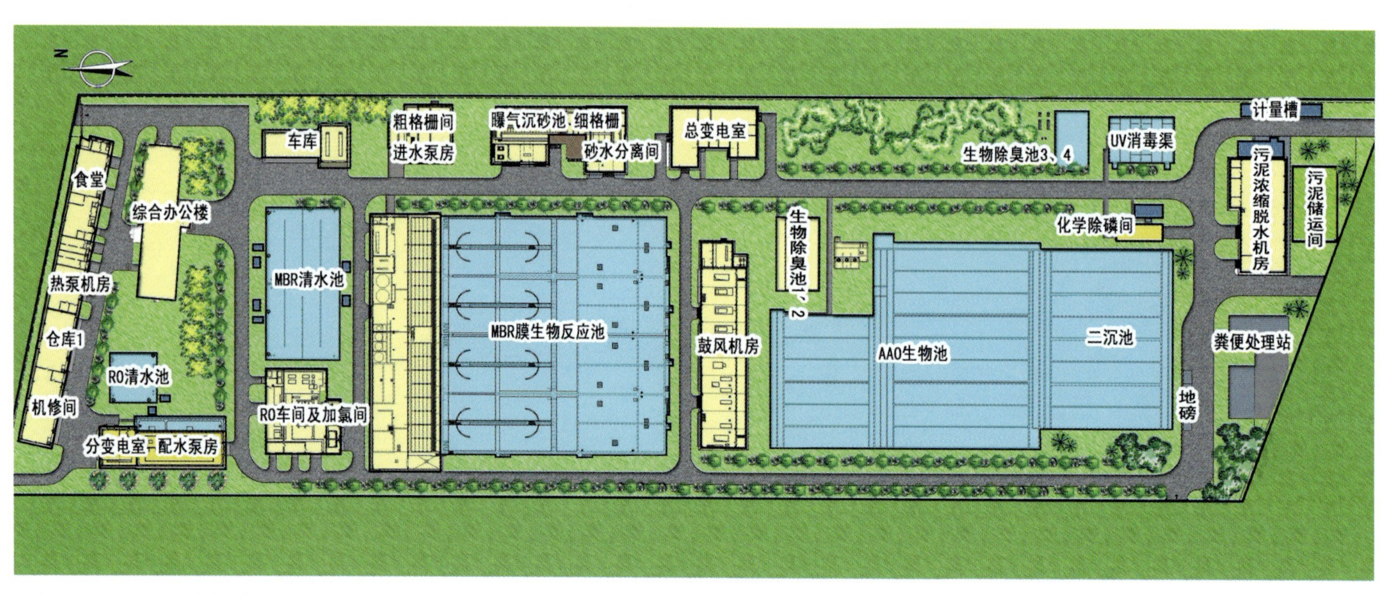

6-41 北小河污水处理厂改扩建及再生水利用工程平面布置图

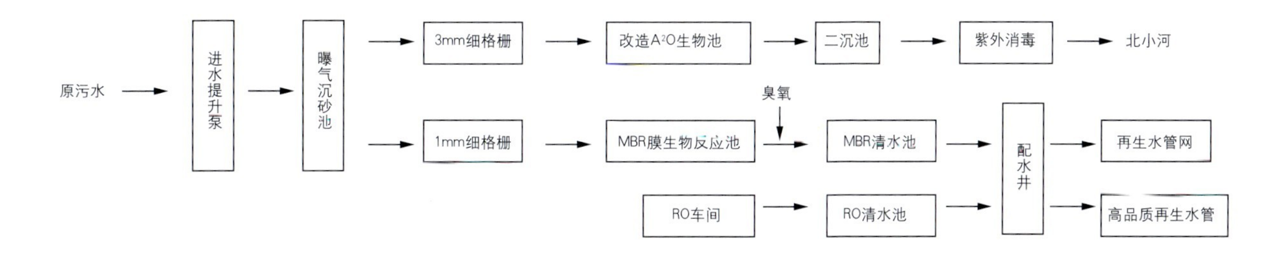

6-42 北小河污水处理厂改扩建及再生水利用工程工艺流程图

入提升泵房的集水池，经过间隙8mm格栅后由提升泵提升至出水井进入曝气沉砂池，然后分为两个处理系统。

a.处理规模4万m^3/d的改造系统

污水经孔径3mm的细格栅后进入厌氧池、缺氧池、好氧池和沉淀池，出水经过紫外线消毒排入北小河。

b.处理规模为6万m^3/d的新建系统

污水经孔径1mm的细格栅后进入MBR池，经紫外线消毒后其中5万m^3/d进入清水池，臭氧脱色后通过配水泵房输送至厂外再生水利用管网向用户供水。另外1万m^3/d出水进入反渗透膜设备处理，高品质再生水出水进入独立的清水池经水泵提升输送至奥运公园。

3.主要技术特点

(1)挖掘设施潜力、合理布局，在现状4万m^3/d的用地范围内完成10万m^3/d改扩建工程。北小河污水处理厂位于建设成熟的亚运村地区，处理厂周围均为建成区，不可能新增占地实施北小河污水处理厂改扩建工程。通过选择先进的处理工艺、新型设备和改造现有构筑物，在现状6.0hm^2占地条件下，完成了总规模10万m^3/d的改扩建工程，其中6万m^3/d出水直接达到再生水回用标准，节约了土地资源。

(2)落实科技奥运理念，采用先进工艺技术，污水处理后直接达到再生水标准。膜生物反应器（MBR）是目前水处理领域中先进的处理技术，将生物降解作用和膜的高效分离技术融于一体，以膜组件取代传统工艺的二沉池，实现固液分离。与传统的生物水处理技术相比，MBR工艺具有以下主要特点：

a.高效进行固液分离：MBR工艺不需要二沉池，膜分离出水浊度小于1NTU，在生物反应和膜过滤的作用下，出水直接达到再生水质标准。

b.生物池内污泥浓度高、耐冲击负荷：膜的高效分离技术使生物处理系统设计不受沉淀池对污泥沉降特性要求的限制，提高了生物池的活性污泥浓度，在去除等量污染物的前提下，可减小生物池的容积。

c.泥龄长、减少剩余污泥量：膜分离使污水中的大分子难降解污染物在生物池内有足够的停留时间，从而极大地提高了难降解有机物的降解效率。生物池保持高容积负荷、低污泥负荷、长泥龄的条件运行，减少剩余污泥排放量。

设备紧凑、占地面积小。实现自动控制、运行管理简单，见图6－43～图6－45。

6-43 膜前1mm孔径细格栅

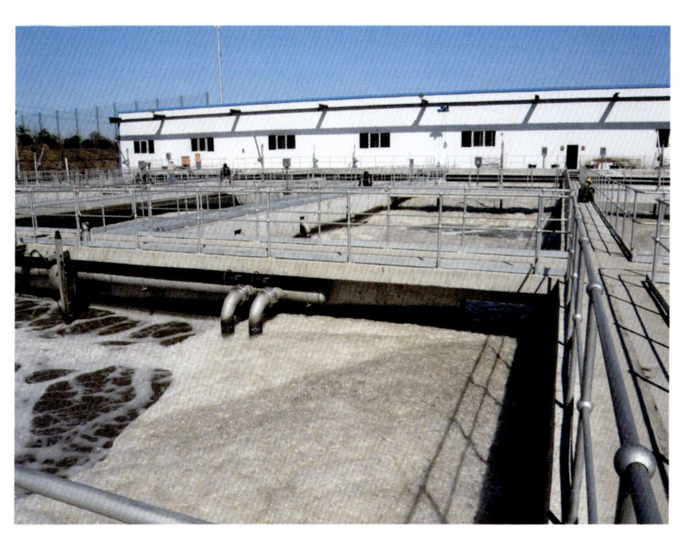

6-44 调试中的生物池

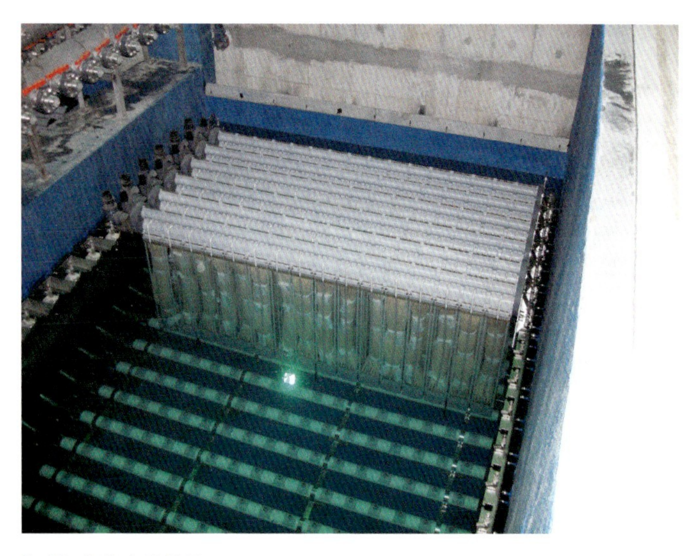

6-45 安装中的膜池

(3)采用反渗透（RO）技术，生产高品质再生水。反渗透膜工艺利用半透膜两侧的压力差去除水中的盐类和低分子物质，截流物包括无机盐、糖类、氨基酸、BOD、COD等，见图6－46。

6-46 反渗透车间

MBR生物池出水经RO工艺处理后生产的再生水水质优异，是传统处理工艺所不能达到的。高品质再生水满足从高端用户到低端用户的广泛用途，使再生水真正成为城市供水系统的组成部分。该工艺受进水水质的影响小，工艺系统设计严密、可靠，在线监测及控制手段先进，可提供安全、卫生、稳定的供水保障，消除了用户对再生水的疑虑。

反渗透膜采用芳香族聚酰胺复合材料抗污染膜，提高了膜的抗污染性能，可延长膜的使用寿命，节省频繁更换膜的成本。

(4)新建与已建设施有机结合，确保建设期间污水处理厂正常运行。北小河污水处理厂位于建设成熟的亚运村地区，建设期间需要确保现状4万m^3/d处理设施正常运行，不能外排污水对周边环境造成不良影响，而且该工程要在现状4万m^3/d处理设施的占地范围内实现，设计和实施难度大，需要充分考虑了现有设施正常运行的要求，精心策划、严格管理。

4.社会环境效益

北小河污水处理厂改扩建工程建成后，可全面解决奥林匹克公园及流域范围内污水处理，确保该地区的水环境质量。每年可生产1800万m^3再生水及360万m^3高品质再生水，用于景观水体补充水源、绿化等用途，节约清洁水资源2200万m^3。高品质再生水回用于奥林匹克公园景观水体、体育场馆的绿化、冲厕等杂用水，起到良好的展示作用。

（三）酒仙桥再生水回用工程

1.工程简介

酒仙桥污水处理厂位于北京市朝阳区，外环铁路以东100m，亮马河以南30m，规划东风北路以北，占地23hm^2。酒仙桥再生水厂位于污水处理厂内，占地面积为1.8hm^2。工程规模6万m^3/d，于2004年12月建成投产。服务范围东至五环路，西至东四环路，北至霄云桥，南至红领巾公园。回用对象为生活杂用水、河道景观用水。厂区绿化小品，见图6－47。

6-47 厂区绿化小品（再生水喷泉）

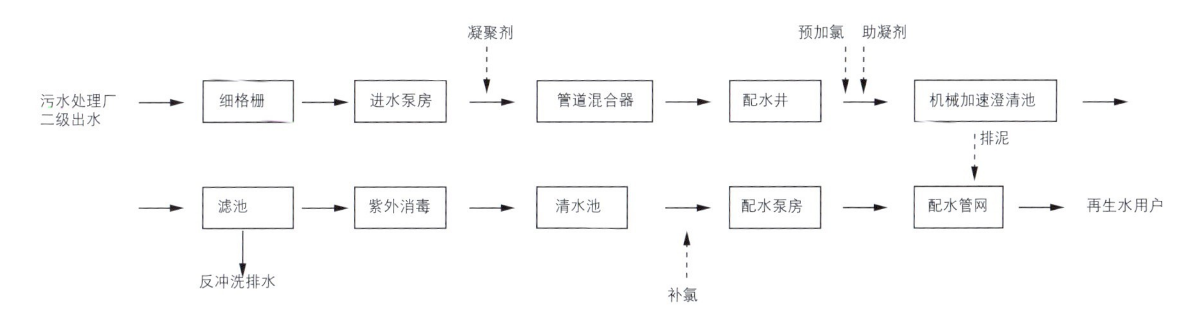

6-48 酒仙桥再生水回用工程工艺流程图

6-49 厂区总平面布置图

6-50 机械加速澄清池

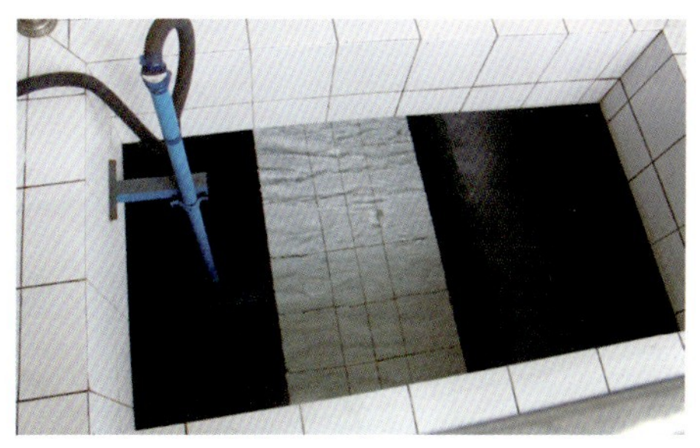

6-51 滤池过滤后出水

2.处理工艺及水质标准

再生水厂进水来自酒仙桥污水处理厂的二级生化处理出水，处理厂实际出水水质基本达到国家《污水综合排放标准》（GB8978—96）中的一级标准。根据再生水用途，分别执行《城市污水再生利用　城市杂用水水质》（GB/T　18920—2002）和《城市污水再生利用　景观环境用水水质》（GB/T　18921—2002）。

再生水厂采用常规物化处理工艺，见图6－48。

酒仙桥污水处理厂厂区总平面布置，见图6－49。

3.主要技术特点

(1)处理工艺成熟可靠、运行稳定

设计采用的机械加速澄清池、气水反冲洗滤池、消毒等工艺均为国内成熟的水处理工艺，具有丰富的管理经验，酒仙桥再生水厂自建成投产至今，运行稳定，出水水质良好，见图6－50和图6－51。

(2)操作灵活、自动化水平高

设计中考虑多点加药、多点加氯以及局部跨越等措施，可以根据进水及运行情况灵活操作。进水流量、加药、加氯以及滤池反冲洗、排泥等均采用自动化控制，减少人工操作，见图6－52。

4.社会环境效益

酒仙桥再生水回用工程建成投产后，每年可节约2200万m^3清洁水源，除提供景观水体、市政杂用水外，还向热电厂提供工业循环冷却水水源，实现了分质供水、水资源的合理调配和使用。

(四）吴家村再生水回用工程

1.工程简介

吴家村污水处理厂位于北京市丰台区卢沟桥乡玉泉路以

东，梅市口路以北，水衙沟以南，占地面积7.7hm²。再生水厂位于处理厂的东侧，占地面积2.0hm²。工程规模为4000m³/d，于2006年12月建成投产。总回用范围约23.5km²。回用对象为城市绿化、道路浇洒、住宅和公建冲厕等市政杂用水，并为热电厂提供工业循环冷却水。

2.处理工艺及水质标准

吴家村再生水厂以污水处理厂的二级出水作为水源，根据再生水用途，出水水质标准主要执行《城市污水再生利用 城市杂用水水质》（GB/T 18920—2002）中车辆冲洗水质要求。

再生水厂采用常规物化处理工艺，见图6－53。

吴家村污水处理厂厂区总平面布置，见图6－54。

3.主要技术特点

(1)充分考虑再生水季节性使用的特点，运行灵活

考虑再生水季节性使用的特点，做到每个系列独立运行，控制灵活。随着水资源的短缺和环境保护问题日益受到

6-52 中水自动加水机

6-54 厂区总平面布置图

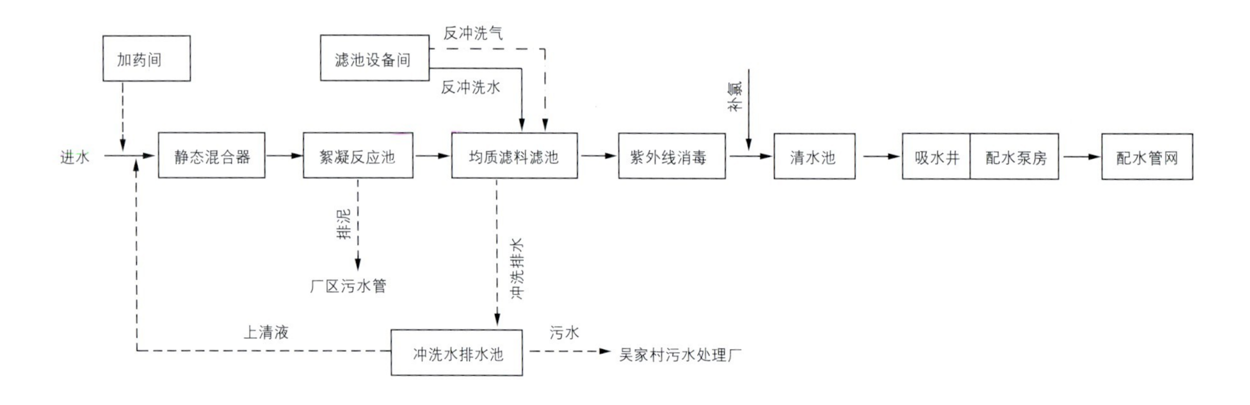

6-53 吴家村再生水回用工程工艺流程图

广泛地关注，对于再生水出水水质的要求必然越来越高，在工艺设计上考虑远期增加深度处理设施的可能性，预留相应的用地和建设条件。

(2)絮凝直接过滤工艺

絮凝直接过滤工艺是在传统的混凝、沉淀、过滤工艺的基础上发展而成的，适用于处理低浊水。污水处理厂出水具有水量、水质相对稳定的特点，采用该工艺体现了流程简单、节省占地、减少投资和运行费用的优势。

(3)主要处理构筑物集中布置，节省工程用地

根据再生水厂的占地特点，将絮凝反应池、V形滤池和设备间合建，节省工程用地，见图6－55～图6－58。

4.社会环境效益

吴家村再生水回用工程建成投产后，每年可节约1460万m^3清洁水源，再生水用于绿化、道路浇洒、冲厕等市政杂用水外，向热电厂提供工业循环冷却水水源，工程的实施缓解

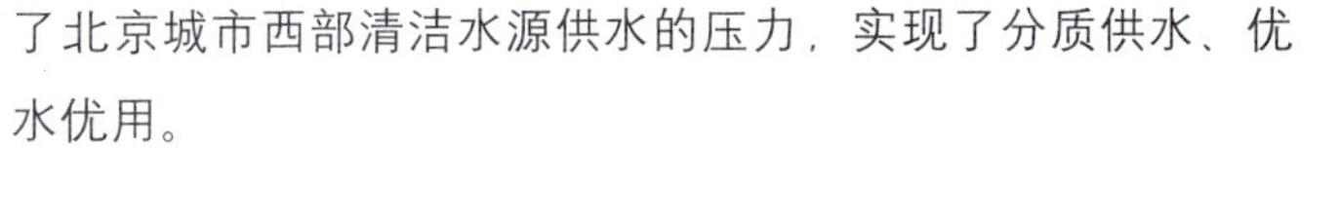

了北京城市西部清洁水源供水的压力，实现了分质供水、优水优用。

6-55 絮凝过滤车间

6-56 加药间

6-57 综合办公楼

6-58 再生水厂大门

第四节 城市供水安全保障工程

一、概述

为彻底解决北京水资源紧缺的状况，作为特大型境外调水工程的南水北调中线一期工程已开始逐步实施，工程由丹江口水库引水至北京团城湖，全长1276km，从2010年起向北京多年平均供水10.52亿m^3。为缓解北京市水资源短缺的压力，结合南水北调中线一期工程，提前实施的南水北调中线京石段应急供水工程利用河北省岗南、黄壁庄、王快、西大洋四座水库于2008～2010年向北京应急供水。应急供水工程全长310km，应急调水量3～5亿m^3。

根据南水北调中线总干渠来水及工程布置，规划进行北京市内调蓄工程、输水工程、新建改建水厂等一系列市内配套工程的建设，见图6－59。近期已经实施的主要包括团城湖至第九水厂输水（一期）工程、北京市第三水厂改扩建工程和北京市田村山水厂改扩建工程。上述工程建成通水后，将进一步提高北京市水资源综合调配能力，为北京奥运会的顺利举行提供供水安全保障。

二、配套供水工程介绍

（一）关西庄泵站及配套设施工程

1.工程简介

关西庄泵站及配套设施工程是南水北调配套工程团城湖至第九水厂输水（一期）工程的一部分，将南水北调原水加压转输送至北京第九水厂，工程规模157.5万m^3/d。

2.工艺流程

关西庄泵站及配套设施工程工艺流程图，见图6-60。关西庄泵站鸟瞰图，见图6－61。

3.技术特点

(1)以人为本，适应各种运行工况，提高供水安全度

进水采用电动调节蝶阀，利于调节下游水位；集水池高度适应近远期工况；大型蝶阀及板闸采用电动，降低操作强度。

(2)体现节约型社会理念，充分利用资源，注重节能环保

水泵机组中3套机组配置变频调速装置，节约能耗；将调

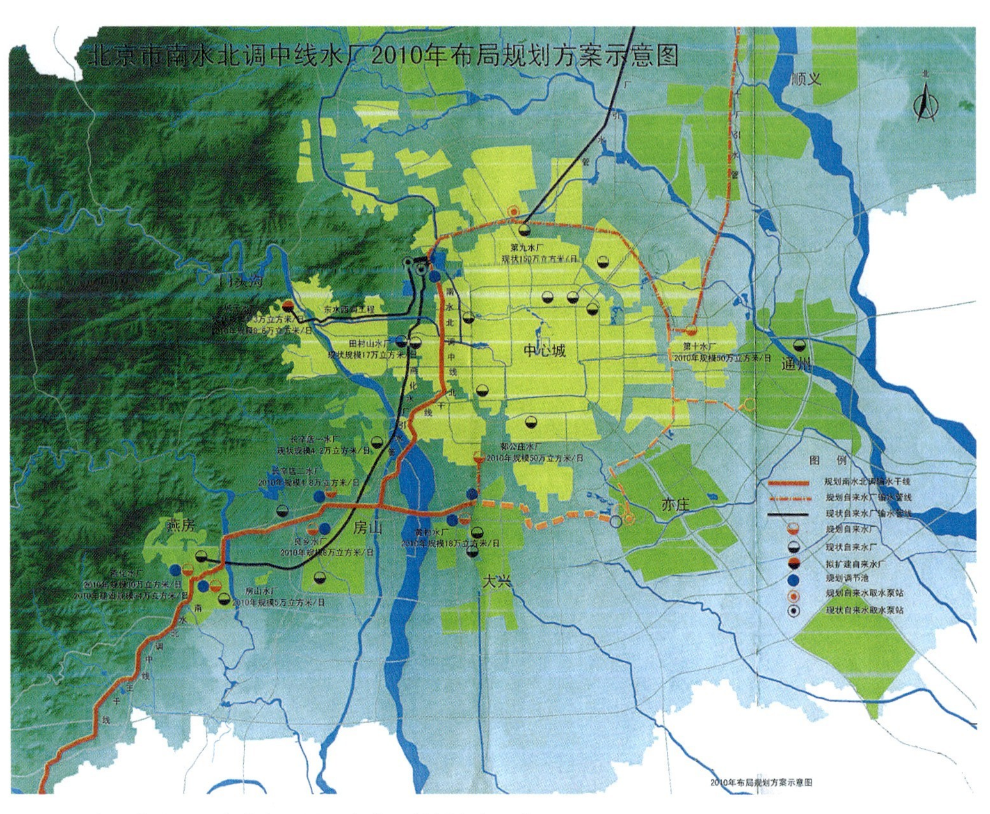

6-59 北京市南水北调中线水厂2010年布局规划方案示意图

压塔的溢流水管与泵站进水总管相接，使得调压塔发生溢流工况时，溢流水量先进入集水池，尽可能利用集水池的有效容积，减少弃水量；设雨水收集利用系统，节约水资源。

（3）无缝大型集水池，体现科技奥运理念

集水池平面尺寸50m×77m，一般高度为12.7m，局部高度为17m，水池出地面高度为7m，考虑水池的抗震设防要

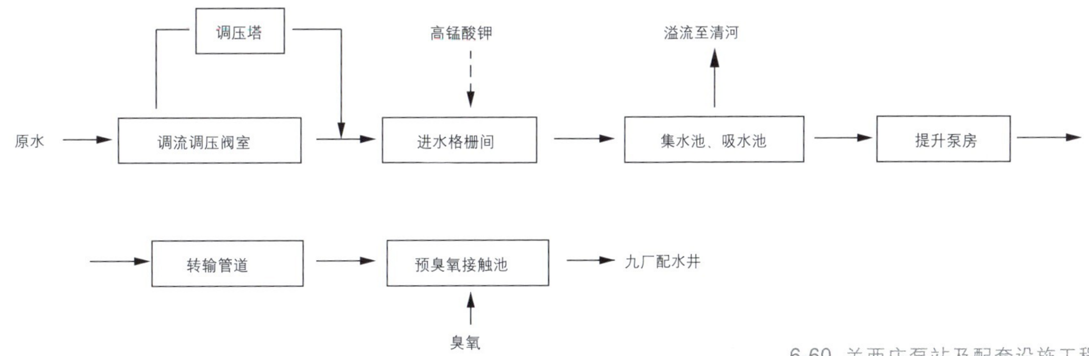

6-60 关西庄泵站及配套设施工程工艺流程图

6-61 关西庄泵站鸟瞰图

求，池壁和地板采用不设缝整体现浇钢筋混凝土结构，顶板采用预应力钢筋混凝土结构，采用相应的多种构造措施。

(4)优化管道施工方法

转输管道穿越五环路，为了不影响交通和减少地面沉降，采用盾构方式进行施工，设置两个ϕ3000的管廊，中心间距13m，ϕ3000盾构管廊内各穿一根*DN*2200钢管，盾构施工是目前控制地面沉降的最有效方式，保证地面沉降在2cm以内。

关西庄泵站及配套设施工程施工，见图6－62～图6－64。

4.社会环境效益

北京市南水北调配套工程团城湖至第九水厂输水工程（一期）是缓解密云水库供水压力，为第九水厂开辟多水源的重要措施，工程的实施将有利于北京市境外水和境内水，地下水和地表水的合理调度使用。

团城湖至第九水厂输水工程（一期）是北京市南水北调配套工程的重要组成部分之一，是充分、可靠地利用南水北调来水向城市供水的关键工程。工程实施将为顺利、安全、合理调配河北四座水库应急到京水提供重要保障，可使南水北调来水得以充分、稳定、有效的利用。

6-62 关西庄泵站格栅间施工现场

6-63 *DN*2200转输管道穿越北五环路盾构施工现场

6-64 臭氧设施施工现场

团城湖至第九水厂输水工程（一期）是一项具有重大战略意义的特大型基础设施，它的建设完成对提高北京市城市供水保证率，扩大供水范围，改善城市水环境，控制地下水的超量开采，涵养地下水，遏制生态环境恶化，改善生态环境，保障北京市政治社会稳定、促进社会、经济可持续发展以及顺利举办2008年奥运会具有十分重要的意义。

（二）北京市第三水厂改扩建工程

1.工程简介

北京市第三水厂是原设计供水能力40万m^3/d的地下水厂，随着地下水水位下降，产水能力逐年衰减，造成供水区域局部管网供水压力不足。第三水厂改扩建工程为南水北调配套工程。该工程以南水北调来水为水源，通过增加地表水净化出水系统，恢复三厂原有供水能力，改善北京市中心城西部地区供水水压、水质；工程规模15万m^3/d，见图6－65和图6－66。

2.工艺流程（图6－67）

3.技术特点

(1)工艺流程安全可靠，多种措施应对水质突发事件

常规处理工艺采用先进的高密度澄清工艺，较好适应南水北调来水低温低浊及中温高藻特性；增加臭氧氧化－活性炭吸附的深度处理工艺，提高出水水质；预留粉末活性炭及高锰酸钾投加设施，全面应对原水水质突发污染事件。

(2)工艺设计充分贯彻节能节水方针

初滤水直接排至回流水池收集后，均匀回流至配水井重复利用，保证滤池出水水质，减少污泥处理负荷，节约水资

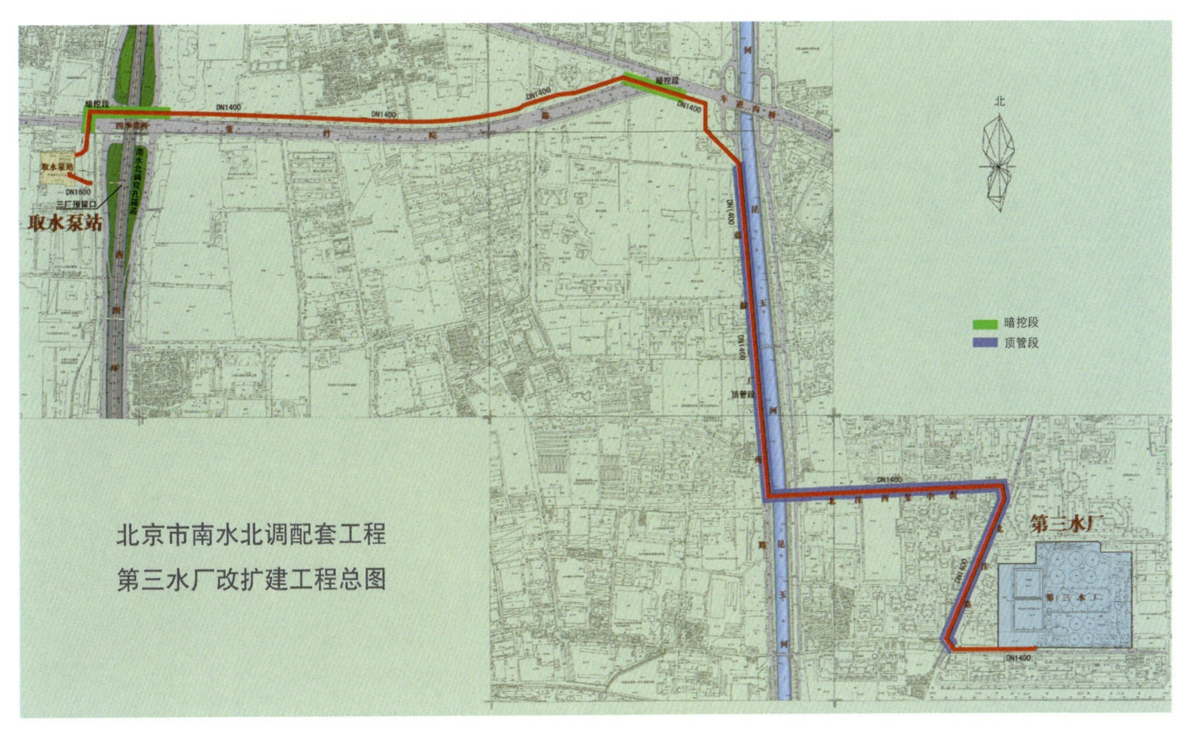

6-65 第三水厂改扩建工程总图

6-66 第三水厂改扩建工程净配水厂总平面布置图

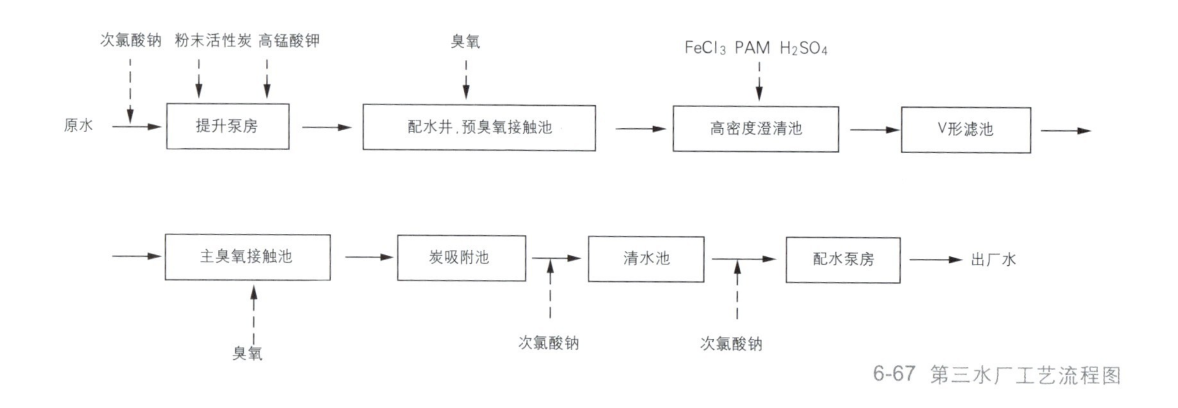

6-67 第三水厂工艺流程图

源及用电成本。建筑物墙体外挂装饰的选择，体现美观的同时也注重节能材料的应用。

(3)充分利用土地资源，结合周边环境突出建筑设计

工艺采用高效处理工艺以节省用地，适应现场用地条件限制；构筑物造型美观且注重功能，墙面浮雕和厂区内喷水景观的设置等既表现了水文化又与周边环境融为一体，见图6－68。建设中的高密度澄清池，见图6－69。

4.社会环境效益

第三水厂是始建于1958年的一座地下水厂，经多次扩建后供水能力达到40万m^3/d，是北京市西部地区的主力水厂，对维持西部地区管网正常压力起着重要的作用。近年来部分供水井由于长期超采、水位持续下降、水质恶化而关闭，导

6-69 建设中的高密度澄清池

6-68 第三水厂厂前区效果图

致水厂供水能力降低，市区西部供水管网水压下降。

北京市几座主力水厂均位于北京市的北部及东部地区，由于西部地区地势较高，管网末端的供水压力时常不能满足供水要求。第三水厂的改扩建工程可使第三水厂恢复原有设计供水能力，对维持西部地区管网正常压力可发挥重要的作用。

实施第三水厂改扩建工程使其具备地表水和地下水两个水源，可有效实现双水源联合调度，保证城市供水安全。

第三水厂改扩建工程在奥运前建成通水，必将对保证奥运会期间用水安全发挥重大作用。

（三）田村山水厂改扩建工程

1.工程简介

田村山水厂改扩建工程取用燕化一供水车间出厂水（工业用水），进行深度处理后向市区供水，为北京市南水北调配套工程。工程规模17万m^3/d。

2.工艺流程（图6－70和图6－71）

3.技术特点

(1)充分利用和整合现有资源，满足奥运供水需求

田村山厂现况净水厂规模17万m^3/d，厂外配水管网的能力为34万m^3/d，为了充分利用现有配水管网，并利用已建燕化供水车间闲置的部分制水能力，改扩建工程在现况净水厂区实施。改扩建工程充分利用和整合了现有资源，满足2008年奥运供水要求。

(2)采用深度处理工艺，保障供水水质安全

由于燕化一供水车间出水水质只能满足工业用水要求，不能满足城市供水水质标准要求，因此，本工程在田村山水厂增加过滤工艺，后续臭氧－生物活性炭吸附深度处理工艺，并采用滤池冲洗后初滤水排放等措施以保障供水水质安全。

(3)净水构筑物采用综合布置，减少工程用地

受现有场地限制，新建净水构筑物经过优化设计为1座综合池，见图6－72～图6－74。即V形滤池与臭氧接触池、活性炭吸附池设备间、加药间、加氯间和冲洗水池合建，减少工程用地。

(4)注重水厂公共安全，减少环境污染

田村山水厂位于中心城区，为控制传统液氯消毒在运输和管理过程中的安全风险，本工程采用次氯酸钠消毒工艺。

为降低水厂自用水率，对滤池反冲洗排水及澄清池排泥水进行回收、调节、浓缩、脱水，有效控制了排泥水直接排放可能产生的环境影响。

(5)新建工程与已建工程有机结合，确保原有水厂的安全供水

为保证现况水厂正常供水，减少工程投资，本工程只新建必要的净水构筑物，充分利用原有建（构）筑物进行改扩建，见图6－75和图6－76。施工过程中充分考虑了现有工艺安全运行的要求，精心组织、严格管理，保证了全过程安全供水。

6-70 总工艺流程图

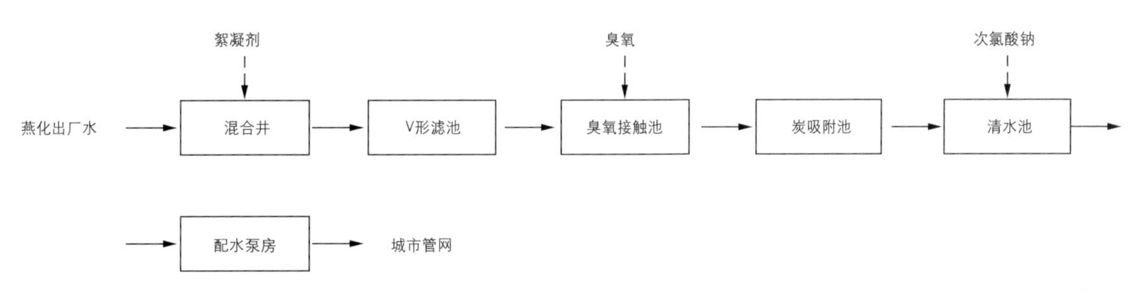

6-71 净水工艺流程图

6-72 综合池外立面效果图

6-73 综合池内景效果图

6-74 综合池内景效果图

6-75 建设中的综合池

6-76 建设中的清水池

第五节　城市水体环境治理工程

一、概述

北京市地处华北平原北端，属于半干旱的大陆性季风气候，天然水资源有限，人均水资源占有量为300m^3/人，是全国水平的1/8，世界水平的1/30。水体环境是城市生态环境的重要组成部分，担负着供水、排水和景观等多重作用。

北京市六环路以内共有52条河道，总长度约520km。主要包括：永定河引水渠、京密引水渠两大引水渠道，清河、坝河、通惠河、凉水河等四大排水河道，还有昆明湖、玉渊潭、“六海”（什刹三海、北海、中海、南海）八个调蓄雨洪的湖泊，形成了“两引、三蓄、四排”的城市河湖水系格局，见图6－77。

二、城市水系治理总体思路

（一）指导思想

河湖水系建设由工程水利向资源水利、生态水利的转

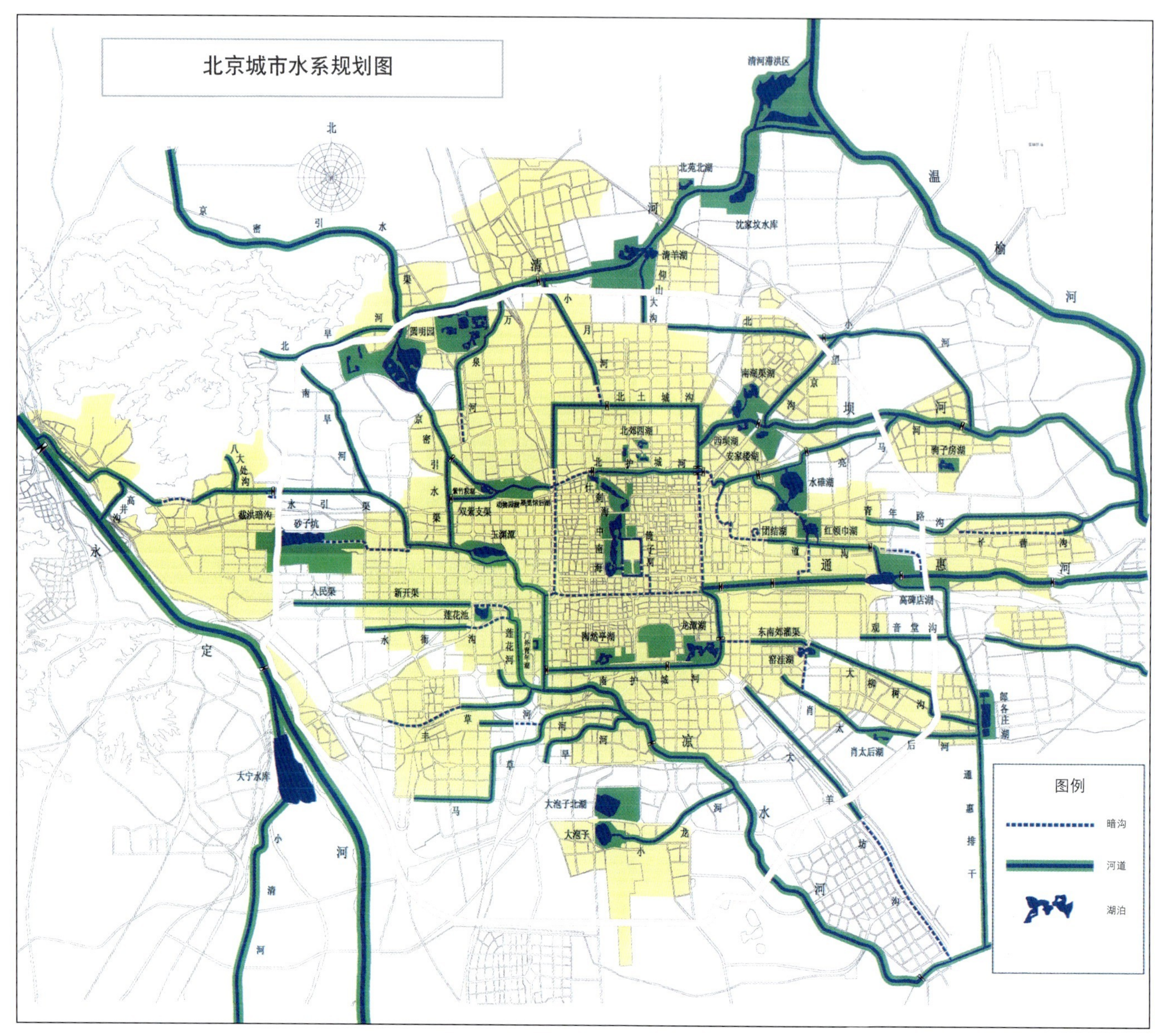

6-77 河湖水系分布图

变，为建设生态城市创造条件。

（二）治理思路

生态治河、人水和谐。通过合理配置、有效保护、利用水资源，确保首都生产、生活用水的同时，构建良好的城市水体环境。

（三）治理目标

确保首都水源安全，坚持源头治理，源头保护。

2008年奥运会前，全市六环路以内的河道基本治理完毕，实现水清、岸绿、流畅、部分河道实现通航的目标。

三、水源地保护工程

（一）密云水库水源保护

密云水库是北京最主要的地表水饮用水源地，也是环境

6-78 密云水库上游

6-79 密云水库全景

用水的重要水源，昆明湖、长河、北海、中南海的环境用水主要由密云水库供给，见图6－78和图6－79。

水源保护以控制人为污染为突破口，撤销密云水库网箱养鱼，拆除库区一万多平方米经营用房，实行封闭管理。一级保护区内的社会单位全面杜绝污水排放。3万亩库滨带退耕还草，水库上游全部退稻还旱。采取生物净水措施，每年向水库投放滤食性鱼苗400万尾，并延长水库休渔期。在潮河入库口建成2000亩湿地，上游来水经湿地处理后进入水库。依靠综合措施，密云水库水质一直保持Ⅱ类标准，是国内少有的能达到Ⅱ类标准的饮用水源地水库。

（二）官厅水库水源地功能恢复

1.应用生物生态技术，建成1500亩黑土洼湿地

在黑土洼湿地种植水生植物，放养水生动物，建成土石滤水净化工程，将官厅水库劣Ⅴ类水提高到Ⅳ类水质，解决了上游污水直接入库的问题。

2.按照“四治一恢复”方式，对官厅水库下游的永定河进行治理

(1)治理污水：建成25处污水处理设施，禁止污水入河。

(2)治理垃圾：清理原有堆放在河道中的垃圾，严禁向河道倾倒垃圾。

(3)治理违章建设：清除河道管理范围内的各类违章建筑。

(4)治理砂石坑：严禁在河道内盗采砂石。

(5)恢复生态系统：沿河新建4处湿地生态净化工程，生态系统逐步恢复。永定河三家店河段全年保持Ⅲ类标准，恢复了官厅水库的饮用水源地功能。

3.构筑三道防线，建设清洁小流域

(1)生态修复：把自然修复和工程措施结合，在山高坡陡地区，引导、扶持农民搬迁，封山育林，充分发挥大自然的自我修复能力，恢复生态，涵养水源。在流域内开展水土保持，恢复植被，营造适宜的水保林、经济林，三年成林6万亩，生态效益显著。

(2)生态治理：针对流域内污染源进行同步治理。村庄建设污水收集管，因地制宜建设污水处理设施，把再生水回用于农灌、冲厕、环境。建设垃圾收集设施，设置了封闭式垃圾箱，净化环境。

(3)生态保护：对流域内的水源、河道进行生态保护性治理，根治污水入河。进行封河育草，将禁沙、降尘与生态治理相结合，将雨洪利用、涵养水源与安全防洪相结合；基本完成永定河、潮白河治理，河道有水则清、无水则绿。实施

湿地恢复和保护工程，翠湖、野鸭湖、汉石桥、清河口等一批湿地形成了良好生态系统。

四、城市水系环境整治工程

水环境的治理工程落实"绿色奥运、科技奥运、人文奥运"的申奥理念，把水处理领域的新技术、新工艺应用到相关工程的建设中，实现生态治河、人水和谐。

（一）治理河道和截污治污相结合

减少污染物直接入河，保持河道的清洁。对污染源头加大治理力度，是保证河道治理效果的重要举措。一方面加快污水处理厂和污水管网的建设，另一方面开展对农药、化肥以及垃圾等排入河道的污染源的治理。先后完成清河、凉水河、北护城河、清洋河的河道治理；治理了1500多个入河排污口。

6-80 凉水河二期综合整治工程片

（二）生物措施和工程净化措施相结合

打破过去传统的工程治河理念，建设河道天然自我净化系统，见图6－80和图6－81；改变渠化治河方式，宜宽则宽，宜弯则弯，恢复天然河道形态；岸边及河底采用生态材料进行保护，改变过去用水泥衬砌的做法；恢复河道生物的多样性，通过种植适应北方地区生长的水生植物，建成植物天然净化系统；在城中心区河道投放鱼苗、河蚌等，安装收藻设备。

城市水系Ⅱ、Ⅲ类水质河道达到56%；城市湖泊达标水面达到70%，中南海水质提高一级，达到Ⅲ类水体。奥运主场馆周边水系已经完成了治理目标，目前市区河湖水质达标率达到70%以上；完成潮白河和十三陵水库环境整治，水环境质量达到奥运要求，已成功举办"好运北京"水上项目测试赛。

（三）优化调度水资源，扩大使用再生水

改善河湖水体水质的有效方法是保证水体的流动性，通过采取了一系列的措施，有效改善了水体的水质。

1.改变过去小流量、长时间河湖补水的办法，每年集中向河道补充清水。集中时间大流量进行补水，可以减少渗漏和蒸发，对河道的清洁起到了很好的效果。

2.将再生水作为河湖的重要水源，用于补充河湖水系。奥运湖、圆明园、小月河、南护城河等城市河湖使用再生水，年利用再生水1亿m^3。

3.充分利用雨水资源，在雨季汛前、汛中、汛后，通过河道闸门的优化启闭，留住雨水作为城市景观用水，替代清水。

6-81 治理后的北护城河

第六节　奥林匹克公园中心区配套排水工程

奥林匹克公园地处城市中轴线北端，南起北四环路，北至清河南岸；西起林翠路与北辰西路，东至安立路、北辰东路。奥林匹克公园由中心区、北部森林公园和南部已建成场馆区三个部分组成，见图6－82。中心区集中了奥林匹克体育设施及城市公共设施、奥运村建设用地和发展区。

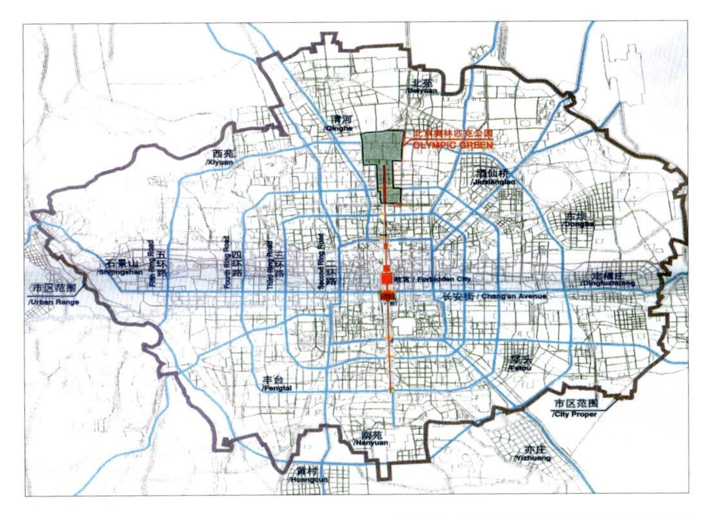

6-82 奥林匹克公园地理位置图

随着北京市城市建设的快速发展，排水系统作为市政基础设施的重要组成部分已基本完善，为奥林匹克公园的建设提供了较好的外部市政条件。为充分体现“绿色奥运、科技奥运、人文奥运”的理念，奥林匹克公园排水设施的规划、设计紧密依托生态环境，做到高起点、立意新、在质和量上满足奥运期间和赛后地区发展的需要。

奥林匹克公园中心区雨水、污水、再生水系统的建设，使该地区的市政基础设施进一步完善。目前北京市的污水收集率达90%；奥运中心区的污水收集率已达100%，处理率为100%，实现了奥运水环境治理的目标，整体提升了该地区的生态环境。

通过建设雨洪利用和污水再生利用设施，节约大量的清洁水源，提高了水资源的综合利用率，促进良性生态循环。

一、雨水工程

（一）设计原则

1.配合奥林匹克公园中心区体育场馆、道路系统的建设，修建雨水管道和提升泵站，将奥林匹克公园中心区雨水有组织收集、排除；

2.优化设计，减少提升泵站数量、规模，建设“全地下、无栅渣（外运）、无恶臭、无人值守”新型泵站；

3.建设雨水收集和利用设施，实现雨洪利用。

（二）雨水工程概述

1.设计标准

2008奥运会召开时间正逢北京的雨季，为保证奥运会期间的交通组织顺畅，奥林匹克公园中心区的雨水设计标准按照重要地区、重点地段考虑，高于北京市其他地区排水设计标准。

2.流域范围

奥林匹克公园中心区雨水流域面积西起八达岭高速公路，东至安立路以东；南起北四环以南的亚运村，北至辛店村路以北，总流域面积为915.44hm^2，见图6－83。

3.雨水管线尾闾

奥林匹克公园中心区的雨水系统大部分属仰山大沟流域范围，其余属清河流域范围。

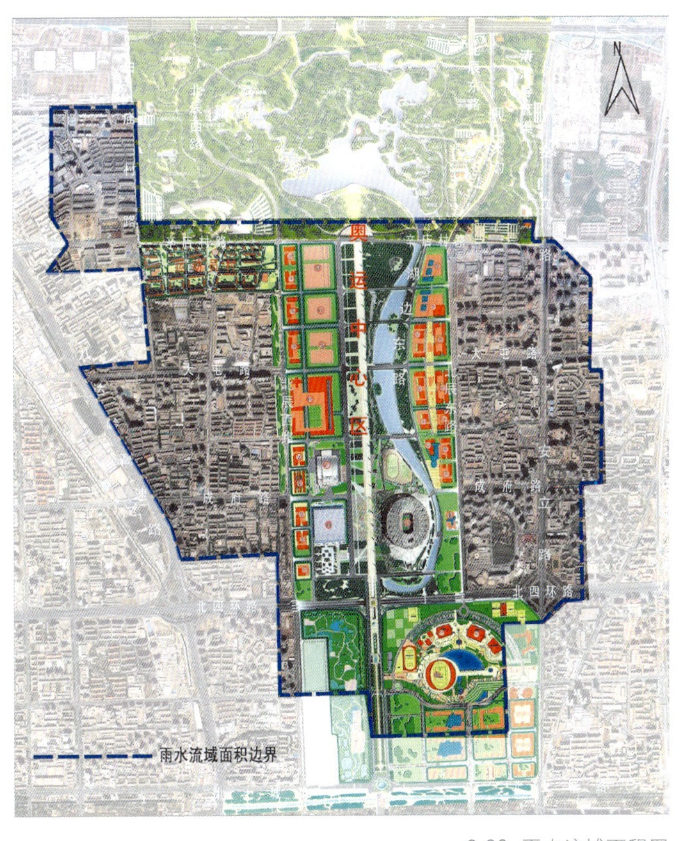

6-83 雨水流域面积图

（三）雨水管线工程

1.路面及区域雨水排除系统

雨水管线（基本）沿道路敷设，解决奥林匹克公园中心区区域和道路雨水排除。沿安立路、辛店村路敷设雨水主干线，沿中一路、北四环绿化带敷设雨水干线，雨水干线汇合后通过规划的清河导流渠向北，最终排入仰山大沟。奥林匹克公园中心区雨水规划，见图6－84。

2.隧道雨水排除系统

成府路及大屯路道路设计分为地面道路和过境下穿隧道两部分，雨水收集系统设计与之对应，分为地面雨水系统和隧道内部集水系统，简称“高水高排、低水低排”。

隧道内部集水系统负责收集隧道内雨水、路面清洗水、消防水。收集后排至雨水泵站，经水泵提升排入地面雨水系统。

成府路、大屯路过境隧道下部有地下交通联系通道和地铁奥运支线的结构层，雨水收集受隧道断面尺寸、高程等诸多因素限制，见图6－85～图6－87。在有开口的隧道内，采用路边雨水沟收集雨水，结构形式为钢筋混凝土；每隔约20m左右雨水沟顶设一处球墨铸铁收水口。成府路中段采用蝶型排水沟，排除隧道内清扫水及消防水。

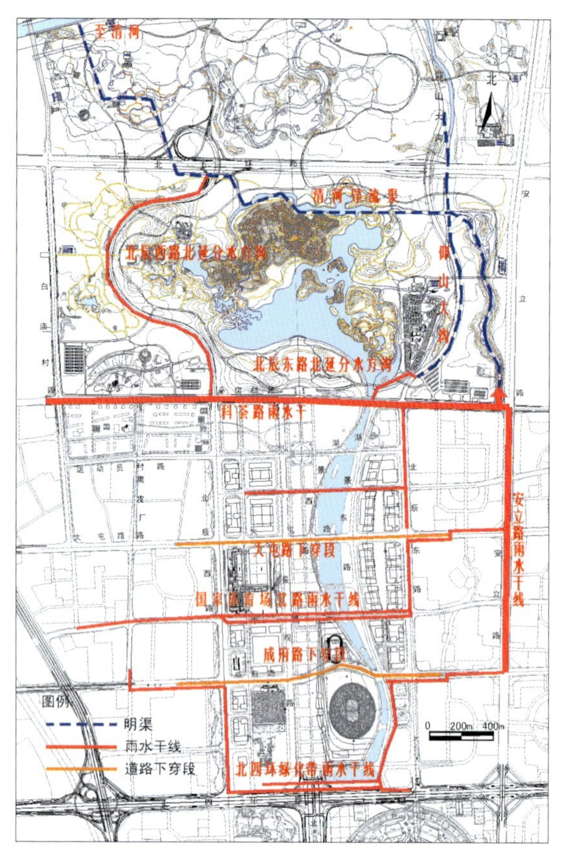

6-84 奥林匹克公园中心区雨水规划图

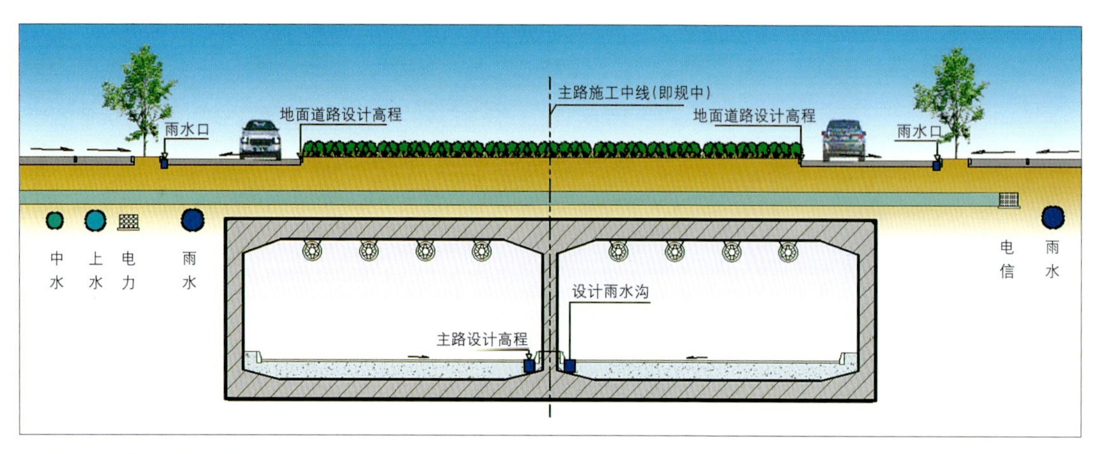

6-85 大屯路隧道段断面示意图

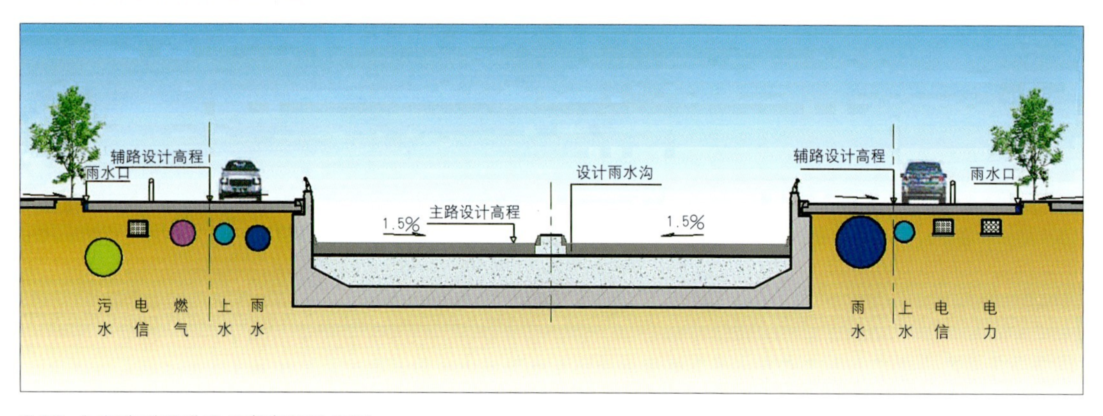

6-86 大屯路隧道进出口段断面示意图

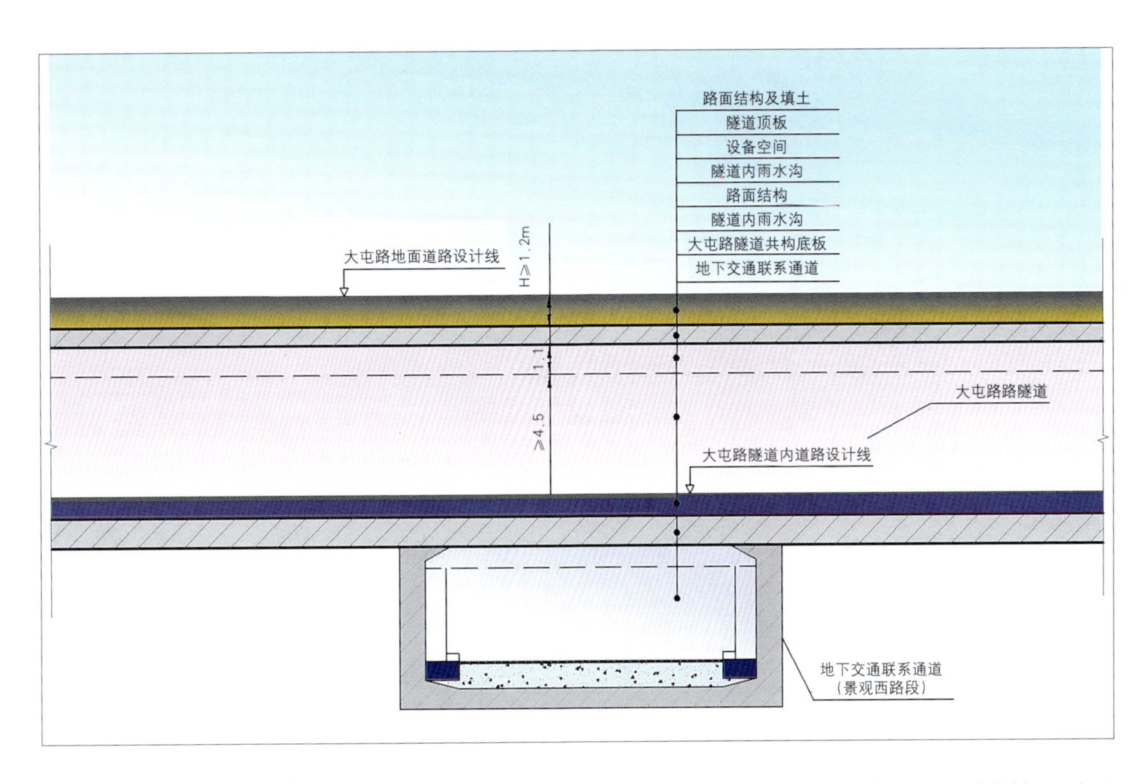

6-87 大屯路与地下联系通道段断面示意图

3.雨水管线工程设计特点

(1)采用新型环保建材，便于施工、管理

采用混凝土预制模块砌筑雨水方沟和圆形检查井。混凝土模块属环保型建材，外观整洁，砌筑时砂浆用量少，可节省施工散体材料用量；模块强度高，减少施工现场修复和清理的工作量、模板支架等机具的租赁量，降低施工成本；施工工期短，便于施工和管理，见图6－88和图6－89。

6-88 模块砌筑检查井

6-89 北辰西路北延模块砌筑雨水沟

(2)雨水管线区域性连通、分水，保证奥运期间雨水系统安全运行，图6－90。

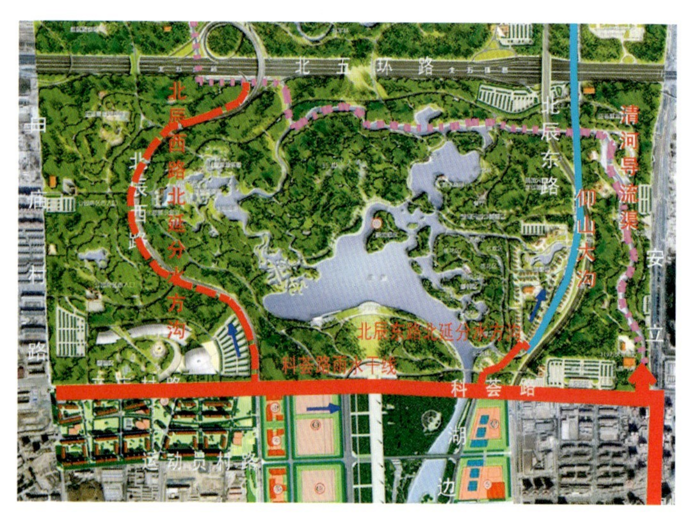

6-90 奥运中心区雨水系统连通分水示意图

（四）雨水泵站工程

1.泵站功能和建设内容

隧道、通道内雨水不能重力排除时，需通过泵站将雨水提升后排入地面雨水收集系统。

配合奥运中心区隧道、下沉景观和通道的建设，奥运中心区建设隧道雨水泵站4座、下沉花园泵站1座、通道泵站1座；地下交通联系通道排水泵站7座，见图6－91。

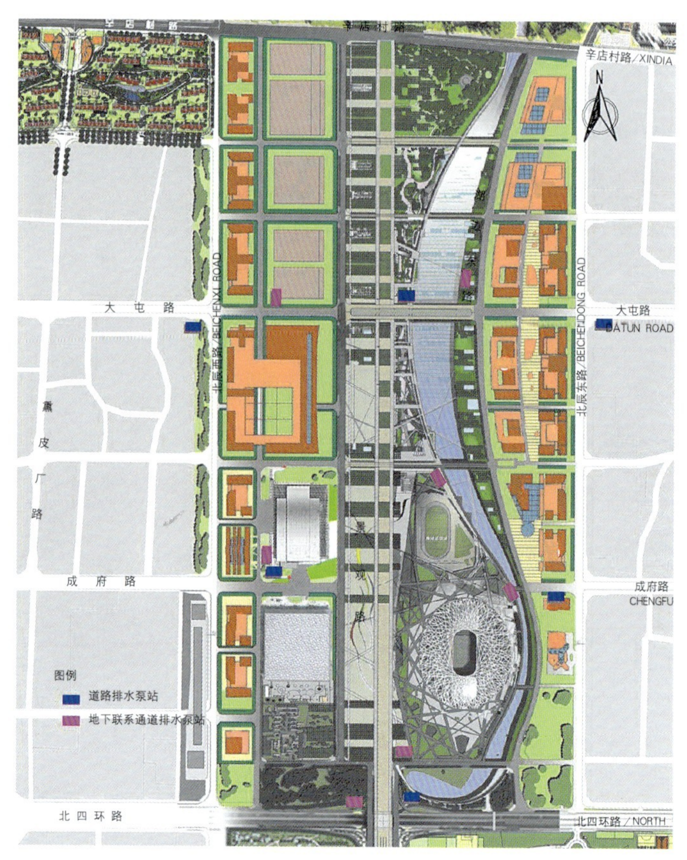

6-91 泵站位置示意图

（1）成府隧道西泵站

紧邻国家主体育馆，位于进入国家主体育馆汽车坡道的绿地内，泵站采用全地下的结构形式，顶部全部绿化，于周围环境相协调，见图6－92～图6－94。

6-92 站在天井式雨水泵站眺望国家体育馆

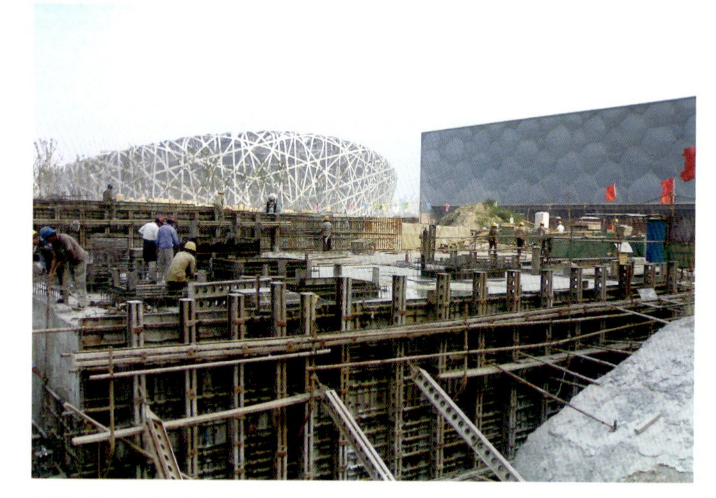

6-93 施工中的雨水泵站

6-94 雨水泵房的设备安装

（2）成府隧道东泵

紧邻凯迪克酒店，水泵间位于酒店西北角，水泵间设计采用全地下式，顶部绿化，见图6－95和图6－96。

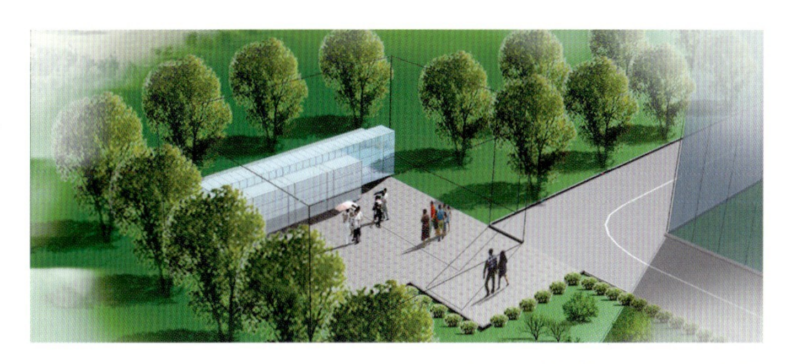

6-95 成府隧道东泵站鸟瞰图

6-96 施工中的雨水泵站

(3)大屯隧道东泵站

位于危改小区绿化用地内，泵站设计采用全地下的结构形式，泵站顶部绿化，变、配电室设在小区建筑地下一层，见图6－97。

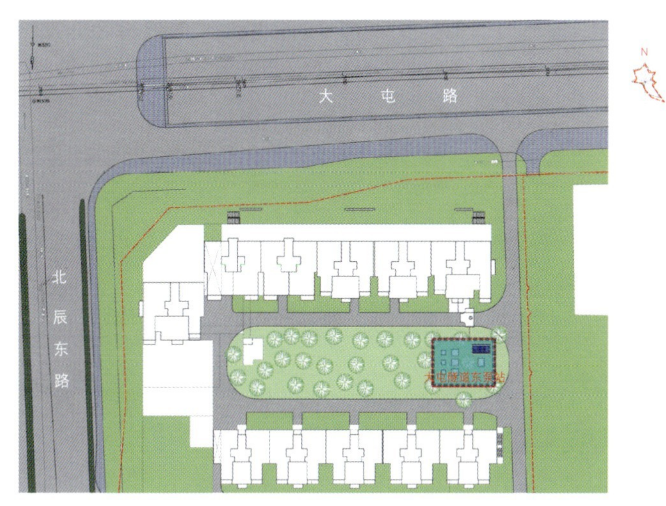

6-97 大屯隧道东泵站位置图

(4)大屯隧道西泵站

位于奥运中心区外、建筑小区内，结合小区景观和泵站功能要求，泵站设计为地上二层的建筑，见图6－98。

6-98 大屯隧道西泵站效果

2.泵站设计原则

(1)建筑布局与景观环境紧密结合，奥运中心区内泵站实现建设“全地下、无栅渣（外运）、无恶臭”新型泵站的目标。

(2)各专业通过优化设计，减少汇入泵站的雨水量，节省运行费用。

3.泵站设计特点

(1)奥运中心区建设“全地下”泵站，与环境协调

泵站全部建在地下，空间封闭减少泵站内异味外溢，降低了设备运行噪声对周围环境的影响。

(2)采用破碎型格栅，实现“无栅渣外运”

收集到泵站的雨水中会夹带树枝、树叶等杂物，破碎型格栅可直接将大粒径固体粉碎成小颗粒，随水泵提升，解决了栅渣外运带来对环境造成二次污染。

(3)增加除臭设施，泵站“无恶臭”

根据泵站位置、工程特点选择与之适应的除臭方式：如离子除臭、植物液除臭、植物液+离子除臭，减少异味对环境的影响。

(4)自动化监控，泵站“无人值守”

采用新技术、新设备和自动化监控设备，实现多个泵站联合控制，减少管理人员数量，节省运行成本。

（五）雨水资源化利用工程

1.雨水收集范围和利用原则

奥林匹克公园中心区雨洪利用以收集屋面、步道、绿地内雨水为主。在确保不形成积水的前提下，将雨水尽量收集到雨洪利用系统中，以蓄为主、蓄排结合。

2.建筑物雨洪利用工程

奥林匹克公园中心区内单体建筑物均设计了雨水收集系统，将初期雨水排除后，进行再利用。

3.景观区雨洪利用工程

采用新型排水系统，在透水地面下敷设雨水收集管、渠，雨水渗入后收集至主渗渠，汇集到雨水收集池，处理后利用。

休闲庭院及小型广场雨水口设在路边绿地内，收水篦子低于路面且高于周围绿地，当雨量超出雨洪利用系统设计值时，可溢流至路面通过道路雨水口排除。

（六）奥运中心区雨水系统雨水积水、降雨产汇流模拟模型研究

1.研究的必要性

2008北京奥运会8月开幕，8月为北京市主汛期，集中了全年85%以上的降雨，可能发生的极端天气状况对城市交通影响大，易造成城市道路（特别是立交桥区）积水。

奥林匹克公园中心区雨水排除系统构成复杂，包括建筑物雨水系统、市政雨水系统、雨洪利用设施及河湖等多项要素。研究、模拟在设计暴雨和超标暴雨情况下雨水系统的运行工况，对确保奥运会赛事安全至关重要。

2.研究内容

(1)设计标准评价：分析雨水系统各要素设计标准的一致性；校核雨水系统各要素之间的衔接关系；

(2)模拟验证：在设计标准条件下雨水系统的防洪标准、能力；

(3)超标暴雨风险分析：提出应对极端天气的建议和预案。

3.模型计算流程

采用不同模型软件模拟降雨产流、河道水流、地表漫流过程，进行研究评价，见图6－99。

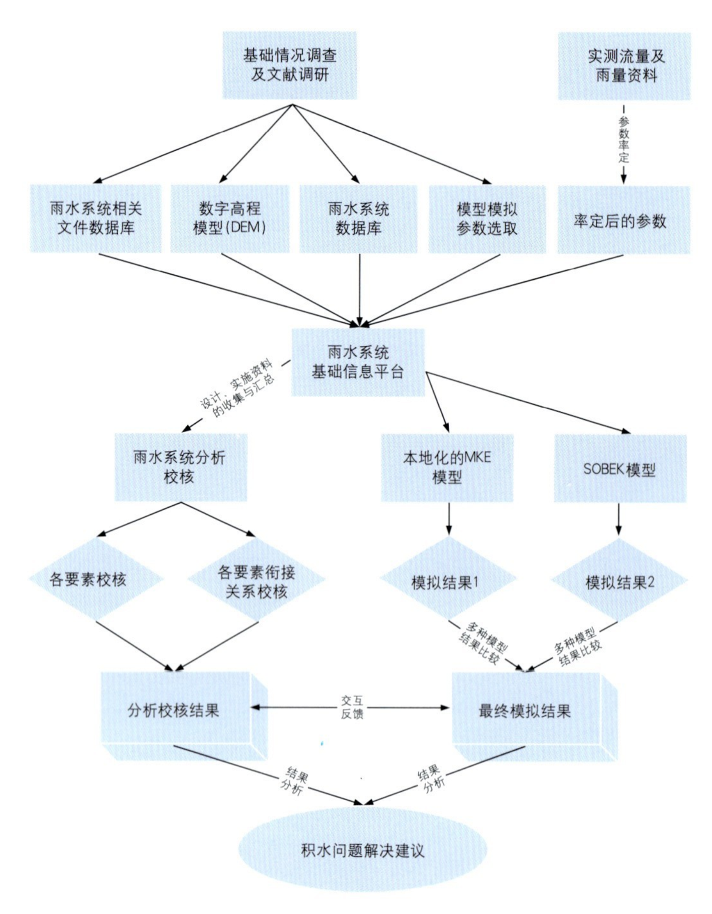

6-99 计算流程图

4.研究成果

地面积水深度小于0.15m、积水时间小于30min时，对城市交通不会产生严重影响。经过对特殊雨型的模拟和验算，奥林匹克公园中心区雨水排除系统均满足设计要求。奥运会期间出现超标暴雨时，可通过设置临时排水设施满足抗灾、减灾要求。

二、污水管网工程

（一）工程概述

奥林匹克公园中心区污水系统属北小河污水处理厂的流域范围。成府路和大屯路（北辰西路至北辰东路段）为地下隧道，隧道与道路下的现况污水管高程矛盾，需要对路段下的污水管进行翻建，改移到下穿道路范围以外。同时配合奥运场馆、道路的建设，完善该地区的污水排除系统。

（二）污水管网工程

1.污水流域面积

奥林匹克公园中心区污水流域面积西起八达岭高速路，东至安立路以东；南起四环以南的亚运村，北至辛店村路以北，总流域面积为909.57hm²，见图6－100。

2.污水管线尾闾

奥林匹克公园中心区污水管线排入北小河污水处理厂集中处理，见图6－101。

辛店村路（白庙村路以西段）通过八达岭高速路现况污水管，下游排入清河污水处理厂。

3.技术特点

(1)使用新型建材

污水管线全部采用新型柔性企口钢筋混凝土管、柔性企口钢筋混凝土顶管管材，减少管道内污水泄漏，保护地下水免受污染，见图6－102。

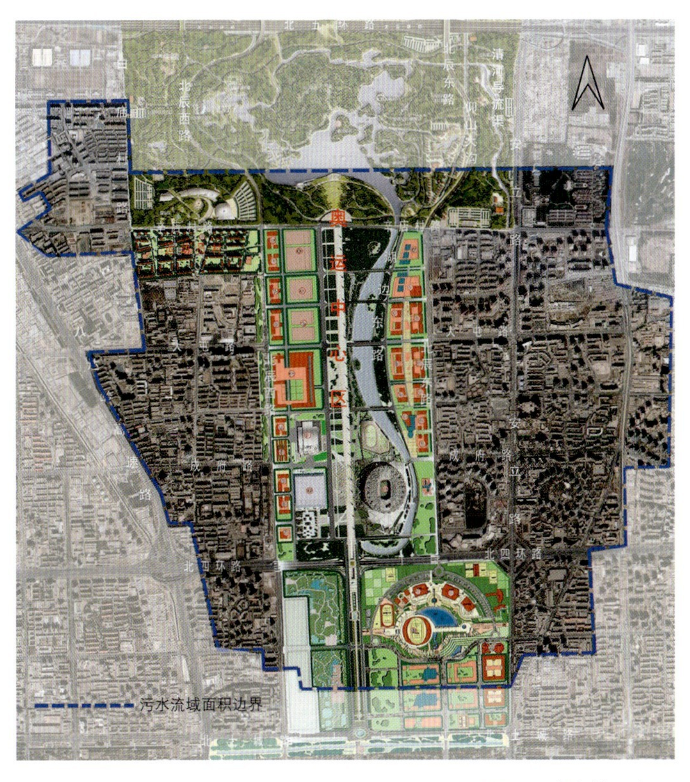

6-100 污水流域面积图

6-102 柔性企口钢筋混凝土管敷设

(2)采用合理的施工方法

当明开槽施工有限制条件时采用暗做法。采用改进型企口顶管管材，该管材取消了传统管道接口处的钢圈，代之以混凝土与胶圈共同工作，避免在地下使用过程中的钢圈腐蚀问题，延长管材的使用寿命。在承口和插口部分外侧各增加一个钢圈，与管材同时浇铸，管口没有传统管材的〞大

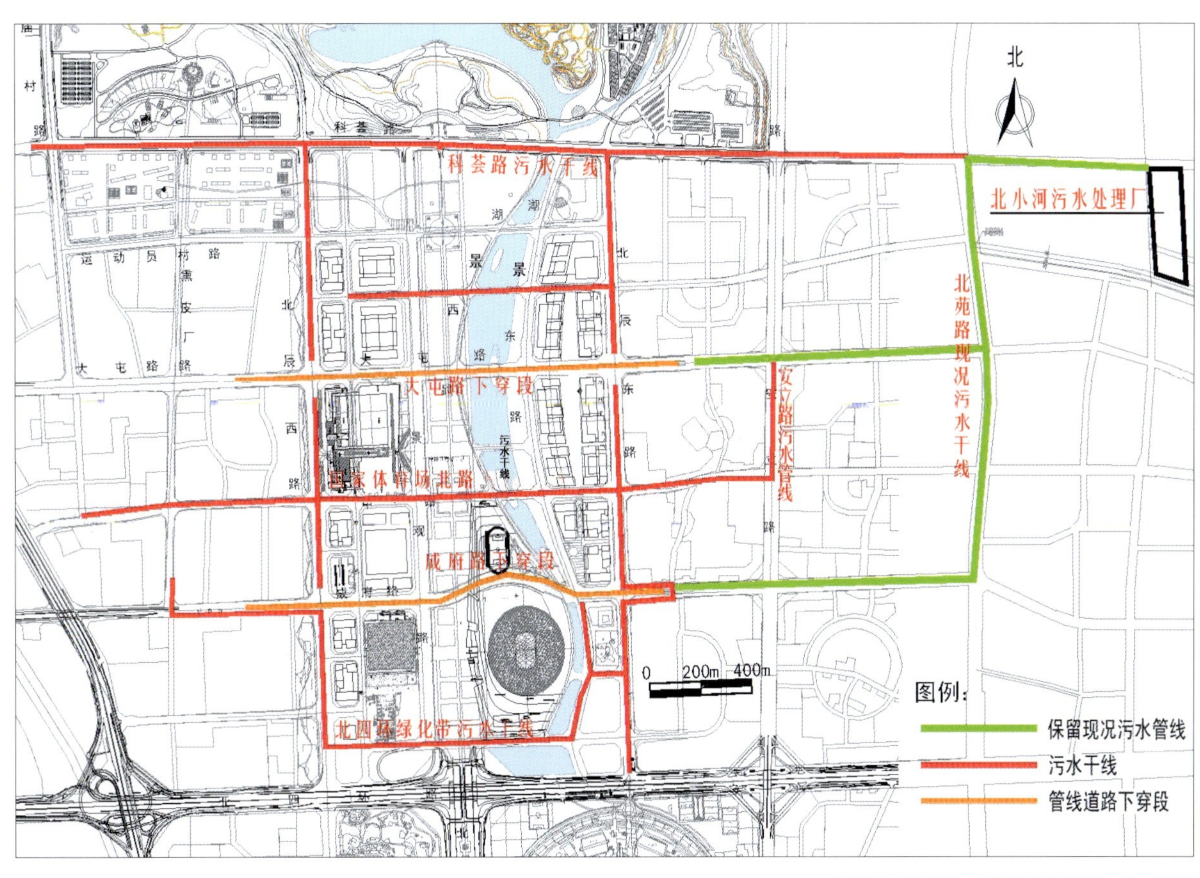

6-101 奥林匹克公园中心区污水规划图

头”，减少占用地下空间。

（3）采用“多防”功能检查井井盖

奥林匹克公园中心区的所有雨污水管线的检查井井盖均采用具有多防功能双层井盖。主要特点有：

a.防响：井圈内口嵌有T形橡胶圈，杜绝井盖跑、跳、响的现象。

b.防滑：井盖上铸有十字花，棱三角凸起的花纹，起到防滑作用。

c.防盗：井圈下方设拉槽盒，预留轴杆孔盒斜拉槽。实现井盖与井圈限位活动链锁，结构严谨，具有防偷盗和灵活开启的功能。

d.防坠落：井圈内设有一层圈口平台，放置玻璃钢二层井篦，具有安全防护作用。

e.防位移：井圈外缘设三处锚固螺栓，可防止井圈周边因碾压错位。

(4)采用“闭气”试验方法验收污水管

污水管网回填前应进行严密性试验，常规试验采用闭水法检查。为节约水资源，奥林匹克公园中心区污水管线验收大部分采用闭气试验法（图6－103），验收标准高于闭水试验法。

6-103 污水“闭气”试验

三、奥运村再生水热泵冷热源工程

（一）工程概述

运动员村建筑物制冷及供暖采用热泵技术，利用清河污水处理厂二级排放水作为水源，冬季供暖、夏季制冷。实现了奥运公园地区使用清洁能源的申奥承诺。该工程在奥运会期间负责为运动员村提供空调冷源和生活热水，赛后为住宅区提供建筑采暖热源、空调冷源和生活热水。

（二）工程内容

冷热源工程由四部分组成：取水提升泵站、再生水供、送回水管线、再生水换热站和中心机房，见图6－104。水源取自清河污水处理厂退水渠入河口附近，新建提升泵站和调蓄水池，将再生水引入调蓄水池，通过供水泵按需要量输水，并与换热站的供水构成二级供水泵系统。以奥运水系的补充水源作为奥运期间的安全备用和调节热源/热汇。来自清河再生水厂的再生水与奥运水系的中水分别与独立的换热器换热后，清河再生水厂的再生水输送回清河泵站，中水按照原来路径补充入奥运水系。来自中心机房的换热循环水在换热站实现热交换，冬季取热，夏季放热。

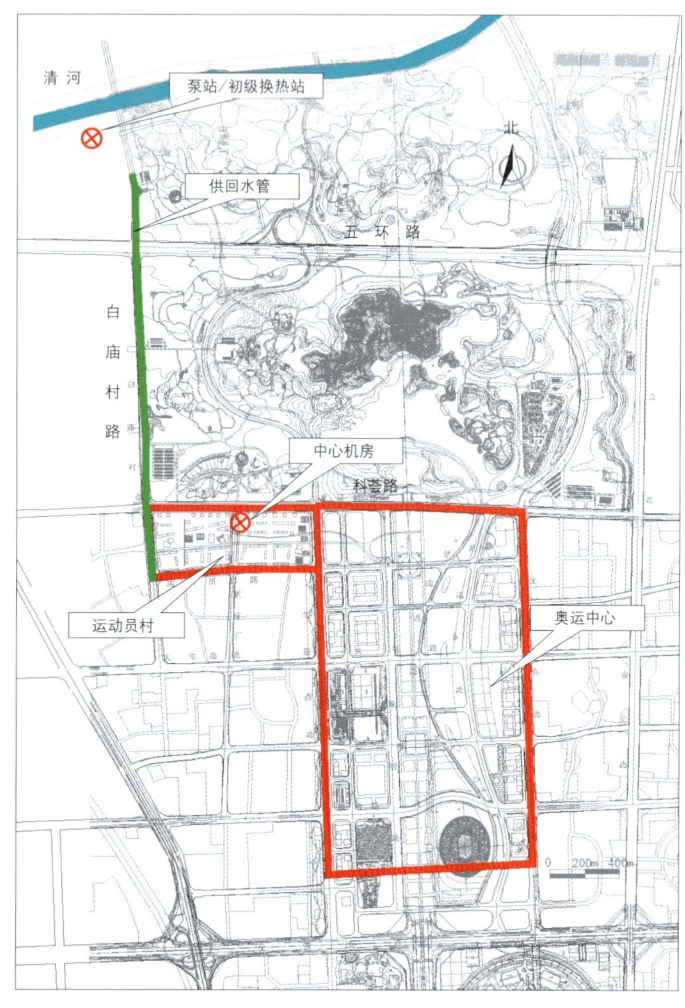

6-104 冷热源工程示意图

（三）工程特点

1.高效节能

热泵机组充分利用再生水温度和外界环境的温差进行能

量转换，冬季水温度在12～22℃之间，比环境空气温度高，可以提高热泵循环的蒸发温度和能效比。夏季水温度在18～35℃之间，比环境空气温度低，可降低制冷的冷凝温度，冷却效果好，机组效率高。

2.运行稳定可靠

水源热泵机组自动控制程度高，再生水水体温度相对较稳定，机组运行更可靠、稳定，保证了系统的高效性和经济性。

3.环境效益显著

热泵机组以再生水为传导介质、采集和利用再生水中的能量，不消耗清洁水源。机组运行仅消耗电能，运行时无污染，不排放废弃物，是清洁的、可再生的能源技术。根据测算，再生水热泵系统夏季比常规空调节电25%以上，没有常规空调的冷却塔或室外机组，不产生热污染和噪声。

四、再生水管网工程

奥林匹克公园中心区再生水管网设计根据再生水回用对象，实现分质供水，见图6－105。再生水用作城市绿化、景观水体补充水源、道路浇洒、生活杂用等用途。

1.给奥运湖（龙头）补水

清河再生水厂出水通过再生水管网向南过清河，补入奥运湖湿地系统，净化后水质进一步改善，作为奥运湖(龙头)的补充水水源。

北小河再生水厂采用MBR处理工艺处理后出水，通过辛店村路再生水管线补入奥运湖湿地系统，与清河再生水厂的出水共同保证奥运湖的补水需求。

2.给中心区龙形水系（龙身）补水

北小河再生水厂采用MBR处理工艺处理后的出水，再经过反渗透深度处理工艺成为高品质再生水，通过专用管道输送至中心区补充龙形水系（龙身）及中心区的喷泉瀑布。

6-105 奥林匹克公园中心区中水规划图

3.提供奥林匹克公园中心区市政杂用

市政杂用主要包括奥林匹克公园道路浇洒、绿地绿化、场馆等建筑的卫生冲厕等。

编　后　记

点燃激情、传递梦想的北京奥运圣火在全世界如火如荼地传递之中，配合奥运工程的各项基础设施建设临近收尾，由中国建筑学会、中国建筑工业出版社发起，由亲身参与北京奥运的规划、申办及大量相关基础设施勘察设计工作的北京市市政工程设计研究总院、北京市勘察设计研究院有限公司联合编撰的《2008 北京奥运建筑丛书－再塑北京—市政与交通工程》即将出版发行，我们感到由衷的喜悦和兴奋。

北京奥运为中国创造了十分重要的展示国际形象、加速经济建设和推动科学发展的机会，使得北京的许多市政基础设施建设提前实施，使首都的城市面貌大为改观。本卷主要介绍配合奥运工程建设的部分重要市政、交通与环境工程，包括道路、桥梁、轨道、公交枢纽及部分水环境工程，重点描述了工程的概况、特点和奥运“三大理念”的实践，力求以图文并茂的形式向读者更多地展示有关工程建设项目的情况。

本卷的编写阶段恰逢奥运工程施工建设最紧张、最繁忙的时期。参与编写的均是一线勘察设计人员，他们在克服工期紧、任务重、设计施工配合工作量极大等困难的同时，挤出时间加班加点，悉心整理文稿，为本卷的编写付出了辛勤劳动和大量的心血；两院领导不仅积极支持，而且层层把关，努力确保质量。在本卷付梓之际，我们对参与编写的全体人员表示衷心地感谢！

本卷的编写过程中，我们还得到了北京市规划委员会、北京市人民政府 2008 工程建设指挥部办公室、北京市人民政府 2008 环境建设指挥部办公室、北京市水务局、北京公联公路联络线有限责任公司、北京首都高速公路发展有限责任公司、北京城市排水集团有限责任公司、北京市公共交通控股（集团）有限公司、北京市城市规划设计研究院、北京市建筑设计研究院、北京城建设计研究总院有限责任公司、北京首都机场扩建工程指挥部等主管部门、建设单位和兄弟单位的大力支持，为本卷的编写提供了大量翔实的素材和资料。在此，我们一并致以深深的谢意！

由于编写时间短，篇幅有限，有关工作的总结、提炼深度肯定不够，亦无法概括所有的重要项目，本卷必然存在不少缺憾，恳请广大读者提出宝贵意见。

《再塑北京——市政与交通工程》编委会

图书在版编目(CIP)数据

再塑北京—市政与交通工程/北京市市政工程设计研究总院，北京市勘察设计研究院有限公司本卷主编.—北京：中国建筑工业出版社，2008
(2008北京奥运建筑丛书)
ISBN 978-7-112-09885-9

Ⅰ.再… Ⅱ.①北…②北… Ⅲ.①市政工程－北京市②交通工程－北京市 Ⅳ.TU99 U491

中国版本图书馆CIP数据核字(2008)第109860号

责任编辑：田启铭 蔡华民
总体设计：冯彝诤
责任校对：王雪竹 关 健

2008北京奥运建筑丛书
再塑北京—市政与交通工程
总 主 编 中国建筑学会
中国建筑工业出版社
本卷主编 北京市市政工程设计研究总院
北京市勘察设计研究院有限公司
*
中国建筑工业出版社出版、发行(北京西郊百万庄)
各地新华书店、建筑书店经销
北京圣彩虹制版印刷技术有限公司制版
恒美印务（广州）有限公司印刷
*
开本：965×1270毫米 1/16 印张：13½ 字数：540千字
2009年9月第一版 2009年9月第一次印刷
定价：118.00元
ISBN 978-7-112-09885-9
(16589)